中国风景园林艺术散论

梁敦睦　著

中国建筑工业出版社

图书在版编目（CIP）数据

中国风景园林艺术散论／梁敦睦著. —北京：
中国建筑工业出版社，2012.5
ISBN 978 - 7 - 112 - 14153 - 1

Ⅰ.①中…　Ⅱ.①梁…　Ⅲ.　①园林艺术－研
究－中国　Ⅳ.①TU986.62

中国版本图书馆 CIP 数据核字（2012）第 052193 号

中国园林艺术源远流长、博大精深。本书论述了中国园林与中国文学的渊源、风景园林文学的特性、风景园林的审美与意境、风景园林景名、楹联以及相关风景园林理论的探究与实践活动等。

本书可供广大风景园林设计师、风景园林理论工作者、风景园林艺术爱好者等学习参考。

责任编辑：吴宇江
责任设计：叶延春
责任校对：陈晶晶　王雪竹

中国风景园林艺术散论
梁敦睦　著
＊
中国建筑工业出版社出版、发行（北京西郊百万庄）
各地新华书店、建筑书店经销
文道思发展有限责任公司制版
北京中科印刷有限公司印刷
＊
开本：787×1092 毫米　1/16　印张：14¾　字数：367 千字
2012 年 9 月第一版　　2012 年 9 月第一次印刷
定价：**38.00** 元
ISBN 978 - 7 - 112 - 14153 - 1
（22207）

版权所有　翻印必究
如有印装质量问题，可寄本社退换
（邮政编码　100037）

前　言

　　中国有数千年的造园史，早有"世界园林之母"美誉。中国园林艺术源远流长、博大精深，是具有中国特色的综合艺术之一。可惜前代对此总结研究者少，而文人士大夫的园论又散缀于各家笔记、游记、园记之中，均非专论。直到明末始有造园家计成所著《园冶》一书问世，但该书是用骈文体写成，使事用典较多，不便普及。

　　新中国成立后将园林收归国有，作为一项社会公益事业来办，关于说园论园的书刊杂志也日渐增多。特别到了今天，旅游业已成为国民经济的主要收入之一，园林的贡献可谓空前，对中国园林艺术的研究也日益得到全社会的关注。

　　笔者幼好古典文学艺术，又好游赏风景园林名胜，好读游记园记类书刊，时间一长，感受渐多，遂写了一些浅论中国园林与中国文学艺术相互关系的文章向社会发表。同时在参加主持的几座较大风景写意园的规划中，又把前人的造园理论大量运用到设计中去，获得了一定的实践真知。对经典《园冶》及各家注释作过较认真的研究，也发表了一些商榷性文章。应中国建筑工业出版社编辑部之约，现一并收集起来，以"散论"形式出版，作为晚年向社会的一点微薄奉献，若能让新世纪从事造园改园工程的主事者读了有所裨益，则不胜荣幸之至！

目 录

中国园林与中国文学的渊源

中国文学源远流长，浩如烟海。这宝库中有相当大一部分文学与中国园林有着密切的关系，它随着园林的出现而出现，随着园林的发展而发展，形成了一枝独秀的园林文学。

商周以前，黄河流域曾经是中华民族的摇篮，气候温和，雨水充沛，处处森林沼泽，先民们生活在绿色中，不羡慕青山绿水，也就不需要园林建设。

商周时气候渐变，雨水减少，人烟增多，城市兴起，垦殖扩大，植被减退。人们开始怀念青山茂林，产生了建设园林的需要。帝王们开始经营宫苑以供游猎娱乐，老百姓也逐渐注意住宅的绿化。但那时的园圃尚偏重生产，多植果树与蔬菜之类，可视为园林建设的初始阶段。反映在当时的文学上，如《诗经·大雅·灵台》就记载了周文王建筑园苑的事，稍后的《孟子·梁惠王》还引用了这首诗来规劝梁惠王建苑囿要与民同乐。孔子有"智者乐水，仁者乐山"的观点，孟子推崇为"观水有术"，汉朝董仲舒的《山川颂》，刘向的《杂言》都转述了孔子这一观点，算是园林山水的欣赏理论雏形。

秦始皇统一六国，巡游四方，大修宫苑陵墓，最宏伟的阿房宫五步一楼，十步一阁，覆压三百余里。汉武帝也大修宫苑陵墓，皇亲贵戚争先仿效，如梁孝王在洛阳建造了著名的梁园（也叫兔园、睢园）。当地无竹，他大力蓄水引种，日夜宴客，《滕王阁序》还宣扬他"睢园绿竹，气凌彭泽之樽"。这时期反映在文学上的鸿篇巨制有扬雄的《羽猎》《长杨》赋，司马相如的《上林赋》《子虚赋》等。

东汉末年，随着佛教的传入和道教的兴起，山林中寺观渐起，使名山胜水和宗教建筑相结合，城市园林不断向山野发展。

魏晋以来，园林渐盛，曹操父子在邺城建的宫苑中饮宴赋诗，"邺水朱华，光照临川之笔"，《滕王阁序》举为盛事。石崇在洛阳修的金谷园，其规模华丽胜过皇家，《世说新语》中多有记载。东晋王羲之、谢安、孙绰等名流也在会稽山阴之兰亭留下集会咏诗的韵事，其《兰亭集序》更为园林文学佳作。晋宋之间，陶渊明的《桃花源记》及其田园诗为园林文学增添了异彩。

南北朝之际佛教特盛，金陵一隅竟有"南朝四百八十寺"之称，游山玩水之风渐起。如谢灵运游遍了永嘉山水，开创了山水诗派。以陶弘景、吴均等为代表的六朝小品文，如《答谢中书书》《与宋元思书》等佳篇，郦道元的《水经注》，杨衒之的《洛阳伽蓝记》等都为园林文学的开拓作出了贡献。

隋朝统一后，隋炀帝大兴土木，从长安到江南，行宫别墅随处皆有，游冶奢侈，宫苑之丽莫过江都，扬州至今仍为园林胜地之一。

唐代园林建筑已经普遍，私家别墅渐多，园林文学也随之兴旺。如王维的"辋川别业"就有竹里馆、鹿砦、辛夷坞等许多景点，他给每处题诗作画，他的山水画理论对后世的园林建筑具有指导意义。特别值得一提的是杜甫的《假山》诗，为当时园林艺术的高度提供了证据。古文大家柳宗元的《永州八记》，使园林文学别开生面。并有《滕王阁序》

《阿房宫赋》前后辉映。

到了两宋，皇家用"花石纲"专门搜集奇花异石。徽宗在东京平地上造"艮岳"，周围40里，峰高100米，堪称园林奇迹。著名的西湖十景是南宋培植起来的，《东京梦华录》《湖山胜概》《武林旧事》等书对当时园林记载颇多。两宋诗词中不乏描写园林的佳作，辛弃疾、陈亮、朱熹等都曾亲自料理过庭园建筑。散文如《黄岗竹楼记》《醉翁亭记》《岳阳楼记》《石钟山记》等都是脍炙人口的园林名篇。

明清两代的园林建筑，无论在理论上还是实践上都达到了一定的美学高度。如北京的故宫、燕京八景、古长城等得到进一步培修，建造了圆明园、避暑山庄、颐和园等规模宏伟的皇家园林，留下了"十三陵"、东陵、西陵等一批陵园名胜。乾隆时各地官绅豪商也大修庭园，江南更盛。如苏州的拙政园、留园、狮子林、沧浪亭，无锡的寄畅园，上海的豫园，南京的愚园等都是这个时代的园林珍品。清代还大修地方志，对各地名胜古迹搜罗无遗，使许多园林名胜得到了保护、培修和初步开发。

明清园林的盛况不但促进了园林文学的繁荣，还促使园林建筑艺术理论趋于成熟。我国第一部关于园林建筑的专著《园冶》，是计成于崇祯年间写的。李笠翁所著《闲情偶寄》对园林艺术有较深的见解。郑板桥论石于"漏、透、皱、瘦"之外又提出一个"丑"字。曹雪芹也是一位对园林艺术颇有研究的伟大作家，他在《红楼梦》中写大观园，对园林艺术见解独到。王士祯的"神韵说"，袁枚的"性灵说"，王国维的"境界说"对园林艺术的发展具有重要影响。在文学作品方面，以袁宏道、张岱为代表的明代小品文，以《徐霞客游记》为代表的游记文，以《登泰山记》为代表的桐城古文，以及众多的笔记、小说、戏曲、诗词等都有不少关于园林的记载、欣赏和评论。

辛亥革命后，军阀割据，南北混战，接着八年抗战，社会动荡民不聊生，园林名胜古迹遭到严重破坏。官僚资产阶级霸占园林修别墅，造成"天下名山陈占多"，唯一建设的只有中山陵了。这时表现园林的文学也呈萎缩状态。

新中国成立后，随着社会经济的发展，园林事业得到复苏。国务院和各省市先后颁布了保护文物古迹的法令，使许多幸存的园林名胜得到了修缮和科学的鉴定，在整理古籍中使许多园林著作得到传播，为建设社会主义园林事业奠定了物质基础。不幸的是在"文化大革命"浩劫中，园林首当其冲地遭到又一次严重破坏，数不清的文物古迹被愚蠢地当作"四旧"来破掉。林木砍去烧土高炉，碑阙拆去修猪圈，雕塑被砸烂，金石当废铁，焚烧经典，拆毁庙宇，滥掘古墓，幸存者亦伤痕累累，面目全非。

粉碎"四人帮"以后，党的十一届三中全会以来，随着社会主义物质文明和精神文明的空前发展，我国园林事业得到了前所未有的重视。各省市设立了园林局领导园林建设，中央和地方又陆续公布了几批重点保护的名胜古迹，制定了保护园林的法规。随着旅游业的兴起，我国园林在管理、修护、重建和开发利用等方面都已取得了显著的成绩。被帝国主义焚毁的圆明园，遗址已得到清理，世界著名的古长城已在培修，卢沟桥、赵州桥、岳阳楼得到整修，毁没多年的黄鹤楼已经重建，秦陵兵马俑、九寨沟、张家界等处得到开发，少数民族地区的古建筑正在修复，并已先后向中外游人开放。

为促进园林事业的发展，各省市成立了园林学会，创办了园林学术刊物，如《广东园林》就是最早的刊物之一。各地还开办了一批培养园林建设人才的园林学校或园林专业，通过培训班培训园林职工。各地组织了花木公司，开放了花木市场，举办花木盆景展览，促进横向交流。国家通过报刊、电视、广播等渠道宣传园林，出版了第一部《中国名胜词典》，为摄制《红楼梦》电视片还专门修造了北京大观园，许多影视剧也纷纷向园林借景。前不久评选出了我国十大风景名胜、西湖新十景、羊城新八景等。全国正掀起"盛世修志"的热潮，必将使园林名胜得到全面的科学梳理，为进一步开发园林创造更好的条件。国家还通过参加博览、代为设计建筑等方式向国外输出园林建筑艺术，同时也不断引进园林新技术、新材料和新品种。在古为今用，洋为中用，去粗取精，推陈出新的"双百"方针指导下，现在已经形成了新的园林文化。学术理论达到了新的高度，园林的科学研究取得了新的成果，散文游记、小品文、新诗歌等园林文学有了崭新的内容，电影电视、戏剧歌舞、美术音乐、摄影雕塑等文艺形式都进入了园林范畴。园林文学已经从单纯被动地凭吊思古、怡情悦性的无为境界，转入了主动参与社会主义精神文明建设的有为境界，从为少数人服务，变成为人民服务。当前投入园林建设的人员也达到空前规模，他们正在为光大"世界园林之母"，为建设具有中国特色的社会主义园林事业谱写更加光辉的篇章。

（刊于《广东园林》1987.4）

风景园林文学的特征及价值

中国风景园林与中国文学的关系源远流长，相互生发，逐步形成了一种以记述名胜风景，描写山水田园，赏评园林艺术，品题景物景观，凭吊园林盛衰等为主要内容的风景园林文学。

中国古典园林在世界独树一帜，保留至今的名园名胜也较多，然而，像《园冶》这类园论专著却很少。要想对中国风景园林艺术特色作全面深入的理解，提高游园、品园、造园的艺术理论水平，必须大量阅读古今风景园林文学。因为在我国浩繁的风景园林文学中，尚保存着许多有关风景园林艺术理论的东鳞西爪，吉光片羽。

风景园林文学具有与一般文学不同的地方：首先，它积极参与风景园林的审美活动，从欣赏、品评、研究到创造风景园林美的各种活动中都留下了它的影响。一般文学以表现社会美为主，而它以表现自然美和艺术美为主。其次，一般文学以写人为主，强调艺术真实的概括塑造，追求典型环境的典型性格；而风景园林文学是以写景为主，强调生动具体的写实手法，追求"诗中有画"，"状难状之景如在目前"，充分发挥语言文学绘声绘色、淋漓尽致的描写功能。再者，一般文学常通过人事活动来表现作者的爱憎观点和主题思想，而风景园林文学主要通过对景观的描写来表达作者的思想境界和审美情趣。因此，"寓情于景"，"情景交融"是其重要手法。还有，一般文学在表现美时常从反面衬托，甚至以暴露丑恶为主，而风景园林文学则主要以表现自然及人文的美景为主，很少有写脏丑一面的。最后，一般文学的目的是惩恶扬善，进行思想品德教育，而风景园林文学的目的则较多地倾向园林艺术的审美经验和方法的体认。

风景园林文学具有很大的实用价值：

一、总结风景园林的审美经验

柳宗元《钴鉧潭记》："崇其台，延其槛，行其泉于高者坠之潭，有声淙然，尤与中秋观月为宜。"指出了欣赏潭泉月的最佳时令。袁宏道游西湖六桥认为："杭人游湖止午未申三时，其实湖光染翠之工，山岚设色之妙，皆在朝日始出，夕舂未下，始极其浓媚，月景尤为清绝。"指出了欣赏湖景的最好时刻。

二、介绍品评园林艺术的方法

苏轼《饮湖上初晴后雨》诗，把西湖比作西子，成为千秋定论。杨万里《晓出净慈寺送林子方》诗对六月西湖的景观特色作了"接天莲叶无穷碧，映日荷花别样红"的结语。

《冷斋夜话》引王安石语：前辈诗"风定花犹落"，静中见动意；"鸟鸣山更幽"，动中见静意。杜甫《望岳》诗用"齐鲁青未了"点出了泰山的磅礴气势。丘齐云《暮行香山道中》："一径一花色，无时无鸟声。"写出了香山风景特色。陆游《舍北晚眺》以"樊川诗句营丘画"评价家乡风景之美。钱源来《少陵草堂》以"千古一诗家"评价高雅的草堂。

三、为风景园林规划设计提供借鉴

如扬州个园的四季假山，是按照郭熙《山川训》中"春山淡冶而如笑，夏山苍翠而如滴，秋山明净而如妆，冬山惨淡而如睡"来构思堆叠的。袁宏道《游桃源记》："大抵诸山之秀雅，非穿石水心之奇峭，亦无以发其丽，如文中之有波澜，诗中之有警策也。"指出重点景观对总体布局的重要性。董其昌说："山川亦以诗为境。"即造景要"画中有诗"。袁中道《游太和记》指出自然与人工，野逸与浓丽不能相兼，认为"园圃之胜，天地之美，大都有其缺陷"，说明造园要有特色，不必求全。袁枚《峡江寺飞泉亭记》指出观赏瀑布处应为游人建亭。

又如祁彪佳《寓山注序》撮要介绍了他开园的营构思想："与夫为桥，为榭，为径，为峰，参差点缀，委折波澜。大抵虚者实之，实者虚之，聚者散之，散者聚之，险者夷之，夷者险之。如良医之治病，攻补互投；如良将之治兵，奇正并用；如名手作画，不使一笔不灵；如名流作文，不使一语不韵。"辛弃疾《沁园春·带湖新居将成》："东冈更葺茅斋，好都把轩窗临水开，要小舟行钓，先应种柳。疏篱护竹，莫碍观梅。"对造园布景说得十分具体。至若曹雪芹《红楼梦》第十七回中，对处理人工与自然的关系，叠山理水的脉络布置，道路系统的安排，布局组景的起伏跌宕，藏露抑扬断隔等手法的运用，景观特色的组织等，讲得更为明白实用。

四、为园林艺术提供高雅的意境

追求意境是中国文学艺术的特色之一，造园布景常以诗情画意为意境。如苏州耦园的双照楼景点，以杜甫"何日倚虚幌，双照泪痕干"诗意为意境；爱吾庐以陶潜"众鸟欣有托，吾亦爱吾庐"诗意为意境；岳麓山爱晚亭，以杜牧"停车坐爱枫林晚，霜叶红于二月花"诗意为意境；北京陶然亭，以白居易"只待菊黄家酿熟，与君一醉一陶然"诗意为意境。又如《红楼梦》第十七回中给大观园各景点题写匾额时，以对话辩论形式说明了景题要与立意相一致，因此省亲别墅的"蓼汀花溆"一景，不能题以"武陵源"，更不能题以"秦人旧舍"。

五、赋予园林花木以文学性格

风景园林文学中有许多品题花卉树木山石禽虫等景物的作品，根据不同的物性物态，用拟人手法赋予它们以人的高雅性格，使它们体现出不同的文学美质。比如众所喜爱的梅花，从鲍照的《梅花落》，何逊的《扬州法曹梅花盛开》到林逋的咏梅诗，陆游的咏梅词，使梅花具有傲雪凌寒，先天下而春的高洁品性成为定论。菊花自陶渊明品题之后，后世便以隐逸高士目之。竹称君子，在白居易《养竹记》中也解释得很清楚。牡丹经李白《清平乐》题咏之后，便成为国色天香，富贵华丽的典型。荷花经周敦颐《爱莲说》一赞美，便与竹兰梅菊并称君子。

六、保存了许多珍贵园史资料

如早已毁圮的江南名楼滕王阁，可以从王勃《滕王阁序》中领略到昔日杰阁的伟丽风光。圆明园已被八国联军烧毁了，但从许多诗文对四十景目的题咏中，仍可想见其当年的富丽豪华。杨衒之的《洛阳伽蓝记》、李格非的《洛阳名园记》，周密的《吴兴园林记》等都记载了大量的已毁名胜古园。这对考古或修复名园名胜都有参考价值。

七、直接为风景园林添景增彩

这类文学直接与园林结合，成为建筑艺术的有机组成部分。匾额对联，景名题咏、志记序文等与书法、镌刻结合，成为中国园林的又一特色。如著名的岳阳楼，除了它的环境、建筑特色外，楼上还有范仲淹《岳阳楼记》的珍贵雕版，以及杜甫、孟浩然等历代名人登岳阳楼的诗版、诗碑，为名楼大增光彩。风景园林中如果没有这些文化内容就会显得浅薄俗气，所以曹雪芹在《红楼梦》第十七回中写道："若大景致，若干亭榭，无字标题，任是花柳山水也断不能生色。"

如姑苏城外寒山寺本不出名，但因张继写了《枫桥夜泊》一诗后便身价百倍。黄鹤楼因崔颢、李白等题诗而名气显著，虽多次毁圮而今仍得重建。三峡白帝城著名千古，除因《三国演义》的影响外，也因李杜等诗家的题咏而益彰。昆明大观楼也因孙髯翁的著名长联而格外生色。

"文因景传，景因文显"，风景园林中的一块奇石、一泓清泉、一株花木、一座建筑物、一个景点景观等，如果缺少诗文书画的渗透、品题、宣传，将会不胜寂寞。

（刊于《中国科学技术文库》）

景·风景·园景

一、景的现象和本质

什么叫景?《说文解字》说景:"光也。从日,京声。"古人认为风和日丽就叫景,一切景物只有在日光下才能在视觉上成景。《辞海》说景:风光、景色。《现代汉语词典》和《汉语大词典》说景:风景、景致。它们把对象的一般解释引向了审美范畴,认为景的属性是美的,是可以供人们观赏的。但这也只说明了景是一种美好的物象,并没说明景的本质。

比较一下风景和景观两个词性,对研究景的本质有帮助。风景和景观都是由景物构成的,都包含景物的景象、景状、景气、景色、景趣、景意等方面。不同的是,风景主要指景象(相),偏虚;景观主要指形态,偏实。景观有体积感、面积感和量感,故可用大小、多少去修饰,而风景就不同。我们认为"景"的本质可这样认识:

1. 景是客观存在的,具有较美好的形象、色彩、气质等物相的,可以进入的理想环境。

2. 景必须在光的作用下才能产生,才能被视觉感官所感知,但首先要有景物的存在。

3. 景具有审美属性,具有可供人们观赏的价值。这种价值可经自然变化形成,也可由人创造。

4. 景随晨昏、季节交替而变换,随视角、视距移动而作不同景观展现。随着岁月的增加而变化,故具有生老病死的过程。

二、景(风景)的分类

凡词的内涵小,外延大则词义较抽象,反之则词义较具体。单说"景"可以包罗万象,若说"风景"则指大地上有观赏价值的自然景观和人文景观。为了便于研究和利用,可用分类法使其含义更为具体。比如说:先分为山景、水景、川景、林景、野景、园景、城景、村景、寺景、庭景等景观;再分,比如山景可分为浅丘、远丘、山岳、峡谷等景观;若从天气作用于景观来分类,则有雨景、雪景、烟景、霜景、雾景、霞景等;从时间分则有晨景、黄昏景、夜景等;从视距分则有近景、中景、远景等;从时令分则又有春景、夏景、秋景、冬景等。分类越细其内涵越大,含义越具体,可描述性越大,其景观特征越明显,在造景方面的利用价值也越大。

大抵进入现代社会后,纯自然风景也不多了。上列村景、城景、园景、庭景之类已渗入了人工成分,所以从性质上分,只有自然景观和人文景观两类,或者还有自然人文相结合的一类。

造园的目的就是造理想的环境和风景,以满足市民向往回归大自然的心理。但是在现代城市中造几个园来改善环境,毕竟还是太少了。故具有远见卓识的钱学森教授,建议把改善城市生态环境与发扬具有中国特色的传统园林艺术结合起来，建设"山水园林城市"，确是一件功在当代，利及千秋的好事。

三、景的功能性质

不同类型的风景具有不同的功能性质特征，举其大要有：

自然保护区风景：保护自然和自然资源，野生动植物及不同自然地带的环境和生态系统。

自然风景区风景：保护各类地貌及其空间景观。

名胜风景区风景：保护名胜古迹和人文景观。

防护林风景：保护水土抗御风沙。

农田工程风景：农田基本建设。

水库水渠风景：蓄、泄洪水，灌溉发电。

城市绿化风景：保持城市生态环境良性循环。

古典园林风景：历史造园艺术品展览。

现代园林风景：为改善城市环境，丰富居民文化、精神生活。

纪念性园林风景：纪念历史名人及有意义的事迹。

寺庙园林风景：美化宗教活动环境。

动、植物园风景：珍稀动、植物展览。

单位庭园风景：美化、优化本单位环境。

村落庭院风景：发展庭院经济。

虽然各类风景的功能性质不同，那是特殊性、个性的表现，但从风景的普遍性、共性来研究，它们也有相同的功能性质：

1. 以植物造景为主的趋向；
2. 供视觉感官审美的可欣赏性；
3. 改善、美化环境的作用；
4. 具有旅游价值；
5. 愉悦身心的陶冶作用。

四、景的构成要素

一处景致要能吸引人去观赏，应该具备哪些条件，是值得研究的。了解它，对造景、借景、赏景等艺术活动能提供较科学的依据。

无论天然风景或人造风景，其基本构成要素是景物。景物的品类繁多，最基本的物质是土地、土壤、岩石、水体、天体、气象、植物、动物、器物、建筑物和构筑物，还有人物和人文风情等。传统习惯所说的"四大要素"是难以包括的。比如：

土地，固然是景物之一，但它是其他一切景物的直接或间接的载体。而土壤则是植物不可或缺的要素。动物，特别是鸣禽类和鸣虫类能增强景趣，少不得。人物，特别是园林风景中的人物，也是最基本要素之一。人一旦进入园林，也可以成为观景的主体和点景的客体。

如北宋晏几道《临江仙》："落花人独立，微雨燕双飞"，写得庭园风景如此香艳多情。清王士禛《红桥》："红桥飞跨水当中，一字阑干九曲红，日午画船桥下过，衣香人景太匆匆。"写得瘦西湖风景如此令人销魂。而曹雪芹《红楼梦·大观园》更是把人物摆到了园景的中心地位，表现出了哀感顽艳的情节故事。

那么，一切要素景物在野外或园林中，是否可以任其存在或随便安排就能成景，就能引人观赏呢？肯定不行。在野外也不是随处都有可赏之景，要靠天工的安排；在园林中更须造园家着意布置才能处处有景，何况园景还讲求诗情画意，强调意境。因此，风景的构成要素应包括物质（天地缔造）、人工（科学技术）两个方面的条件：

1. 气候风水：气候适宜，无严重污染。
2. 土地景物：可以栽植、建筑之地。
3. 天地造化：地壳运动，植物繁衍。
4. 造景艺术：因地制宜，取势造景。
5. 科学技术：力学、建筑学、栽养技术。
6. 文学艺术：诗文、匾对、书画、雕塑、篆刻。

总之，风景（自然的和人造的，可游可赏的）总要有景观又要有"艺术"的内涵，品位越高，景观的可赏性越大。

五、景的艺术构成

自然风景虽属造化所钟，但为人开发利用时，也投入了大量的技术艺术性的品评劳动。而园林风景则为造园家按审美的需要，运用传统园林艺术和新技术来创造可游可赏的优美环境。造景一要物质，二要技艺，缺一不可。因而风景的构成艺术是值得研究的。

在建设具有中国特色的园林时，在布局造景中无疑都应该注意充分发扬中国园林的艺术特色。以下一些传统的构景艺术常为园林工作者所引用，并在实践中不断赋予新的认识：

（一）造园前期的筹划

"凡结园林，无分村郭，地偏为胜。"相地选址是宜慎重的，自然景物可资因借者越多则越节用，越经济。

"意在笔先"、"经营位置"是规划阶段所必不可少的，立意布局是一切艺术活动的大事。尊重自然规律"因地制宜"，对现状作深入分析，找出有利因素和不利因素，因势利导制定出切合实际的可行性大的总体规划来。

（二）造园中期的实施

风景园林以仿效自然造景为能事，更要高于自然，故历来深受中国山水画理论影响。在深化总规制定出详规后，还要具体地作出山水设计、建筑设计、种植设计、色彩设计、小品设计等。

"肇自然之性，成造化之功"，"虽由人作，宛自天开"，强调按自然之理去取势造景。

"景者制度时因，搜妙创真。"造景要善于因时因地制宜，向自然学习，"搜尽奇峰打草稿"，才能创造出更理想的画境。

"山得水而活，水得山而媚。"山水相依相生发，自成妙景。

"凡画山水须明分合，分笔乃大纲宗也。有一幅之分，有一段之分。"合理划分园林空间，"命意寓于规程，统于一而缔构不棼"，有理，有条，有序地展开布局，达到"境贵乎深，不曲不深"，实现"小中见大"的艺术。

"作画但须顾气势轮廓，若于开合起伏得法，则脉络顿挫转抑处天然妙景自出。"开合以成局，起伏以造势。明乎此，"动态布局"思过半矣。还要灵活运用形式美法则。

"虚实者各段中用笔之详略也。有详处，必要有略处，虚实互用，所谓画法，即在虚实之间。"类似的对比对立关系很多，如主宾、高低、大小、精粗、浓淡、轻重、夷险、动静等，应辩证地运用对立统一规律去对待。

"构园无格，借景有因，要切四时。""借景，园林之最要者也。""目寄心期"，"触情俱是"。借景可以扩大景域，加大景深层次，丰富意境。还有对景、夹景、障景、框景、引景、泄景、驻景、点景等艺术。

联络、呼应、招引、过渡、回旋等艺术是景点之间不可或缺的。

（三）造景后期的收拾

"大胆落笔，小心收拾"，不可马虎。如园林小品的设计布置，园林景石景名的题写，园林匾额对联的篆刻，导游图导游标志的制作等涉及诗文、书画、雕刻、彩绘、盆景等文学艺术，对园林风貌、意境的展现有很大影响，岂能不用心？"意存笔先，画尽意在。"一个景观景点经过众多匠师的合力创作，经过反复修改，完成了，但那赋予景中的诗情画意是否还在？是检验造景成功与否的一个客观尺度。

（四）开园后的养护

"造园难，管园更难"，特别是对花木的养护，苗圃花圃的管理，盆景的制作，都需要科学和艺术。比如园林植物造景的控制性修剪，单株的造型修剪，盆景树桩的修剪等都绝对不能采用农业经济作物的修剪方式，园林花木需要姿态美，挂果多少是次要的。

六、景的欣赏品鉴

成功的造景能"成造化之功"，能够如画、入画。所谓"如画"即如"天然图画"，堪称画境。所谓"入画"即作为绘画的题材。

成功的造景在统一中求多样，在变化中求和谐。好景应高低错落，曲折有致。好景应有诗情画意。好景应该是景象诱人，景色迷人，景境宜人，景意可人，景趣动人。

其他请参看《广东园林》1991年第4期《风景园林的审美浅探》。

（刊于《广东园林》1998.3）

风景园林的审美浅探

一、风景园林美的本质和形态

风景园林美的本质，是人们表达希望回归大自然的心理，通过劳动拣取自然美来创造美的"城市山林"的一种社会实践活动。其劳动过程是符合客观规律的，其目的是愉悦身心振奋劳动情绪的，其创造性的劳动成果是美的，所以，可以认为园林美是符合真善美的要求的。

风景园林美的形态，就其充分利用和保护自然景观来说是包含了自然美的；就其作为人们生活环境的一部分来说又包含了社会美。但风景园林中的自然对象是经过人们直接加工改造过的，风景园林中的游赏活动也是按照艺术法则安排的，因而风景园林美仍然是艺术美。

风景园林美的形态丰富多样，但人们最容易分辨出两种具有不同状态、面貌和特征的美的形态，在中国美学史上很早就注意到了"美"和"大"的区别，也就是所谓崇高与优美的区别。后来清代桐城派首领姚鼐明确地提出了阳刚之美与阴柔之美的概念，他在《复鲁絜非书》中作了生动具体的描述。

风景园林的形态美，常见的有奇、险、野、壮、幽、秀、秘、丽、和、清、雅、平等十二种，这十二种形态也可以概括为阳刚之美和阴柔之美两大类，当然它们会互有包容或各有侧重。从自然风景看，如黄山之奇、华山之险、三峡之雄、泰山之壮等形态属于壮美；而漓江山水、嘉陵山水、桐庐山水则属于优美。从风景园林看，如皇家园林和部分寺庙园林多表现壮美，而江南园林、西湖则多表现优美。就苏州园林来看，虽多表现优美，但虎丘以其突起的岩体，奇险的剑池，古老的塔、寺、名木和神秘的传说而表现出阳刚之美。不过优美作为美的一般形态，是比较普遍存在的。

二、风景园林美的特征

1. 风景园林以展现美的风景为主，它具有体积、平面、线条、色调、材料等立体作品的因素，似属造型艺术，而在美学论著中又常被划归建筑艺术。但从总体来说，风景园林仍然是一种实用与审美相结合的艺术，这是它的本质特征，只不过它的审美功能超过了它的实用功能而已，即供游赏为主。

2. 风景园林的建造不是直接模仿或再现自然，而是偏重于概括性地反映一定时代一定社会的精神面貌、文化情趣、人生理想的形式美。从其内容与形式统一的风格上，能反映出时代性和民族性的特征。

3. 风景园林艺术受到中国文论画论的直接影响，因此，追求高雅的诗情画意作为园林意境是风景园林的一大特色。

4. 风景园林艺术不仅需要山石、水体、植物和建筑等物质因素，还需要历史文物、文学、书画篆刻等文化因素。它不仅具有山水花木、亭台楼阁、匾对题咏等单项美，而且更重要的是具有景点景观和全园景观的整体美，因此，它是高级的综合性的艺术美。

5. 风景园林是不能移动的，必须处理好与周围环境的关系，要求建筑物与环境协调一致、融为一体，是构成审美的重要条件。我国园林艺术中的障景、对景和借景，强调"俗则屏之，佳则收之"就是这个原因。

6. 风景园林与其他艺术不同，它除了山水亭榭还有绿色生命，有花木的真香生色，能满足人们视、听、嗅、味、触等多种感觉的审美享受。它具有生长、变化、成熟、衰老的过程，使审美具有阶段性。

7. 其他的艺术还常常从反面暴露丑恶，而风景园林艺术却永远追求完美，力求永葆青春。

三、风景园林的审美

（一）风景园林的审美内容

艺术创造和艺术鉴赏是艺术活动的两个方面，而园林艺术又具有实用性，因此，园林的鉴赏内容应该包括前期的规划设计，施工工艺和后期的景观效果，管理水平。而重点是对景观的鉴赏，包括组成景观的单项艺术。

1. 风景园林是中国园林的主流，它充分地表达了人们希望回归自然的心理，因此，风景园林美的表现首先要美的风景，风景的有无、多少、优劣是衡量风景园林美的主要内容。需要说明：本文所探讨的景或风景是指具有风光景色美的园林空间，不是指一隅墙脚、一方天井、一盆清供盆景之类的小景。

2. 风景的质量：

（1）意境，造园如作文，意在笔先，一园有一园的主题思想，一景有一景的诗情画意。无论造境或写境，没有意境就达不到寓情于景，情景交融的效果。

（2）景观效果：

1）景象，即美的风景画面，达到风景如画的效果。包括平面、立面构图造型时，其点线面体组合的多样性与统一性，符合形式美法则的要求，并能趋雅避俗，创新不凡。

2）景色，构图组景时对光影声色的利用效果，景观色调的层次丰富、谐和，植物品种的选择合理，林相，季相、色相有考究。

3）景境，与环境的关系是否协调。

4）景位，全局中的景序位置，对全局的有机构成是否起到了应有的作用。

5）景感，给人的感觉是否有气概、情趣、韵致。

（3）景物的质量，包括自然景物如山水、花木等，和人文景物的建筑、文物、匾对文字等，以及它们的材料质量、施工质量及养护质量。

3. 环境的质量：包括气候、绿化、土质、水质等自然环境的质量，以及文化风俗、社会秩序、污染程度、交通条件及生活条件等社会环境的质量。

4. 设计质量：包括立意、选址、布局、组景、功能分区、植物配置、园林空间组织、游览道路序列的安排等在运用艺术手法和物质技术手段方面的巧与拙。

5. 风格是否形成，有无特色。

6. 其他，如对管理、服务、社会效益和经济效益的评估。

（二）风景园林的审美尺度

我国的园林鉴赏活动历史悠久，留下了许多具有美学价值的鉴赏经验和审美评语，但并没有形成一个比较一致的客观的审美标准，因而今天鉴赏园林美还有一定困难。但是，园林反映现实美的艺术价值毕竟是一种客观存在，而且人们也迫切需要提高对园林的鉴赏水平，近十多年来在一些论述中国园林艺术的著作中，也提出了一些审美标准。如《风景名胜资源调查评价提纲》中提出的评价主要依据是：观赏、文化或科学价值的高低、单一性和多重性；自然环境和环境质量的优劣；游览服务条件方便和活动内容丰富的程度。陈从周教授《说园》中提出意境、入画、含蓄、天然存真、空灵、特色和起兴等要求。冯钟平教授的《中国园林建筑》总结了巧、宜、精、雅四个字。安怀起教授在《中国园林艺术》中提出如诗如画、神韵意趣、寓情于景、巧于因借、自然天趣等要求。台湾杜顺宝先生的《中国园林》在"创作原则和艺术标准"一节中提出"自然、淡泊、恬静、含蓄"四个方面。根据前文所述和上文所引，从局部到整体的原则，我们认为风景园林的审美标准应该分为全园的、景点的和单项景物的三个层次。

比如对全园的评价应该有下述要求：

1. 主题思想明确，引人向上，具有民族性和人民性；

2. 在观赏价值方面要有情趣生动、赏心悦目的景观效果；

3. 在创新、质感方面要有特色耐看；

4. 在环境质量方面要净洁幽静，园容要欣欣向荣；

5. 在服务设施方面要舒适方便。

对局部景点景观的评价应该有下述要求：

1. 意境要有高雅的诗情画意，能寓情于景；

2. 有自然之理趣，虽由人作，宛自天开；

3. 能因地制宜巧妙地运用园林艺术手法；

4. 继承传统有创新，组景有章法有特色；忌看图识字，忌千篇一律，忌一眼观尽；

5. 生态的生意盎然。

关于单项景物的评价标准，可供参考的较多：

如评孤赏石的漏、透、皱、瘦、顽、丑，评梅花的宜曲、宜欹、宜疏、贵瘦、贵老、贵含等，很难一一列举。由于风景园林的类型、规模、格调、艺术手法和材料等不尽相同，具体的评价标准将会因园而异，但标准是需要的，特别是有组织的专业鉴赏，漫无标准地随意评论是不利的。

（三）风景园林的审美条件

1. 物质条件：如景观的生态是正常的，没有受到天灾人祸的影响，社会稳定、供应正常，交通畅通等。

2. 精神条件：如热爱祖国山河，热爱园林事业，具有一定的文化修养、园林艺术修养和园林审美经验等。专业评鉴还须有领导有组织有计划地进行。必须有明确的目的，如对古园名园则重在考察研究，对新园重在鉴定，对病园重在诊治，对废园重在评价其重建的价值等。

赏鉴的态度必须端正，要坚持真理，实事求是地评议。北齐刘昼《刘子·正赏》说："赏者所以辨情也，评者所以绳理也。赏而不正，则情乱于实；评而不均，则理失其真。"刘勰《文心雕龙·知音》也认为不可"贵古贱今""崇己抑人""信伪迷真"，只有"无私于轻重，不偏于憎爱，然后能平理若衡。"

（四）风景园林的审美方式

赏鉴是审美活动的主要形式，通过游观欣赏能受到园林文化潜移默化的教育；通过评赏品鉴能交流审美经验，提高审美能力，促进园林艺术的发展。

1. 从审美活动看，有群众性的和专业性的活动方式，专业性的又分自发的和有领导有组织的两种方式。

2. 从审美过程看，可分为以游赏为主的感性认识阶段和以评鉴为主的理性认识阶段。前阶段通过认真仔细的游、观、赏达到全面的观察、感受目的，并收集资料做好记录，为评鉴作准备。后阶段通过听介绍、查资料，看记录心得，从局部到整体地分析综合作出扼要的结论。

（五）风景园林的审美方法

1. 选择好时机。因为季节、天候、早晚、忙闲对景观和情绪是有很大影响的，"良辰"与"美景"是相得益彰的。如"平湖秋月""柳浪闻莺"何时景观最美是说得很明白的。

2. 选择不同的距离、角度。如仰观立面构图，俯察平面构图，宏观察体，远观审势，近观窥巧，动观看章法，静观看情致等。

3. 把背景、环境、天景等联系起来看，找出景观在不同光影、色彩、气氛中的美感。

4. 充分展开想象和联想，利用"比""兴"的方法去观察。

5. 注意匾对、题咏、志记等有关景观的文字介绍，也可听导游或游人的评介。

评鉴时，第一步是对游赏所得的感性材料进行整理、鉴别、筛选，去粗取精，去伪存真。同时要分辨园林的类型、风格，造园的流派、手法。第二步运用科学抽象的思维能力从具体到抽象，对合乎实际的典型材料进行分析，由此及彼，由表及里地评鉴。主要方法有：

1. 对比比较分析法。借助文字资料，联系古今品园评语进行纵观，联系各地的类似景观进行横观。

2. 唯物辩证法。既看佳处也看不足，既看个别也看一般，既看外貌也看质量，既看眼前也看今后，要用全面发展的眼光看。

3. 以意逆取法。宋朱熹认为在充分占有资料下，"当以己意逆取作者之志，乃可得之"。特别对意境的探索宜如此。

4. 讨论法。通过座谈、书信、报刊讨论，发挥群体智慧是当今有效的好方法。

5. 尝试法。从理论到实践须反复多次才能接近真理，不妨先试评、初评，再通过考察，求得多方印证后再定评。

6. 知人论世法。根据造园者的身世去探索。

7. 触类旁通法。根据已知同类型的去推测。

《文心雕龙》作者指出"操千曲而后晓声，观千剑而后识器"，只有读万卷书行万里路，积累更多的赏鉴经验，才能评鉴切实。

（六）风景园林的审美表述

过去的文人学士在游赏风景名胜之后，常常写下诗词歌赋以表达各自的品评感受，给园林增色不少，有的园林一经名人品题常会声价倍增。有组织的专业性赏鉴，除了作总结、下评语、定等级、报批归档之外，也应重视品评结果的宣传。通过报刊、电视的报道，诗书画的活动，扩大社会影响，有利于园林建设。

（刊于《园林无俗情》，南京出版社）

园林意境扪谈

意境是文学艺术所追求的一种高层次的艺术境界，是我国古代文艺创作所重视的一个主要美学范畴，也是具有民族特色的文艺鉴赏所极为注意的一个审美标准。

我国古典美学的意境说对意境的解释尽管不一致：比如王世贞称之为意象，胡应麟则名之兴象，王夫之叫情景，王国维又叫境界。但认为有意境的客观存在则是一致的。

园林意境也是一种客观存在。中国园林长期受到中国文学和绘画理论的影响，它和文艺的意境有同也有异。由于古人对意境的追求和理解上过分强调了主观感受，以致流于玄秘，使意境的研究有脱离现实的倾向。并从而给继承学习的今人带来一种望之似有，即之却无的朦胧障碍，似乎意境只能意会，难以言传。为此，笔者不揣浅陋，想盲人扪烛地对它作一些具体的探讨，以就教大方。

一、园林意境的特征

园林意境的提出，为造园者和游赏者提供了富于形象、情感、理趣的令人神往的品鉴对象。陈从周教授在《说园》（三）中说："文学艺术作品言意境，造园亦言意境。"他认为："园林之诗情画意即诗与画之境界在实际景物中出现之，统名之曰意境。"

诗画和园林的意境都是指"象外之意""意中之境"，都是要通过作品中的现实艺术形象去表达的那个虚幻的"境"。对语言艺术的诗文来说就是"言外之意"，对听觉艺术的音乐来说就是"弦外之音"，对视觉艺术的绘画来说就是"象外之象"，对造型艺术的园林建筑来说就是"景外之景"。它们的相同之处是：

1. 意境的创作与鉴赏都要受到个人的思想修养和文学艺术修养程度的限制，也受到性格和经验的限制。

2. 比较高深的意境都有不凝固不定型的特点，同样水平的鉴赏者可以见仁见智地从美学上给予解释。

3. 都常借助款题景题对联文字传递或揭示作品的意境信息。

但园林意境又有自身的特征：

1. 园林艺术是综合性的空间造型艺术，能接纳游人身入其景坐卧行游，作面面观，作动观和静观，因而园林的意境美更觉亲切有味，陶冶性情的作用更大。

2. 诗画的意境常可直接参与教育或政治活动，而园林意境主要起间接教育作用。从历史上看，我国宗教寺庙园林最普遍，园林意境受佛道玄学的影响颇深，因而多为出世的，很少入世的，但又是益世的而不是救世的。

3. 园林是固定的不动产，主要凭借实景作为传递意境信息的媒介，创作时常受到山水等自然条件的制约，因而它的意境不是无限的。它主要表现诗情画意，具体说，主要表现与山水、田园风景有关的诗情画意。

4. 园林景观常会因气候、天气和物候等变化而变化，常因观赏位置角度的变化而不同，因而园林的意境美具有动态的魅力。

5. 园林是活生生的艺术，它除了有美的实景外，还有色彩、光影、声音等虚景，最容易触发不同人的联想而引起游兴，因而园林意境具有迷人的诱惑力。

6. 园林中能直接引入诗画雕塑等文学艺术为它表现意境服务。

二、园林意境的标准

（一）意境的有无

正如不是所有的诗画作品都有意境一样，园林中的景观建筑也不都有意境。故王国维在《元剧之文章》中说："何以谓之有意境？曰：写情则沁人心脾，写景则在人耳目，述事则如其口出是也。"可见，造园必须达到一定的效果才算有意境。

1. 入题：要与主题相泊凑。如苏州的耦园，主题是夫妇一同归耕隐居之意，故园中许多景点都从不同环境烘托了这一意境。如"山水间"水榭用欧阳修《醉翁亭记》"醉翁之意不在酒而在山水之间也"之意；"吾爱亭""藏书楼"则用陶渊明《读山海经》诗"众鸟欣有托，吾亦爱吾庐。既耕亦已种，时还读我书"之意；"双照楼""枕波双隐"则用杜甫"何时倚虚幌，双照泪痕干"诗之意。

2. 入画：运用画境造景，使景中有画。计成在《园冶》中要求"楼台入画"，达到"顿开尘外想，拟入画中行"的效果。他说："刹宇隐环窗，仿佛片图小李；岩峦堆劈石，参差半壁大痴。"小李指唐李昭道，大痴指元黄公望，都是著名画家。如苏州网师园的"看松读画轩"面对其"白雪松石图"，俨然一幅仇十洲（明仇英）的庭园界画；避暑山庄的"万壑松风"即仿宋巨然的《万壑松风图》的意境；留园辑峰轩厅的三个尺幅窗，俨然挂了三幅竹石图。

3. 入诗：运用诗境造景，使景中有诗。《园冶》要求造景达到能使"幽人即韵于松寮，逸士弹琴于篁里"的效果。明董其昌说："诗以山川为境，山川亦以诗为境。"如苏州拙政园的"留听阁"即用李商隐"留得残荷听雨声"之诗意，"宜两亭"则用的"一亭宜作两家春"诗意；网师园的"竹外一枝轩"用的苏轼"竹外一枝斜更好"诗意。

4. 入典：运用历史典故成语的意境造景，比拟深远。如苏州名园有沧浪亭，拙政园、怡园中有"小沧浪"景观，网师园有"濯缨水阁"，都蕴含屈原被放逐，逢渔父劝慰的"沧浪之水清兮可以濯吾缨，沧浪之水浊兮可以濯吾足"的典故；南京煦园的"桐音阁"用的伯牙鼓琴钟子期知音的典故；避暑山庄的"濠濮间想"和"知鱼矶"，一用《世说新语》所记典故："简文入华林园，欣谓左右曰：'会心处不必在远，翳然林水，便有濠濮间想也，觉鸟兽禽鱼自来亲人。'"一用庄子《秋水篇》记与惠施游濠梁的典故。庄子曰："鲦鱼出游从容，是鱼之乐也。"惠子曰："子非鱼，安知鱼之乐？"庄子曰："子非我，安知我不知鱼之乐？"

5. 入格：即能高明地模仿名园的某一优秀格局，重现其意境。如避暑山庄的文园狮子林是仿苏州狮子林造的，上帝阁是仿镇江金山寺造的，芝径云堤是仿杭州苏堤造的等，其实也是古代造园模山范水的遗风。据说北齐华林园仿五岳四渎，唐安乐公主定昆池的叠石仿华山，李德裕平泉山庄叠石仿巫山十二峰，白居易履道里园仿严陵七滩等。

6. 入情：选景入情则意境自生。清王夫之说："夫景以情合，情以景生，初不相离，唯意所造。"郑板桥在一则画题中说："非唯我爱竹石，即竹石亦爱我也。"计成说："因借无由，触情俱是。"他觉察到，"夜雨巴蕉，似杂鲛人之泣泪；晚风杨柳，若翻蛮女之纤腰。"故有人说，意境即文艺的境界和情调——情味朦胧的美感。如西湖岳坟前的杜鹃花，白花杜鹃表示戴孝，红花杜鹃则表示血泪，以写人们的悲悼之情。

7. 入理：体现哲学、美学、文艺理论中的某些理趣。中国古代园林意境常表现一种世界观、人生观或艺术观。如"天人合一""道法自然""袖里乾坤大，壶中日月长""万物静观皆自得""万物皆备于我""归去来兮""抱朴守拙""桃源世界"，以及辩证对立统一的艺术观等。江南文人写意园林的意境常多浪漫主义理想美。

8. 入时：今天造园还要求入时，即要有点时代气息，不能以仿写为能事，要创新意以反映新时期的精神面貌。

（二）意境的高低（深浅）

袁枚《随园诗话》引朱竹君语："情境有厚薄，诗境有浅深。"樊志厚《人间词乙稿序》说："文学之工不工，亦视其意境之有无与其深浅而已。"

由于各个作者的思想境界，才情学识及创作经验有差异，因而创造的意境就有高低。所谓意境高，就是指诗情画意丰富、深远、高雅。游赏之后能引人遐想，发人深省，使人感动、振奋、向上。

意境的体现与"法"有很大的关系。法就是艺术技法。法愈好则愈能体现意境的高，若意虽高而法不逮，则再高的境界亦难出矣！

（三）意境的大小

王国维说："境界有大小，不以是分优劣。'细雨鱼儿出，微风燕子斜'何遽不如'落日照大旗，马鸣风萧萧'，'宝帘闲挂小银钩'何遽不若'雾失楼台，月迷津渡'也。"

园林意境也一样，皇家园林与私家园林，大园与小园，全景与分景，主景与辅景、配景、点景，它们的意境各有高低优劣，不受规模大小的影响。但园大，意境有可能大些。如"夹岸数百步，中无杂树"的武陵春色，"接天莲叶无穷碧"、"飞流直下三千尺"之类的宏大而有气派的意境，是小园难以体现的。

虽说小园可以用分景、隔景、借景等艺术手法来扩大空间，但那毕竟是感觉上的"大"，而实际上任何空间只会越分越隔越小的。

三、园林意境的创造

（一）园林意境的表述

通过前面的探讨，我认为园林意境的机制可以作如下表述：

所谓的园林意境，就是造园者以园林的四大要素（山石、水体、植物、建筑）为物质基础，以具有美学价值的诗情画意为设计思想，以大自然的优美风景资料为题材，以"虽由人作，宛自天开"的园林艺术技巧为手段，创造出一个（组）新的园林艺术形象（景观），并以此为媒介，通过充分发挥比喻、象征和暗示的作用，向游赏者传递出比预想的诗情画意更加凝练深远的美学意象。

简单地说，园林意境就是景观之外的意中之境，是具体的艺术形象（景观）所隐含的有待评赏者充分发挥想象与联想去体认的美学意象。

（二）园林意境的创造

第一步立意

郑板桥论画竹："总之意在笔先者定则也，趣在法外者化机也。独画云乎哉！"陈从周《说园》："观天然之山水，参画理之所示，外师造化，中发心源，举一反三，无往而不胜。"又说："造园在选地后，就要因地制宜，突出重点，作为此园之特征，表达出预想之境界。"

意的来源有两个主要方面：一是大自然，一是诗情画意。立意，就是造园家抓住了大自然中某一具有典型性的景象，或选中了诗情画意中某一美好的境象，因地制宜地进行艺术构思，在意念中完成一个理想的新的艺术形象的塑造。

第二步运"法"

运用园林艺术和技术的各种方法，因地制宜地使意念中的艺术形象得以生动地实现。这包括精心设计和高质量的施工两个程序。

第三步暗示

通过艺术形象（景观）的暗示，象征等作用，引起游赏者的想象和联想，达到心与境会，产生象外之境，使作者隐含于景观之外的诗情画意等意识，比较具体地表达出来，实现园林意境感人动情的美学价值。

简单地说，所谓意境的创造，就是把自然美（真山水）和文艺中的艺术美（诗情画意）作为题材，经过设计和施工，创造出一个新的园林中的艺术美（景观），通过这个艺术美的暗示，表达作者的理想美（意境）。

（三）意境创造和表达的方法

王国维把意境的创造分为"造境"（指"意与心会"一类）和"写境"（指"搜尽奇峰打草稿"一类）。前者用浪漫主义手法创造，后者用现实主义手法创造。对比二者，王国维又分为"以我观物"的"有我之境"和"以物观物"的"无我之境"。前者必当用浪漫主义手法，后者必当用自然主义手法。但这些又不能截然划分，常互相包容。

中国古典园林，特别是寺庙园林和私家园林多受老庄哲学影响，抱出世态度，主张消极避世，追求逍遥自在的纯任自然的精神解脱。故常用浪漫主义手法来创作艺术意境，借以描写玄理禅趣。

今天的园林功能主要是怡情悦性，让劳动者在紧张工作之后，通过游赏园林消除烦劳，以利继续工作，自不应以传道说教为目的，因而运用浪漫主义与现实主义相结合的方法来创造艺术意境是必须的。

表达意境的艺术手法主要是暗示、象征和比喻。王朝闻《美学概论》解释"暗示"的特点"在于并不直接再现所要再现的生活的一切，而是通过直接再现生活的某些方面，间接地再现与这一方面有密切联系的其他方面，把丰富复杂的内容用精炼的形式概括地加以表现"。解释"象征"的特点"在于利用象征物与被象征的内容在特定的经验条件下的某种类似和联系，以使被象征的内容得到强烈而集中的表现"。

例如苏州庭园中有以玉兰、海棠、牡丹、桂花同栽庭前，表示"玉堂富贵"。扬州个园的假山分别用青石、黄石和白石等堆砌，代表春夏秋冬四季。避暑山庄的试马埭绿草如茵，象征蒙古草原风光；万树园古木参天，又暗示大兴安岭莽莽林海；外八庙则表示民族团结。

（四）意境创作的要求

1. 意贵真：刘勰《文心雕龙》："酌奇而不失其真，玩华而不堕其实。"王国维："故能写真景备真感情者，谓之有境界。"马宗霍《松轩随笔》评郑板桥画诗书三绝："三绝之中又有三真：曰真气，曰真意，曰真趣。"袁枚赞成"千古文章传真不传伪"。陈从周《说园》："质感存真，色感呈伪。园林得真趣，质感居首。""园林失真，有如布景。""山林之美，贵于自然，自然者，存真而已。"

2. 意贵高：皎然《诗式》："夫诗人之思初发，取境偏高，则一首举体便高。"王昌龄《诗格》："意高则格高。"范温《潜溪诗眼》："老坡作文工于命意，必超然独立于众人之上。"方东树《昭昧詹言》："大约胸襟高、立志高、见地高，则命意自高。"

3. 意贵新：《礼记》："毋勦说，毋雷同。"司马迁自序："成一家言。"萧子显《南齐书·文学传论》："若无新变，不能代雄。"李翱《答朱载言书》："创意造言，皆不相师。"叶燮《原诗》："苏轼之诗，其境界皆开辟古今之所未有。"林纾《春觉斋论文》："凡学古而能变化者，非剿与袭也。"梁启超《饮冰室诗话》："能以旧风格含新意境，斯可以举诗界革命之实矣。"陈从周《说园》："郊园多野趣，宅园贵清新，野趣接近自然，清新不落常套。"

4. 意贵含蓄：唐志契《绘事微言》："景愈藏境界愈大，景愈露境界愈小。"刘大櫆论文："文贵远，远必含蓄。"何绍基《与汪菊士论诗》："又意境到那里，不肯使人不知，又不肯使人遽知。"林纾论文："一篇有一篇之局势，意境即寓局势之中。"陈从周《说园》："中国园林妙在含蓄，一山一石耐人寻味。"

5. 意贵有寄托：蔡小石《拜石山房词序》："夫意以曲而善托，调以沓而弥深。"潘德舆《养一斋诗话》："神理意境者何？有关系寄托，一也……"刘熙载《艺概·词曲概》："词之妙莫妙于以不言言之，非不言也，寄言也。"沈祥龙《论词随笔》："或借景以引其情，兴也；或借物以寓其意，比也。"陈从周《说园》："无我之园，即无生命之园。"

6. 意贵融彻：欧阳修《六一诗话》举"鸡声茅店月，人迹板桥霜"和"柳塘春水漫，花坞夕阳迟"诗句说："天人之意，相与融洽，读之便觉欣然感受。"袁枚《随园诗话》："严沧浪借禅喻诗，所谓'羚羊挂角'，'香象渡河''有神韵可味，无迹象可求'，此说甚是。"樊志厚《人间词乙稿序》认为意境之"上焉者意与境浑"。（按：即意境要与艺术形象紧密结合。）

7. 意贵约：意境要肯定、明确，要有高度概括性。虽然要求含蓄、有寄托、融浑，但不能朦胧模糊，似是而非。

（五）意境创作的避忌

忌庸（不可平庸浅俗），忌陋（不可粗陋简单），忌袭（不可生搬硬套），忌怪（不可荒诞不经），忌露（不可一眼观尽，一目了然），忌奥（不可玄奥费解），忌伪（不可虚假失真）。

园林意境的表现常常是通过园林景物这个艺术形象的比喻、象征和暗示等手法来完成的。因此可以说，所谓园林意境的鉴赏，就是对园林中"天然符号"（山水等）、"人工符号"（建筑等）、"文字符号"（匾对题咏等）的破译。

园林意境一般是含蓄不露的，因而不是每个游览者都能鉴赏的，一般游人可能意会但也不能言传，或者靠导游的解说和借助文字的介绍去理会。要想对园林意境作出较好的品鉴评论，必须有较好的思想修养、文化修养、文学艺术修养和园林艺术修养，而且还要有较多的游园和品园的知识与经验。故陈从周在《说园》中指出："造景自难，观景不易"，"故游必有情，然后有兴，钟情山水，知己泉石，其审美与感受之深浅，实与文化修养有关。故我重申：不能品园，不能游园；不能游园，不能造园。"可见园林意境的鉴赏也是大有学问的。试想，一个对中国园林没有感情，对传统民族文化持否定态度的人，能对中国园林意境作出比较正确的品鉴么？

由于园林意境是深层地间接地再现作者所要表现的经过头脑中加工过的诗情画意，所以对意境的鉴赏体味也有较大的余地，可以让鉴赏者充分地展开"比""兴"的想象和联想，"反复讽咏，以俟人之自得，言有尽而意无穷"。因而不仅鉴赏者的文化修养，才学不同，对意境的领会会有不同，就是鉴赏的时机、心境、方法和经验不同，其对意境的领会也会不同的。可见在园林意境的鉴赏中，见仁见智的现象是难以避免的。

那么，对园林意境的鉴赏是不是可以随心所欲，漫无标准地去品评呢？从古今的文艺批评活动来看，意境是应该也是可以得到比较准确的评价的。虽然意境是高层次艺术思维的活动结晶，其活动轨迹有点像李商隐的"无题"诗思，扑朔迷离，朦胧依稀，但意境总是表达一种世界观、人生观或艺术观，包含着文化的教育因素和艺术的美育因素。它始终是物质客观存在的一种反映，是可以认识的。衡量园林意境，在目前尚无统一的标准，但具体虽无而大体却有。比如：

1. 意境的"象外之意"是高雅的引人向上使人感动的；

2. 意境的载体（景观）是现实的美，其"景外之景"便是理想的美；

3. 意是真情实意，境是天然图画，有天然之理，天然之趣，不是"强为"或伪造，即要合乎自然规律；

4. 是含蓄的不是浅露的，合乎"暗示""象征"等要求，不是看图识字似的一见便晓；

5. 具有鲜明的时代气息；

6. 具有对立统一的特征，从局部看个别景点的景观具有独立的美的意境，但它是整体的有机组成，对形成全园的意境起作用。

园林意境的鉴赏可分为游赏与评赏两个阶段。游赏阶段主要通过对景观表象的反复观察，体认感受作者"钟情山水，知己泉石"的丰富感情，理解意境产生的根源；评鉴阶段主要通过对景观内涵的切实分析，辨认论证作者"托物言志"的纲领旨趣。《文心雕龙·知音》指出：尽管"音实难知"，但是"缀文者情动而辞发，观文者披文以入情，沿波讨源，虽幽必显"。这个"文"可借指景观。北齐刘昼《刘子·正赏》也说："赏者所以辨情也，评者所以绳理也。赏而不正，则情乱于实；评而不均，则理失其真。"

要做到鉴赏的公正，必须首先端正态度。要树立热爱园林建设园林的思想，要以辩证唯物主义和历史唯物主义作指导，要克服《文心雕龙·知音》中所指出的"贵古贱今""崇己抑人""信伪迷真"等文艺批评中的弊病。其次要懂得一些赏鉴的方法：

1. 选择好时机。季节、天候、早晚、忙闲对景观和情绪是有很大影响的，"良辰"与"美景"是相得益彰的。如"平湖秋月""断桥残雪"何时最美是说得很明白的。

2. 选择不同的距离、角度。通过近窥、远视，俯察仰观，左顾右盼，找出最佳的观赏点。

3. 采取多种观察方式。通过静观动观，宏观微观，环顾反观，辨认园林建筑点景与得景的生克关系。

4. 把景观的环境，背景、天景地景等联系起来看，找出在不同光影、色彩、气氛中的美感。

5. 充分展开想象和联想，利用"比""兴"的方法去观察。

6. 收集资料，作好记录。

这里所说的游赏不同一般，它不单是为了求得感官上的满足，达到怡情悦性，它是鉴赏的一个感性认识阶段，要为理性认识打好基础，掌握丰富实际的感性材料。所以游赏不只是观景，还要注意匾对、题咏、记、志和有关作者的介绍文字、图片等应广为收集。

品鉴阶段就是理性认识阶段，第一步是对游赏阶段所占有的感性材料进行整理、鉴别、筛选，"去粗取精，去伪存真"。

1. 分类型：是大园或小园，山园或水园，古园或今园，皇园、官园、公园或私园等；

2. 识风格：属于奇、险、野、壮、幽、秀、秘、丽、和、消、雅、平等的哪一种？虽有交叉，以何为主？

3. 辨流派：是写实或造境，是自然式、写意式或图案式。是北派、江南或岭南等；

4. 别手法：是现实主义或浪漫主义，是暗示，象征或比喻等。这些方面与园林意境的形成是有关系的。

第二步运用科学抽象的思维能力从具体到抽象，根据合乎实际的典型材料进行分析，"由此及彼，由表及里"，完成对园林意境的品鉴。品鉴的主要方法有：

1. 对比比较分析法。借助文字资料，联系古今品园评语进行纵观，联系各地的类似景观进行横观。

2. 以意逆取法。朱熹《四书集注》认为："当以己意逆取作者之志，乃可得之。"

3. 会意法。梅尧臣主张："作者得于心，览者会以意。"章学诚《文史通义》认为："善论文者，贵在作者之意旨，而不拘于形貌也。"

4. 讨论。通过座谈、书信、报刊讨论，发挥群体智慧是当今有效的好办法。

5. 尝试法。利用已知探索未知，将已知的园林意境、诗词意境、绘画意境等评语，引用来多方印证，求得较妥的结论。

对园林意境的鉴赏常常不是一次完成的，必须反复赏鉴，反复实践，逐步深入，求得一次比一次更接近意境的本意。同时还要多游历多观赏，通过博观积累更多的赏鉴经验。《文心雕龙》作者刘勰认为："操千曲而后晓声，观千剑而后识器。"这样才能见多识广，不至于"信伪迷真"，"然后能评理若衡"。

（刊于《广东园林》1989.3、1990.4）

中国园林的气势韵

一、中国传统文学艺术强调气势韵

在中国传统文艺理论上提出追求气、势、韵的表现问题，比提出追求意境问题早得多。

三国魏文帝曹丕《典论·论文》认为"文以气为主"。东汉书家蔡邕《九势》论书法："凡落笔结字，上皆覆下，下以承上，使其形势递相映带，无使势背。"南朝齐谢赫谓绘画古有六法，"六法者何？一气韵生动是也；二骨法用笔是也……"唐古文大家韩愈《答李翊书》："气，水也；言，浮物也。水大而物之浮者大小毕浮。气之与言犹是也，气盛则言之短长与声之高下者皆宜。"晚唐诗人杜牧《长安秋望》诗："南山与秋色，气势两相高。"五代梁画家荆浩《山水诀》指出："其体（用）者，乃描写形势骨格之法也。运于胸次，意在笔先。远则取其势，近则取其质。"

宋古文大家苏轼题王维、吴道子画诗，称道子"笔所未到气已吞"。明文人画家董其昌认为："文字最忌排行，贵在错综其势。"清思想家黄宗羲《南雷文定·论文管见》指出："叙事须有风韵，不可担板（即呆板）。"清画家沈宗骞《芥舟学画编》指出绘画必须讲究"会意"与"取势"。他说："笔墨相生之道全在于势"，等等。

二、中国园林艺术重视气势韵

中国传统山水风景写意园常采用自然式布局造景法则，十分重视园林气势韵的体现。

唐造园家白居易《奉和裴令公〈新成午桥庄绿野堂即事〉》诗中描写自然式手法："引水多随势，栽松不趁行。"唐造园家柳宗元《永州韦使君新堂记》谓其造园之初："既焚既酾，奇气迭出。"宋造园家辛弃疾《临江仙》词夸示家园石壁说："莫笑吾家苍壁小，棱层势欲摩空。"明园论家王世贞《游金陵诸园记》写莫愁湖："隔岸陂陀隐然，不甚高而迤逦有致。"明造园家祁彪佳《寓山注序》叙其造园的艺术体认为："如名手作画；不使一笔不灵；如名流作文，不使一语不韵。"清游赏家沈复《浮生六记·浪游记快》评论扬州瘦西湖："其妙处在十余家之园亭合而为一，联络至山，气势俱贯。"又指出湖之小金山："有此一挡，便觉气势紧凑，亦非俗笔。"清文学家曹雪芹《红楼梦》第二回写贾雨村对冷子兴说："大门外虽冷落无人……就是后边一带花园里，树木山石，也都还有葱蔚洇润之气。"清赏园家恽寿平《瓯香馆集》谓："壬戌八月客吴门拙政园，秋雨长林，致有爽气。"清园论家沈元禄《猗园记》认为："莫一园之体势者，莫如堂；据一园之形胜者，莫如山。"当代园论家陈从周《说园》指出："巨山大川，古迹名园，首在神气。五岳之所以为天下名山，亦在于'神气'之旺。今规划风景，不解'神气'，必致庸俗低级，有污山灵。"又说："造园亦必注意过片，运用自如，虽千顷之园，亦气势完整，韵味隽永。"（按：过片，填词术语，指上下阕之间的承上启下词语要注意关联引导，笔断意连。)

三、气势韵在中国园林艺术中的内涵

（一）中国园林艺术所讲求的"气"

1. 指才情、学识和经验丰富的造园者具有丘壑在胸，全局在握的从容布局气概。

文章家认为"文章最要气盛"，气盛临文，才能一气贯注，首尾连贯，气势畅达。造园家将园林视作一篇文、一首诗、一幅画、一支曲，造园犹如作文、吟诗、绘画、谱曲。必须才气横溢，气盖全局。才能一气呵成，所造之园才有生气有特色。如果添添改改，枝枝节节为之，造成之园就会没有章法没有灵气。故陈从周《说园》指出："造园如缀文，千变万化，不究全文气势立意，而仅务辞汇叠砌者，能有佳句乎？"

2. 指园子具有鲜明的艺术特色。

明刘侗于奕正《海淀》，游记了当时北京的武清侯李威畹皇亲的清华园和水曹郎米仲诏（万锺）的勺园，引用时人评语："福清叶公台山过海淀，曰：'李园壮丽，米园曲折。米园不俗，李园不酸。'"指园林没有庸俗、酸腐的气象。

近现代的园论家们从园林的整体气象着眼，评论苏州留园有"华赡"之气，沧浪亭有"苍古"之气。评论扬州瘦西湖有"清秀"之气，西园有"清丽"之气，个园有"奇雅"之气。

3. 指溢洋于园林空间的情趣气息。

这种情趣气息即传统的文学气氛，一种艺术境界。意境，也就是园林景观中所呈现出的诗情画意。

如扬州个园的四季假山艺术，能给人以春山如笑，夏山如滴，秋山如妆，冬山如睡的感觉。瘦西湖饶有"绿肥红瘦"的气息。绍兴沈园的葫芦井畔清波一泓、疏柳数株、小桥一座、残壁半堵，在斜阳影里确有"伤心桥下春波绿，曾是惊鸿照影来"的诗意。

（二）园林艺术所讲求的"势"

1. 指山水花木建筑等的艺术组合，在具体的园林空间内所形成的一种力量的趋向。

唐尹知章注《管子·形势》，认为天地万物莫不有势，"夫势必因形而立，故形端者势必直，状危者势必倾。"

园林规划中的布局组景十分注意因地制宜，因形取势。如南昌滕王阁的"鹤汀凫渚，穷岛屿之萦回；桂殿兰宫，即冈峦之体势"。如绍兴东湖借古采石场造成断壁悬崖之势。又如昆明西山龙门借悬崖溶洞凿成险峻的观景游路等。

在造园艺术家眼里万物莫不有情，它们的组合趋向会形成一种势，即谓情势。不过，造园的因形取势也不一定都以雄、奇、险、峻为务，可取动势也可取静势。故刘勰《文心雕龙·定势》篇指出："势有刚柔，不必壮言慷慨乃称势也。"

2. 指山水花木建筑的具体态势。

如山有宾主朝拱揖让之势；有负势竞上，争高直指之势；有泰山雄、华山险、黄山奇、峨眉秀，青城幽之定势。如水有萦回婉转，斗折蛇行之态；有衔远山，吞长江，浩浩荡荡，横无际涯之势。如石有突怒偃蹇，负土而出，争为奇状之势。如花木有杨柳之潇洒，松柏之严肃，竹子之坚贞，梅花之孤高，牡丹之富贵，桃花之俏丽，荷花之亭亭玉立，兰花之飘逸不群等。又如亭台楼阁等建筑组合有廊腰曼回，檐牙高啄，各抱地势，勾

心斗角的态势等。

3. 指景物间存在相互作用而产生的影响效应。

现代科学证明宇宙间有物理"场"的现象,如引力场、电磁场。在风景园林的具体景境里,景物之间也会存在着相互作用而产生的势能,从而作用于游人,产生诱人感人的现象。如唐柳宗元《小石潭记》说:"坐潭上,四面竹树环合,寂寥无人,悄怆幽邃,凄神寒骨。以其境过清,不可久居,乃记之而去。"这种"凄神寒骨"不可久居的感觉,便是小石潭景境中景物之间相互作用而产生的"风景场"现象。

如进大森林有恐怖感,入溶洞有神秘感,行旷野有孤寂感,赴幽壑有紧张感,处悬崖绝壁下有危殆感,立峰巅有飘逸感,坐花柳间有愉悦感等,都是"景场"现象作用于人的效应。

(三)园林艺术所讲求的"韵"

1. 指叠石理水,栽花植树,建筑构筑的布景造景符合形式美的法则。

中国园林艺术注重自然美,但也十分讲求对称、平衡、比例、体量、虚实、奇正、节奏、多样统一、不齐之齐等形式美法则。《园冶》强调的"精而合宜""巧而得体"就指这个问题。景物无论单体、群体,如果在造景中都注意了形式美法则,其姿态、景象就有韵致,否则叫"不韵"。

2. 指景点景观或全园的风韵。

中国的游赏家历来爱把景物、景观或园子看成有生命的活体,常用拟人化方法去进行品评,便于他人理解。如苏轼游湖诗:"欲把西湖比西子,浓妆淡抹总相宜。"对西湖的风韵评得极是。又有评上海豫园是"大家闺秀",南京瞻园是"小家碧玉",扬州西湖是"楚楚细腰如赵飞燕"。还有评邓尉古柏如"形偃神飞",比梅花为"林月美人"等。评语使园林的特色、风格更为形象具体。

人的风韵是神采、气质、品貌、衣着,打扮、举止、谈吐等的综合表现。园林的风韵是各景观的气象、色相、体态、意境、景物质量、匾对文字等的综合体现。因而对此要有较深厚的文学艺术修养和广泛游历经验的人才容易体认得出。

3. 指园林的空间布局和时间布局上有较好的韵律节奏。

如苏州现存的拙政园是前代名园,其导游组景序列布置就颇具匠心:进园后用假山一挡,不让一眼观尽(序景),再循廊渡桥绕到假山后水池(引景),进远香堂(开篇,展景)。再引向南轩曲廊西入小飞虹、小沧浪、香洲(承景,再引),然后出旱船过西半亭到见山楼(驻景,回宕)。再过曲桥到北山后花径(接景,再引),再绕溪走梧竹幽居亭渡桥折入池中北山(转景,跌宕),然后才上雪香云蔚亭(主景,高潮)。接着下山过荷风四面亭(继景),再渡桥入枇杷园(续景,尾声)。然后进入海棠春坞(结景)。

这种把主景深藏不露,用剥茧抽丝的手法引导游人寻寻觅觅欲见不能,极尽诱引旋折之能事才推出主景。让游人在动观过程中步移景换,觉得山水有起伏,路径有曲折,空间有旷奥,景境有开合,视线有透隔、富有韵律节奏感。

四、中国园林气势韵的形成与"法"

中国传统造园重视自然美,但又不是自然主义。凡造园都要对自然现状加以或多或少的治理改造,使自然美按照规划设计转化为艺术美(理想的自然美)。这种"转化"过程就是运用造园艺术手法的过程，故园林气势韵的形成必须依靠"法"。但"法"的运用必须在统一的周详规划之中，为布局组景造景服务，其所预计形成的气势韵也必须是全园主题意境和景点景观意境之所需。常见的贯气、造势、生韵之法有：

（一）跌宕

在正景、主景出现前要使波澜起伏，峰回路转，造成山重水复之势，甚至"千呼万唤始出来，犹抱琵琶半遮面"。常使用分隔、藏掩、接引、旋折、半露半遮等艺术手法。

（二）对比

通过景物的色彩、形式、质量、体量、距离等进行对比，表现一种景意。常用对景、衬景、映带、相形、并列等手法。

（三）夸张

通过加强某些景物的数量、质量、地位造成一种显著的势能，表现景场的吸引力或排斥力，让游人产生亲近感或惧怯感。常用集中、连片、延长、加密、增高、加深、郁闭、旷朗、突现、夸大等手法。注意适度。

（四）烘托

加强环境、背景的色彩或气氛，借以突出主景。常用衬托、渲染、环绕、层叠、淡化、强化等手法。

（五）勾勒

以景物代笔墨，对另一景物的边界轮廓或脉络纹理作装饰性的加强，使之更加显著、珍贵、明丽。常用围栏、绕砌、回廊、曲桥、矮墙、曲径来镶边压界。有轻勾、重勒、工笔、写意等手法。

（六）反复

让同一景物多次出现，以强调某种气氛。但要注意同中有异，次数有限，勿使单调乏味。常用排比、连续、重叠、交错、轮替等手法。

（七）曲折

园路、园墙、堤岸、桥、廊、山体、溪流等条状景物宜曲折有致。常用弯环、屈曲、转折、回旋、错落、起伏等手法。

（八）参差

使景物在立面构图上相互掩映，在统一中求变化，达到"不齐之齐"的自然美。常用交错、层叠、穿插、斜飞、错落、含吐、进退等手法。

（九）因借

借景可以扩大园林空间，丰富景观，加深意境。常用远借、近借、俯借、仰借、内借、外借等手法。

（十）比兴

设计者寓情于景，托物言志、借景起兴，引发游人想象、联想，借以表现意境的诗情画意。常用明喻、暗喻、拟人、拟物、象征、借喻等手法。

五、中国园林的气势韵与意理趣

中国传统的园林艺术审美既讲气势韵，也讲意理趣。"意"包含意在笔先的整体构思，布局组景的意匠经营，景观情态的诗情画意；"理"包含造园赏园的理论、方法和实践经验；"趣"包含景境宜人，景观诱人，景色迷人，景意动人等审美要求。

"气势韵，意理趣"这六个字的内在关系可以表述为：意高则理深，理深则气足，气足则势显，势显则韵出，韵出则趣生。若单讲气势韵，是从园景的形象着眼，追求艺术境界，是一种偏"虚"的艺术感受，只可意会难以言传；单讲意理趣，是从园景的构成着眼，讲究艺术法则，是一种偏"实"的艺术体认，可学而得。

六、中国园林气势韵的培养

孟子说："善养吾浩然之气。"个人的浩然正气要靠长期修养，一座园子的气势韵也要靠长期培养才能达到规划设计的效果。因为花木的成长，建筑物经受自然的打磨，对生态环境的保护，对水旱虫灾及意外灾害的防治等，都需要长期付出艰辛的劳动，故加强园林管理是培养气势韵的关键。

21世纪即将到来，现代城市人盼望回归大自然的心理将日趋强烈，现代园林的绿地比例已达70% ~ 80%，规划设计也特别重视植物造景，而气势韵的表现主要依赖花卉树木的早日成荫，故园林管理的首要任务是加强对植被的养护。

气势韵的培养还要靠管园人才的培养。特别需要培养出好的植被养护人才，认真理解景观设计的意境，根据植物的习性，运用科学的园艺手段去培养、防护、修剪控制、繁殖嫁接、育种引种等。

（刊于《中国园林》1997增刊）

中国传统园林的点景艺术

点景一词《汉语大词典》解释为点缀、装饰。引清人李斗《扬州画舫录·草河录下》："其下养苔如针，点以小石，谓之花树点景。"释点缀是加以衬托或装饰，使原有事物更加美好。点景与点化一词相近似，点化是对原景加以点染而升华成新景。宋人周必大诗句："丹青点化属诗人。"

点景是从中国画点苔转化而来。画家在画成的树干上、石岸边、山坡上用方圆横竖等墨点有浓淡疏密地点苔，代表苔藓或草木，使画面更显苍润自然；而园林点景则是用实体景物对原有景观的不足处作装饰点缀的美化处理。二者都要求按画理园论反复推敲之后才落笔，但又要不拘谨地随意点出。所谓"随意点出"是指随惨淡经营的意匠去精心点缀，而不是违背自然之理的随手乱点。要点得恰到好处，如颊上三毛添之愈肖，额上花黄贴之愈妍。这个"点"字颇有点石成金，化腐朽为神奇的法力。

一、园林点景的实践目的

园林点景意在笔先。当园景建成之后，自应请专家名流对景点进行逐个审察验收，看其是否达到了景观的设计要求。特别看景观审美是否达到了预期的艺术效果。如果发觉有不妥或不足之处，必须进行现场分析，找出不妥不足的产生原因，然后运用点景手法予以补救，使之生色增辉。

好的园景设计"如名手作画，不使一笔不灵；如名流作文，不使一语不韵"，建成后一般不会有太多的缺陷。但智者千虑必有一失，规划设计毕竟是图纸上的理想美，当其通过施工成为现实美后，那些考虑不周之处才会暴露出来。所以善后补救应是局部的、少量的改动或补缀，故叫"点景"。

二、园林点景的辨景施治

点景立意之先应仔细辨景，即对原有景观的立意、手法、风格等进行深入具体的考察，对照眼前的缺陷认真分析，找出病因：是施工问题还是设计问题；是质量问题还是艺术问题；是景色景象问题还是景态景意问题等。然后集思广益对症下药，提出施治的方案。避免牛头不对马嘴而使点景失误。

《红楼梦》大观园省亲别墅一景，众人因其景观中有一带清流，从花木深处泻于石隙之下，而且桥上有亭，便认为景意是用《醉翁亭记》"有亭翼然"，主张亭额用"翼然"二字。贾政认为"此亭压水而成，还须偏于水题为称"。有人便主张用"泻玉"二字，宝玉认为不妥。他说"既为省亲别墅，亦当依应制之体，用此等字亦似粗陋不雅"。经过一番辨景论证之后才用了"沁芳"二字。

三、园林点景的景物选择

在点景方案中，决定选用什么景物去弥补缺陷是很重要的。一般常用的点景景物有亭、廊、台、墙等小品建筑，有花木、山石、泉瀑，有曲桥、汀步、舟楫，有车马、农具、动物，有雕塑、匾联、石刻，还有多种灯具、盆钵、桌椅等。在点布之前应对景物按点景的需要进行认真选择。比如用太湖石，黄石、英石等名石作孤赏石点景时，传统的选择标准就是漏、透、皱、瘦、顽、丑，而且越高大越奇怪越珍贵。对观赏树的要求，除花色香味叶形外还要重视枝干的姿态。如传统的选梅标准有"三美"：美曲不美直，美欹不美正，美疏不美密；"三贵"：贵稀不贵繁，贵瘦不贵肥，贵含不贵开；"八姿"：横、斜、倚、曲、古、雅、苍、疏。对亭廊类小品建筑的选择，根据点景的需要，主要从造型式样、体量比例、装饰色彩和材料质量等方面着眼。

四、园林点景的景物定位

选好点景景物后，确定其点布位置也须仔细揣酌。点对其处则全景生色，点非其处则反成赘疣。比如点亭，这是一种在传统园林中使用频率较高的点景景物，但又是固定的建筑物。一旦建成很难易移，不像点石点树那样点非其处尚可移易，故建筑物的点景定位更为重要。又如点石的聚点，点花木的丛植，不仅要考虑它们在景境中的位置，还要考虑它们彼此之间的位置。而且许多建筑物构筑物，山石、植物之类难以移易的景物，点布时还要注意其朝向。

比如《园冶·亭榭基》说："安亭有式，基立无凭"，"花间隐榭，水际安亭"，"或翠筠茂密之阿，苍松盘郁之麓，或借濠濮之上……倘支沧浪之中。"总之，点亭位置由景决定，但也有一些规律：作为序景，多点在主要道路上；作为指引，多点在山路边；作为补白，多点在景观薄弱处；作为最佳观景点，则多点于山巅、水口或湖岸转角处；作为湖岸点景，则宜突现勿退隐，宜贴水勿高置。

五、园林点景的量和质

园林点景当然不会像绘画点苔的点子那样多，一般是宜少不宜多，宜小不宜大，所谓惜墨如金，以少少许胜多多许。如果确实需要数量多体量大的景物来补救，那就应叫补景，是规划设计上出了较大纰漏。同时，点景的"点"也不能像蜻蜓点水那样轻轻一蘸，应当是较有分量的，足以引起原有景观"质变"的点化之点。故一般点景宜重不宜轻，在质不在量。所谓的"重"，除了指下笔的力度外，也指所点景物的价值和效果。如《红楼梦》大观园主景正殿前的玉石牌坊点景可谓价值、效果俱佳，很有力度和分量。当然，点景所用景物不一定要名花、名木、名石之类，可以就地取材，但必须因景制宜，按点景审美所需去选择那些足以入画成景增辉者。

六、园林点景的艺术法则

中国园林点景的艺术法则概而言之就是：重天然，不强为，因地制宜，因景制宜，因势利导地完美表现诗情画意。点景艺术的具体方式方法很多，而且点景所用的景物不同，点景的方法也会不同，比较常见的点景方法有：

（一）衬托、烘托要相称

如《红楼梦》大观园稻香村一景，组景上运用了黄泥墙、茅屋、桑柘青篱等景物来衬托几百枝如喷火蒸霞一般的杏花，造成具有杏花村诗意的主景。在环境景观中又布置了土井、桔槔辘轳和大片的菜畦、油菜花，使乡村景象更加地道。待贾政等审看时又发觉"还少一个酒幌"，便叫依村庄式样做来挑在树梢，进一步烘托了"杏帘在望"的意境。贾珍又提出"只养些鹅、鸭、鸡之类才相称"。这"相称"二字便是点景妙谛。

（二）平衡画面要相宜

点景要使原景在色调风格上、主宾关系上、景观质量上更显轻重得宜、浓淡有致。如北宋徽宗赵佶《艮岳记》记述东高峰下"植梅以万数，绿萼承跗，芬芳馥郁"。在山麓建了大体量的宏丽的绿萼华堂，其旁又点缀了"承岗""昆云"二亭，使整个景观画面在质量上和色调上得到了平衡。又记述景龙江北岸植造了"万竹苍翠翁郁，仰不见日月"的竹林景观，为了平衡景观画面色调的单一，竹林间也点缀了"胜筠庵、蹑云台、萧闲馆、飞岑亭"四个明丽的建筑。

（三）呼应联络要有节奏变化，若断若续

园林景区景点之间或景观景物之间距离过大，有分散感时，可于其间点缀一些景物作"过渡"，达到联络有致。如《红楼梦》大观园中描写贾政等看园从稻香村出来，"转过山坡，穿花度柳，抚石依泉，过了荼蘼架，入木香棚，越牡丹亭，度芍药圃，到蔷薇院，傍芭蕉坞里盘旋曲折，忽闻水声潺潺，出于石洞……"到达"蓼汀花溆"。其间运用了一系列的有节奏的点景艺术，使游人边走边赏而忘疲倦，实现了巧妙过渡。

（四）镇定画面要有力

有的景境里布置的景物比较繁杂，显得热闹躁动时，可使用另一种比较有分量的景物点景，达到统摄镇定的目的，使众景物繁而有主，动中有静。如《红楼梦》大观园衡芜院庭院中"一树花木也无，只见许多异草：或有牵藤的，或有引蔓的，或垂山岭，或穿石脚，甚至垂檐绕柱，萦砌盘阶……"景观虽具特色，但景物品种繁杂，略呈喧闹躁动感，设计者运用了一块高大的玲珑山石来点景，使庭院景境得到有力的镇定统摄，产生了变动为静的效果。

（五）对比照映要有目的

有时发觉景观的主宾、浓淡、轻重等关系不够明显肯定时，可通过对比照映的点景手法，在原景物的旁边再增加一组在比例上、体量上、色度上有较大反差变化的景物，达到以此显彼的目的。比如《红楼梦》大观园怡红院的庭院中"点衬几块山石，一边种几本芭蕉，那一边一树西府海棠，其势若伞，丝垂金缕，葩吐丹砂"。用芭蕉的大绿对照海棠的大红，形成强烈的色彩对比，以突出"女儿棠"的品性特色。

（六）逗引引导要藏露结合具有诱惑力

当景点被山林遮蔽时，可点以高塔、危亭露于林梢，或在景境外点以仄径、路亭、牌坊，借以逗引游人寻幽访胜。如《红楼梦》大观园开篇一景运用一带翠嶂屏挡园内诸景，以曲径通幽手法于乱石间点以羊肠小径，引人入洞探景。又如昆明金殿的前区松坡梯道上，点布了三道牌坊叫三天门，以接引游人和香客上山登殿。

（七）强调加深要适度

如发觉原有景观的色彩、态势、质感等的分量气氛不够时，可运用加重、加密、加深、加高、加长等点景手法予以强调。前述"平衡"是为了求稳；上述"对比"是为了求是；此讲"强调"是为了求足：点景目的有别。

比如园中点小径，池中点平桥均要求曲折有致，若是一曲不够可以三曲或七曲。山石间点泉瀑，一叠不够可以三叠。景观色度不够，除用他色对比外，也可用强调手法使红者更红，白者更白。比如曲阜孔庙前区点布了九道牌坊作门，加深了中轴线的景深，也强化了神道的肃穆气氛，体现了"君之门九重兮"的森严意境。但加强要适度，如曲桥不过七曲，瀑布泉不过三叠，门坊不过九重，佛塔不过七级，过多则适得其反。

（八）暗示隐喻要高雅

若景观意境过于含蓄，景意用典比较深奥时，可用匾额对联、石刻题咏、景石题名等形式来点景，达到为游人暗示指迷解惑的目的。

（九）画中有诗

传统园林的景观如画，景意如诗，如果发觉有的景观缺乏诗画意境时，可以通过点景赋予诗情画意。比如在柳林荫中点个小红亭，便有"万绿丛中红一点，动人春色不须多"的诗意；在临水竹丛边点几株桃花，便有"竹外桃花三两枝，春江水暖鸭先知"的诗意；在园池边点一二株梅花，便有"疏影横斜水清浅，暗香浮动月黄昏"的诗意。但要注意引诗借意不可冷僻，以多用脍炙人口的唐宋诗词名句为佳，而化诗入景也切忌牵强附会。

（十）静中有动

一般园景偏于幽静者多，就是花木繁多的景境，花季一过也渐趋寂静，为让游人四时入园皆不寂寞，除了在花卉品种上调剂外，也可运用静中有动的点景艺术来添加动感效果。比如在溪边点缀竹筒水车，岩边点缀泉瀑，水中饲养水禽、游鱼，寺院点缀钟磬声等。若能在园内多植浆果类灌木，便可引来自然界的鸣禽飞鸟入园落户，则更为理想。

如唐柳宗元《钴鉧潭记》说他买得潭上田后，"则崇其台，延其槛，行其泉于高者坠之潭，有声潀然"。他费力不多而得到化静为动的音响效果，此善点景者也。

（十一）秀中有野

北宋苏轼《司马君实独乐园》写有"中有五亩园，花木秀而野"的诗句。中国古典园林面积一般有限，园林建筑比重较大，讲究叠山理水，缺少"天然图画"风韵，植物配置争求奇葩异卉、古树名木，缺少野生气息。如明徐渭《书朱太仆十七帖》："昨过人家园榭中，见珍花异果绣地参天，而野藤刺蔓交戛其间。"他问园主人为何保留这些野生刺藤。主人说："然去此亦不成园也！"可见造园时注意保留一些自然景观，点景时增添一些山野景物，使园林生态更多一些自然之趣，是新世纪造园的方向。

（十二）自然天成

要着意为之，以无意出之，使点景艺术达到自然天成不留"斧凿痕"的境界。毛泽东在1933年夏过江西瑞金大柏地时，写下了一首《菩萨蛮》词，下阕是："当年鏖战急，弹洞前村壁。装点此关山，今朝更好看。"这几句豪迈评语，看似轻描淡写，却道出了当年的一场激烈战斗。那土墙上的弹孔不是为了点景而留下，但战后来看却无意之间成为关山景观的历史壁画点缀。

中国园林点景必须精心设计，但在施工工艺上必须达到浑然天成，以假乱真。如叠山塑石、凿池驳岸、植树栽花、悬泉叠瀑、搭架编篱、砌洞铺径都讲究自然理趣。

七、园林点景的忌避

1. 点景应与原景的意境风格相称相宜，切忌相悖、出格；

2. 点景要从容斟酌，反复推敲，切忌强为；

3. 点景要随机应变，巧于因借，切忌装模作样，故意造作，为点景而点景；

4. 点景宜少而精，切忌琐碎繁杂，更不可大兴土木；

5. 点景要因景制宜刻意创新，景景有别，切忌千篇一律，简单化、一般化；

6. 点景模仿名园要有变化，切忌生搬硬套，呆板抄袭；

7. 点景寓意要蕴藉含蓄，切忌浅俗乏味；

8. 点景应独具慧眼，切忌敷衍、迎合。

（刊于《中国园林》2000.6）

园林建筑题名

园林中的建筑物是园林的重要组成部分，是天工与人工，自然美与人为美巧妙结合的产物。园林建筑题名就是按园林艺术的要求把天人结合的美用文字概括出来，使游人顾名思义能够领会到这种源于自然而又高于自然的美。

过去由于受极"左"思潮的影响，不重视园林建筑题名的文学性，主张题名革命化、大众化，把建筑物与风景截然分开，把服务与游赏对立起来，加之管理不善，使园林体现不出高雅的精神文明。党的十一届三中全会以后，我国园林得到了振兴，园林建筑题名也应该引起各方面的注意。题名不文，不仅会使游人减兴，还会有损园林的形象。

一、园林建筑题名的文字

园林建筑题名与一般题名不同，具有严肃性，一经审定之后很难更改。要求书法和雕刻结合的艺术美，固定在园林建筑设计的留题处，供游人赏玩。题名一事必须请人品高，文学修养好，并具有一定园林艺术修养的人命笔。能由社会名流题名就更好。要使所题之名与整个景观的意境相生发，使景物更有韵致。

园林建筑题名的文字极其精炼，一般是由两个字组成（加上建筑物本名如楼、阁、亭、榭等字算是三字），也有用一字或多字的。文字的形态要和书法结合起来推敲，避免笔画过繁或过简，要繁简相兼。如繁体字"廳"若配上"一丈"二字便觉突兀。从语法上看多数题名是用的动宾结构，内涵更大些。建筑物题名与匾额有区别，如"潇湘馆"是馆名，而"有凤来仪"则是深化馆名意境的匾额或景名，如人之有本名又有字号。

二、园林建筑题名的类型

以地名为题：如岳阳楼、玉泉寺、龙井寺。

寺庙建筑的固定题名：如观音阁、大雄宝殿、罗汉堂、斋堂、经堂等。

名胜古迹题名：如二妃庙、黄鹤楼、试剑石、薛涛井、点头石等。

纪念性的题名：如滕王阁、醉翁亭、喜雨亭、苏堤、白堤等。

以功能作用为题：如藏经楼、钟鼓楼、吟诗楼，品茗阁等。

以赏景为题名：如观潮亭、日观亭、迎旭阁、藏春楼、玩芳阁等。

以栽植花木为题名：如梅阁、牡丹亭、芍药圃等。

以所处环境为题名：如湖心亭、断桥等。

以建筑形状为题名：如翼然亭、九虹桥、画舫斋、螺髻亭等。

以建筑材料为题名：如乌木寺、檀香阁、草亭、铁塔之类（以奇特建材为名）。

以建筑技艺为题名：如无梁殿、回音壁等。

借用旧题名：如望江、观日、翠微、积翠等具有普遍性，凡景观相似可以借用名园的个别题名。

以涵养性情为题：如清远、犁云、赏云、知鱼、狎鸥等。

以颂扬宣传为题：如千秋、万春、多景、众乐、瑞景、文汇、文华等。

还可以举出一些，不过这些是常见的题名。从这些题名类型来看，值得推敲用心的题名当数"赏景""养性""颂扬"这三种，要特别注意思想性和艺术性的高度结合，要避忌陈腐、隐晦、俚俗、颓废，要创新有时代气息。

三、园林建筑题名的方法

（一）要了解园林建筑设计的全部意图

每一处园林名胜的建筑样式和名称是很多的，从园门、道路、楼阁、山石、水池到桥、洞、亭、坊等名目繁多。常见的可分为楼堂馆阁、厅轩室榭等主体建筑和亭桥坞洞、台蹬坊径等小品建筑。主体建筑一般都在各个风景点上，花木水石的布置都围绕着它展开，而小品建筑主要是点缀景观，是联系各景点的脉络和关节。因此，园林建筑题名要理解建筑师的匠心，要从总的格局上着眼，分出主宾、轻重、大小、明暗等组景关系，统筹兼顾地构思，才不致杂乱无章而有损主题。

当然，主体与小品，轻与重也是相对的。如泰山日观亭就是一个重要的景点，琅琊山的醉翁亭因欧阳修的题名而出名。

（二）要照顾到整体与部分之间的联系

一处园林是一个整体，其中每一景点又自成系统，每一景点又有主体建筑与附属建筑或小品建筑，它们之间互相联系、互相衬托。当主体建筑题名定了之后，其他题名就要与之相呼应，相生发，避免抵牾。如主体建筑题名为《望湖楼》，则本系统各附属建筑就应有意识地从"望"字或"湖"字上去考察、构思。但不是说要带这两个字眼。

同时各景点也要服从整个园林的格局风貌，在建筑题名上，部分要对整体有所衬托，有所揖让，有所拱卫，即要有向心力。如青城山沿路亭阁有翠光、天然、引胜、驻鹤、山阴、冷然、凝翠、奥宜、听寒、息心等题名，对突出"青城天下幽"的"幽"的格局是起烘托作用的。

（三）要使各景点具有自己的特色

景点与全景的联系是以各景点的相互区别、相互差异为前提的，不能忽视它们之间的界限，抹杀它们之间的区别，园林建筑题名要题出它们的个性和特色来。试看《红楼梦》大观园中的景点各具特色，建筑物也各具特色，因而曹雪芹笔下的题名也各有特色。如"蘅芷清芬"以草本冷色之类的植物布成淡雅的景观，房屋建筑也是清凉瓦舍，故题名"蘅芜院"。

（四）要注意建筑物与具体环境的关系

园林建筑题名要根据周围景观的特点与自己所处的具体位置来构思。建筑物或倚崖，或临水，或踞峰峦之上，或立绿水之中，或高出林表，或掩映花丛，或环抱，或凌空等，情况不一。题名者必须实地观察，推敲宾主的相关情态，选用不同的动词来表达这种爱美的情景。如题亭名，临湖之处可名"澄波"，临池之处可名"澄碧"，临潭之处可名"澄渊"，山巅可名"枕峦"、"踞秀"，山隈可名"环翠"、"揽翠"，林中可名"拥翠"、"积翠"，跨涧的可名"飞虹"，花中的可名"积芳"，泉水旁的可名"涌玉"等。

（五）善于利用文史上的成语典故

园林建筑题名的字少意深，必须引用文史典籍上的史实、成语、格言或名句来加工提炼，概括出精蕴的题名。如苏州拙政园，用潘岳的《闲居赋》中"灌园鬻菜，是亦拙者之为政也"一句概括而成，其中远香堂是取周敦颐《爱莲说》"香远益清"句意，两宜亭用白居易"绿杨宜作两家春"诗意，留听阁取李义山"留得残荷听雨声"诗意等。

（六）题名要有求异创新的精神

园林建筑题名虽说要掌握园林建筑设计的意图，但不等于是原意图的复述。应该站在文学的更高角度来认识它，要用求异创新的精神探索出更高的意境。一个好的题名不但含有建筑师的匠心，而且体现题名者的情怀和才识。如《红楼梦》大观园的"蓼汀花溆"一景，众人都认为是模拟桃花源记的景致，于是有的主张题名"武陵源"，有的赞成题名"秦人旧舍"，曹雪芹借宝玉之口作了评论，最后题名"花溆"，使原意得到新题。

（刊于《广东园林》1986.2）

园林对联初探

一、园林对联的概念

对联是中国人民喜闻乐见的一种文学形式。几乎凡有井水处都有对联存在的痕迹。它种类很多，根据不同的用途可分为春联、喜联、寿联、挽联、墓联、行业联，等等。专门用于园林名胜古迹方面，装饰性强，文学性强，供游人欣赏的对联，叫作园林对联。

二、园林对联的价值

把对联这一形式广泛地作为园林建筑的一个有机组成部分，是中国园林的特色之一。《红楼梦》第十七回，曹雪芹通过贾政之口说出了园林对联的价值。贾政说："偌大景致若干亭榭，无字标题，任是花柳山水也断不能生色。"可见，高雅的文学与园林结合，会产生很好的效果。园林中的题对能把游人的思路引上更高的境界，并从中受到熏陶；园林中的题对能指导游人理解造园艺术的匠心；园林中的题对本身也是一种艺术品、一种景观。如昆明大观楼长联海内有名，人们游大观楼时都要着意欣赏它。

三、园林对联的共性

从思想性来看，园林对联和其他对联一样，在各个不同的历史时期产生的对联，都打上了不同的阶级烙印，具有时代性或明显的倾向性。从艺术性来看，它和其他对联一样具有美的一般属性：都分上下对称的两联，字数相等，句法相似但含义相反或相对立，上下联平仄相反，在写作技巧上都常采用比喻、比拟、对比、排比、夸张、集句、双关、藏字、叠字等手法。

四、园林对联的特性

园林是通过景观建筑的物质来体现精神文明的，故人称园林为"有形的诗"、"立体的画"。因而园林对联有它自己的特征。

（一）永久性

一般对联多是应时应酬之作，时过事了就失去了意义，便被毁弃或收藏起来。而园林对联一经创作出来，便长期悬挂。一般对联常用纸、绫、绢来写，而园林对联多镌刻于木牌或石崖上，便于永久保存。

（二）独创性

一般对联如春联、喜联、寿联、挽联等，套袭应酬的味道浓，很少有独创性，几乎家家处处可以通用。园林对联的独创性很强，工稳贴切，难以移易。如昆明大观楼长联就不能与成都望江楼长联对换。一个景区景点的对联虽常多人题对，但都是在熟悉原有对联之后，进行的再创造。无论意境还是风格都一副胜过一副，有明显的超前趋势。

（三）严肃性

一般对联多为应酬文字，凡略有笔下功夫的人均能撰写，急就时还可翻开《酬世大全》照抄几副。而园林对联的要求就高，所以曹雪芹在《红楼梦》里指出，"若不亲观其景，亦难悬拟。"必须由对怡情悦性文章有修养的，对园林建筑艺术有知识的名家高手来题咏。有的还要请上方赐题，或先虚拟试制，待征求上下各方意见后再定制。

（四）集美性

其他对联虽也讲求文字和书法，但要求不高。而园林对联不仅要有高度思想性与艺术性相结合的文字，还要有高超的书法艺术和镌刻艺术，还要求材料的优质和制作的精工。集文学、书法、镌刻和匠作等艺术美于一联。而且对联的长短、大小、色调和位置，甚至字体等都要求与园林建筑相协调。

（五）写景性

"天下名山僧占多"。中国的园林建筑虽与名胜古迹、佛道寺院、革命纪念地等融为一体，但风景毕竟占主要地位。现存的园林对联，虽然单纯写景之作的比例不大，但结合周围景观来写的对联还是比较多的。现代园林风景区的分类，是以景观特征来划分的，园林对联必然应以写景为主。

五、园林对联的艺术特色

园林寓教育于山光水色怡情悦性之中，它的教育意义主要是通过园林建筑师的精心杰作，通过物质文明的综合艺术实体来表现精神文明。作为园林建筑一部分的匾额对联，它与碑碣、铭记、诗文等文字共同引导游人认识园林的含义。

园林对联要求思想性与艺术性高度统一，忌讳空洞的政治说教，反对道学气、学究气十足，反对袍袖气、枪棒气十足。要有书卷气，金石气，才子气，烟霞气。题寺庙还要带有蔬笋气，药栏气，反对丹铅气，迷信气。

（一）精炼的文句

由于对联为短小精干的形式所限，不可能在联语中任意铺叙，使用闲笔，堆砌辞藻。除少量长联外，一般园林对联多在十余字或四十余字之间，必须字字珠玑，惜墨如金，结构要凝炼，遣词造句概括性要强，内涵要大。实词多而虚词少，力避重复。

（二）典型的形象

园林对联必须运用形象思维进行创作。要求形象要生动具体，使所写之景意能让游人看得出想得到，从而受到美的熏陶。如南宋爱国诗人陆游题青城山一联："云作玉峰时北起，山如翠浪尽东倾。"形象就异常生动。

事物的特殊性决定了形象的典型性。创作园林对联，必须首先深入实景作细致的观察，从四时、气候，从不同的角度，从历史和现状找出景观景物的本质特征，才能创作出情景交融，形神兼备的典型性强的园林对联。

（三）诗一样的含蓄

中国传统论人品，讲涵养度量，讲风流蕴藉；中国传统诗教讲"温柔敦厚"，讲"含蓄"。园林对联也同样强调含蓄，虽形式短小，但内涵要深，忌直露，忌一泻无余，要有余意余味。

下笔千言，正桂子香时，槐花黄后；

出门一笑，看西湖月满，东浙潮来。

这是杭州贡院的一副对联。贡院是科举时代举行乡试的地方，考期常在八月桂花香时，中国槐七月开花，故谚云"槐花黄，举子忙"。上联说举子们才学好，进入考场下笔千言立就，下联说考试完毕出场时，心情舒畅，正好纵情湖山赏月观潮。短短二十六字中没有"贡院""举子""考试"等词语，却又把这些含义写得十分贴切。

君妃二魄芳千古；

山竹诸斑泪一人。

这副洞庭湖君山联，上写娥皇、女英（传说为舜帝之二妃）为舜死苍梧而奔丧以殉，其爱情的坚贞当流芳千古；下写二妃泪洒山竹，尽化斑纹，寄托永远怀念舜帝的心迹。十四字中虽无"爱情"二字，但却寓有深厚的爱情。

（四）综合的美术

园林对联不仅要求内在的意境高，还要求外在形式上的美。文字上要充分注意和利用汉字的特点。刘勰《文心雕龙·练字》篇提出"一避诡异（不写怪字、僻字、古字）；二审联边（不联用同一偏旁部首的字）；三权重出（同一字的再现要避免）；四调单复（字形笔画多或少的字不要集中连用）"的要求，在短小的对联里更应注意。同时，除叠字叠句外还要避免同音字。还要注意刷色，掌握好词语色彩的明度。光是艳词丽句固然不好，但一味白描素写也未必佳。还要注意：

联语的长短（雄关高阁宜长联，短亭小榭则宜短联）、字体书法的运用（如篆隶的古朴，颜体楷书的庄重，行草的轻快飘逸，须因地制宜）、镌刻的刀法（根据字体书法而定）、材料的选择（木质中的楠木、红豆、乌木等宜用其本色纹理，石质用青石、大理石等）、形状（抱柱半规状，平板状，镶嵌等）、色泽（黑漆金字，蓝底白字，本色底绿字或红字等）、配置的位置（最好是有节奏地随处配置，把集中与分散有机地结合起来）。

（五）广泛的群众性

园林是供群众游赏的地方，对联写得好，游人喜看、喜抄、喜传，这就符合群众性原则。事实反复证明，古往今来，真正有价值的优秀作品，都是经过人民群众的鉴别之后，被挑选留传下来的。所谓"曲高和寡"，不过是一种贬低群众对文学的鉴赏能力的谬论。

园林对联要注意文句的晓畅明白，符合汉语规范。用典使事不可生僻，不故作高古深奥玄妙，使人费解。当然也不宜太通俗化，以致浅淡无味。

另外，现存园林对联多用繁体字，现在练书法也爱用繁体字，这是汉字形体美的问题，有待逐步研究解决，但首先不故意使用古写或异体字为好。

（六）辩证的文理

任何事物都是矛盾的对立统一体，园林对联应该辩证地反映园林景观的矛盾对立统一现象。相反或相对的上下联之间是矛盾的对立，冬对夏，天对地，桃红对柳绿，不矛盾反而无味，如疾走对迅奔就觉重复。把对立的矛盾双方用辩证的思维方法配搭组合起来，赋以美的寓意，使游人读后得到一种新的美感，是园林对联突出的艺术特色。

挽合两种以上不同质的景物或事理组成一联对仗，要注意平衡工稳。但事物没有绝对的平衡，好的对联只对大体，求意境，并不计较上下联之间的铢两悉称。但一般是上偏下正，上轻下重，上因下果等关系，留心收拾和关锁，发挥下联的挽澜砥流作用。

下面举一些常见的辩证手法：

1. 动与静：一般风景都属于静态美，若能于静中显动或化静为动，则山水生情而充满活力。注意静中有动，动中有静。

云带钟声穿树出；

风摇塔影过江来。

——邵阳双清亭联

龙跃九霄，云腾激雨；

潭深千尺，水不扬波。

——泰山黑水潭联

碧通一径晴烟润；

翠涌千峰宿雨收。

——颐和园涵虚堂联

2. 虚与实：风景是客观存在的物质实体，是"实"，但它作用于人而产生的意象是"虚"。通过联想把二者结合起来，使虚实相生，常可构成一种空灵的美感。

危楼凿险层层出；（实）

积翠凌虚面面来。（虚）

——青城山联

绕堤柳添三篙翠；（实）

隔岸花分一脉香。（虚）

——《红楼梦》大观园沁芳亭

3. 主与宾：景物分主次，但"牡丹虽好，全仗绿叶扶持"，主体美还靠客体美来衬托。主与宾要能相揖让，相呼应，目的是突出主体，不能喧宾夺主。

青山有幸埋忠骨；（主）

白铁无辜铸佞臣。（宾）

——西湖岳坟

秦皇安在哉？万里长城筑怨；（宾）

姜女未忘也！千秋片石铭贞。（主）

——文天祥题孟姜女庙

4. 浓与淡：景色多层次才美，单线平涂或色调单一缺少变化都不易唤起人们的美感。

39

园林对联也要注意这一点，要把浓丽与淡雅配合起来，不使色调太刺激，也不使其太沉寂。要相互映衬，得出别有情趣的中间色调来。

> 楼观沧海日；
> 门对浙江潮。

（红日碧海，雪浪青山，相映成趣）

> 芍药红含三径雨；
> 芭蕉绿浸一溪云。

（红芍青径，绿蕉碧云，相映成趣）

5. 刚与柔：山水相生、草木相长，一刚一柔自然协调。园林对联要注意刚柔相济，过刚则易流于霸气，枪棒气，过柔则又萎靡不振或纤弱不禁，桐城文派曾有"阳刚阴柔"之说，阴阳、明暗、直曲、刚柔是相对应的。

> 胜地据淮南，看云影当空，与水平分秋一色；
> 扁舟过桥下，闻箫声何处，有风吹到月三更。
>
> ——扬州廿四桥联

> 峰巅片石留三国；
> 槛外长江咽六朝。
>
> ——镇江甘露寺联

（按：写扬州形胜是刚，写桥边夜景是柔。"片石"句为刚，江水是柔）

6. 远与近：园林对联为了展拓视野、增添气势，常借远景为宾来映托主体美，特别是制作长联时，常借周围远景来铺垫（包括历史的纵观）。

> 水界辽河，山通华表，历数代毓秀钟灵，真乃东都胜迹；
> 千峰拔地，万笏朝天，看四时晴岚阴雨，遥连南海慈云。
>
> ——辽宁鞍山千山联

> 一楼萃三楚精神，云鹤俱空横笛在；
> 二水汇百川支派，古今无尽大江流。
>
> ——武昌黄鹤楼联

7. 巧与拙："看似寻常最奇崛，成如容易却艰辛"，巧与拙能互相补充，甚而互相转化，所谓画蛇添足，弄巧成拙就是这个道理。园林对联常把巧笔拙笔相间使用，以巧补

40

拙，以拙托巧。比如画画，若笔笔皆拙固然沉闷，若笔笔皆巧也无韵致。必须巧中有拙，拙中见巧方妙。

月来满地水；
云起一天山。

——瘦西湖月观

黄鹤飞去且飞去；
白云可留不可留。

——黄鹤楼

两脚不离大道，吃紧关头，须要认清岔路；
一亭俯看群山，占高地步，自然赶上前人。

——贵阳图云关联

8. 静与噪：王藉《入若耶溪》"蝉噪林逾静；鸟鸣山更幽"，是辩证的噪静关系的警句。园林对联除了以噪显静外，还有一个音乐美的问题。在写静景时不要忘了天籁，注意利用鸟声、泉声、人声、风雨声等来破一下寂静的气氛，会使画面更有生趣，否则如看无声电影。

小院回廊春寂寂；
碧桃红杏水潺潺。

——青城山西客堂

花外子规燕市月；
柳边精卫浙江潮。

——温州文天祥祠

月色如故；
江流有声。

——黄冈赤壁

关于辩证的对立统一认识还可举出许多，如孤独与众多，新与旧，乐与忧，险与平，尊与卑等。只要注意掌握分寸，总能得到和谐的美感。另一点，诸种矛盾的对立，可交织在一联之内并能统一起来。不是每一联只能有某一对矛盾，恰恰是交错并存，相辅相成，才能得到更多的和谐美。

六、园林对联的写作技巧

园林对联是园林文学的一部分，它是从诗歌、骈文、辞赋中的对偶句脱胎而来。近体诗中对仗的所有技巧都适用于园林对联。

（一）集引

指选集或引用诗文中的警句、佳句，"借花献佛"。特别在吊古咏史涉及人物的评论时，引用本人文句来写本人更觉亲切，在特定情况下有"以子之矛攻子之盾"的用意；集引前人名句来作论断，显得更为有力。好的集引，必须选择恰如其分的名句，使对仗工稳，平仄相协，天衣无缝地表达新的意境，不可勉强硬凑。

1. 集一人之句以写他人：

> 诸葛大名垂宇宙；
> 宗臣遗像肃清高。
>
> ——集杜甫诗句题武侯祠

2. 集其人之句以写其人：

> 新松恨不高千尺；
> 恶竹应须斩万竿。
>
> ——集杜甫诗句题杜甫草堂

3. 集两人之句：

> 莺花尚恋霓裳影；
> 环佩空归月夜魂。
>
> ——集李商隐、杜甫诗句题马嵬坡

4. 集多人之句：

> 衔远山，吞长江，其西南诸峰，林壑尤美；
> 送夕阳，迎素月，当春夏之交，草木际天。
>
> ——题放鹤亭联，上联集范仲淹《岳阳楼记》和欧阳修《醉翁亭记》文句；下联引王禹偁《黄冈竹楼记》和苏轼《放鹤亭记》文句

5. 联中集引一部分：

> 高处不胜寒，溯沙鸟风帆，七十二沽丁字水；
> 夕阳无限好，对燕云蓟树，百千万叠米家山。
>
> ——通县运渠河楼联，上引苏轼中秋词《水调歌头》句为首，下引李商隐《登乐游原》诗句开头

6. 概括集引大意:

<blockquote>

烟柳斜阳,归去东南余半壁;

云山故国,望中西北是长安。

</blockquote>

——济南稼轩祠联,上联之头隐括辛弃疾《摸鱼儿》词"休去倚危栏,斜阳正在,烟柳断肠处"句意,象征南宋王朝如没落的残日;下联之尾隐括辛弃疾《菩萨蛮》词"西北望长安,可怜无数山"句意,表达眷恋故国,盼望恢复失地之心。

(二)偷春

曹雪芹在《红楼梦》第十七回写宝玉题咏"蘅芷清芬"时,用"吟成豆蔻诗犹艳,睡足荼蘼梦亦香",贾政笑他"是套的'书成蕉叶文犹绿',不足为奇"。众人认为:"李太白《凤凰台》之作全套《黄鹤楼》,只要套得妙。"可见套袭在诗文里是难禁的,问题是能否胜过前人。中国文学几千年来,争奇斗艳,佳词丽句前人差不多写尽了,后人很难避免不重复使用。比如王勃的"落霞与孤鹜齐飞,秋水共长天一色"警句,王应麟《困学记》指出他是套的六朝庾信《马射赋》:"落花与芝盖齐飞,杨柳共春旗一色。"

借用、套用名联的句法格式,或将旧联略改几字,"点石成金"赋以新意,使之青出于蓝而胜于蓝,这种手法叫"偷春格",在对联中是比较常见的。这样构思快,比较省力。但若套得笨拙,胜不过原句,会流于偷袭。

<blockquote>

疏烟流水自千古;

山色湖光共一楼。

——九江甘棠湖烟水亭

花笺茗碗香千载;

云影波光活一楼。

——成都望江楼吟诗楼何绍基题

风声,雨声,读书声,声声入耳;

家事,国事,天下事,事事关心。

——顾亭林联

松声,竹声,钟磬声,声声自在;

山色,水色,烟霞色,色色皆空。

——武夷山石湖涧

风声,水声,虫声,鸟声,梵呗声,

总合三百六十击钟鼓声,无声不寂;

月色,山色,草色,树色,云霞色,

更兼四万八千丈峰峦色,有色皆空。

——天台山方广寺联

</blockquote>

（三）联镶

元人马致远的《天净沙》："枯藤老树昏鸦，小桥流水人家，古道西风瘦马，夕阳西下，断肠人在天涯。"脍炙人口。曲中几乎全用名词性词组，没有下一评语而情景皆茂，耐人寻味。这种技巧只把若干画面连缀起来，让读者自己去理解。"联镶"不是简单地随意凑合，必须选择那些有内在联系的典型景象来交相辉映，才能说明问题。此法多用于写景。

四面荷花三面柳；
一城山色半城湖。

——济南大明湖铁公祠沧浪亭联

这副对联除了名词数量词没有别的动词或形容词，但却生动地把湖亭之美表现出来了。红荷绿柳环绕亭榭，远山近水相映生辉，净化美化整个泉城。

烟雨楼台山外寺；
画图城郭水中天。

——贵阳甲秀楼

万树梅花一潭水；
四时烟雨半山云。

——丽江黑龙潭

（四）设问

发问能直接唤起游人的好奇心，激发游人纵情骋怀。对矛盾的现实，不明的真相，已往的历史，进行积极的思考，增添无限的情趣。这种手法在园林对联中常常用于吊古咏史等方面。一种设问是意中已肯定，故作问语，想从反面加以肯定；一种是对比设问，让游人去细细品评，得出结论；一种是不知而问，愿和读者一道去寻找答案。

兴废总关情，看落霞孤鹜，秋水长天，幸此地湖山无恙；
古今才一瞬，问江上才人，阁中帝子，比当年风景如何？

——南昌滕王阁联

开口说神仙，是耶？非耶？其信然耶？难为外人道也；
源头寻古洞，秦欤？汉欤？将近代欤？欲呼樵子问之。

——湖南桃花源集贤祠联

泉自几时冷起？
峰从何处飞来？

——西湖冷泉亭

（五）动化

无论诗词还是园林对联，贵在能情景相生。一般是写景易而融情难，在字数有限的对联里，如果写得景是景，情是情，就觉松散。若能在意念上用"拟人"的修辞法，把景物看成活的、有情的，并按照设想的最美的意境来动化，较易达到情景相融的效果。

> 江声犹带蜀；
> 山色欲吞吴。

——镇江焦山关庙

> 山光扑面经新雨；
> 江水回头为晚潮。

——镇江焦山自然庵

> 万壑烟云留槛外；
> 半天风竹拂窗来。

——罗浮山苏醪观

（六）切题

题咏景物要求切题，这是做诗文的起码要求。但实际做来又不那么贴切，常流于浮泛。特别是园林，一景有一景的特色，题对必须切合景题，使之不能移易。联语字数不多，必须一语破的，要有点做八股文的"破题"技巧。心目中先要有个"题"，要明确你这副对联题咏的对象是什么，能否使游人点头称是。在用典使事，比喻比拟时，都要选择与所题景物有密切关系的。更重要的是深入了解，找到这一景物与众不同的本质。

> 扫来竹叶烹茶叶；
> 劈碎松根煮菜根。

这是郑板桥题青城山斋堂联。斋堂不是一般的饭堂，而是寺庙的饭堂，不能写得烟火气十足，但又不能脱离人间烟火而写得虚幻灵怪。板桥道人抓住出家苦修苦练的"清苦"生活特点，用"茶"与"菜"突出一个"素"字；用"扫"与"劈"突出一个道家的纯任自然，自食其力的"苦"字；再用"竹叶""松根"与"茶叶""菜根"相映衬，突出一个"清"字，使松竹之清气与茶菜之香气融合，愈觉清香扑鼻。再看一副九江琵琶亭联：

> 灯影幢幢，凄绝暗风吹夜雨；
> 荻花瑟瑟，魂销明月绕船时。

琵琶亭是纪念白居易谪居的地方，脍炙人口的《琵琶行》千古传唱，要在短短一联中概括它是很难的。但是作者用逆笔直溯当时一段史实，再现遭贬谪的白居易在浔阳江头的凄苦情景。上联把他好友元稹挽来，从侧面印证诗人的不幸，元有《闻乐天授江州司马》诗："残灯无焰影幢幢，此夕闻君谪九江。垂死病中惊坐起，暗风吹雨入寒窗。"下联概括《琵琶行》"浔阳江头夜送客，枫叶荻花秋瑟瑟"，"东船西舫悄无言，唯见江心秋月白"，"去来江口守空船，绕船月明江水寒"，"春江花朝秋月夜，往往取酒还独倾"等诗句的含义。眼前景题，千年往事，神驰联想，画出一幅迁客流落图，十分贴切。

（七）避忌

修辞格有"讳饰"，诗法要"忌俗"，避讳忌俗是题对的常识，随时随地都得注意，以免贻笑。什么叫"讳"？什么叫"俗"？不同时代的不同阶级中的含义是不同的。另外，还有个民族习惯问题。比如自己不直呼，也不愿别人乱呼自家父母姐妹的名字。

经过几千年来的文化涵养，有些字眼，事物已被固定地赋予了特殊的象征含义。如怒潮、斜阳、朝晖、北斗、长城、龙、豺狼、鸽、杜鹃、梅、菊、竹、兰等，都有传统的文学含义，制作对联时必须加以考虑。如曹雪芹在《红楼梦》第十七回写一清客用"麝兰芳霭斜阳院，杜若香飘明月洲"题蘅芜院时，众人认为"斜阳"二字不妥，那人引古诗"蘼芜满院泣斜阳"，众人更认为"颓丧"。为什么呢？因为李商隐曾有"夕阳无限好，只是近黄昏"的名句，李密的《陈情表》中有"日薄西山，气息奄奄"之名句，"斜阳"早就象征"没落"之意。写题潇湘馆时，众人用"淇水遗风"和"睢园遗迹"，贾政认为"俗"。写众人题稻香村时，宝玉认为"村名用杏花二字，便俗陋不堪"。为什么呢？因为这类陈词被使用的频率高，人们都烂熟了，常常滥用，这就是"俗"，应该避忌。

《沧浪诗话》提出："学诗先除五俗：一曰俗体，二曰俗意，三曰俗句，四曰俗字，五曰俗韵。"这在园林对联中也是应该避忌的。所谓"俗字"，一是指"风云月露，连类而及，毫无新意者是也"；一是指方言土语以及太口语化的字，包括不规范的简化字。所谓"俗韵"，指押浅熟的韵脚，对联虽不押韵，但却忌讳绕口令或同音字的重现。所谓"俗句"，即指陈词滥调，"沿袭剽窃，生吞活剥，似是而非，腐气满纸者是也。"所谓"俗体"，除指应酬诗、打油诗、试帖诗外，还包括争仿滥套的格式。如什么"……日，……时"，"……去，……来"，"……外，……中"等。所谓"俗意"，指立意不高，浅俗或庸俗。五俗之中最忌"俗意"，别的俗可以改，而意俗难医。主要是思想境界、品德修养问题，不是一下改得了的。只有认真学习唯物辩证法，加强文学修养，多读优秀作品才能去俗。

（刊于《广东园林》1986.1）

园林花卉题名

园林中的水陆花卉一般都是有名字的。但随着育种技术的日新月异，特别是遗传工程的兴起，利用改变遗传基因的办法育种，在园林园艺界会不断培育出更多的奇花异卉新品种来，这就需要新的命名。辛勤的园丁耗费心血培育了新品种，特别是名花的新品种，若能给予一个恰当而美好的命名，将会提高名花的声价，增加观赏的美感，也不致辜负了园丁的殷切期望。所以，园林花卉题名是值得探索的。

园林花卉题名是把园艺学和文学结合构思的一种文字形式。所题之名要能实事求是地反映出花卉的特色来，题名者必须对园林花卉的外在美、内在美以及文学象征意义有深刻的认识。

一、花卉的外在美

花型：包括花头的大小，花瓣的厚薄、尖圆、单重，以及花序、花蕊、花萼、花托、花梗的特点等。如芍药有荷花型、菊花型、蔷薇型、绣球型、皇冠型及千层台阁型等。兰草有梅瓣型、莲瓣型、水仙瓣型等。

花色：包括纯色、双色、斑纹、变色及光泽等。如桃花有碧桃型、绛桃型、绯桃型等。

花香：如以香命名的香水月季、十里香、九里香、夜来香、随手香等。

花叶：包括叶色和叶形，如紫叶桃、柳叶桂、大叶黄桂、小叶黄桂、柳叶银、红茶花等。

花姿：包括枝干的形态。如梅花有直脚、杏梅、照水和游龙等类型。

二、花卉的内在美

花期：包括开花的季节，花期的长短，一日之中何时开放，何时最盛等。如桂花有早日黄、寒露桂、四季桂；兰草有春兰、夏兰、秋兰、寒兰等。还有雁来红、百日红、端阳菊、秋葵、秋海棠、腊梅等花名。

生长习性：包括对地域、气候、土壤、水肥等条件的适应情况；包括水生、陆生，寄生、气生，丛生、独生等习性。

质地：包括草本、藤本，乔木、灌木，常绿、落叶，抗病虫害的能力，繁殖能力等。

价值：是否名贵？其他药用功能等经济价值如何？

三、花卉的文学美

中国人民千百年来培育出了许多名花，骚人墨客写了许多题咏花卉的诗文，丹青妙手画了许多花卉、翎毛、草虫的画幅，赋予各种名花以不同的文学性格特征，使花卉不断"人化"，具有了抽象寓意的文学美。例如：

梅：孤傲之君子，傲雪刚毅，占春领先。

兰：淡雅之君子，香中之王。

牡丹：娇艳富贵，花中之王。

月季：青春常在，花中皇后，友情。

杜鹃：哀怨思念，热血，激情。

莲：净洁之君子，纯洁正直。

菊：隐逸之君子，斗霜抗俗。

桂：高贵，功名。

山茶：热烈、坚强。

蜡梅：忍寒输香，奋斗。

（以上即我国十大名花）

芍药：牡丹之流亚，娇艳而少雍容。

桃李：繁华，竞争，育才。

杏：俚野，趋炎。

梨：多愁，幽怨。

虞美人（丽春）：柔中有刚。

海棠：花中神仙，喜气，温柔。

白玉兰：清丽，典雅高贵。

玫瑰：秋丽，大家闺秀，爱情。

蔷薇：妖艳轻佻，爱情。

茉莉：小家碧玉，勤劳。

凌霄：攀附或向上。

石榴：热烈，实惠。

栀子：清苦，淡雅。

丁香：清愁，刺激。

含笑：含笑多情，欲言又忍。

凤仙：热情或轻薄。

牵牛：辛苦，勤奋。

扶桑：热烈，力量，纯阳。

萱草：慈祥，忘忧，永久。

百合：和气，殷实。

鸡冠：雄峙，丰厚。

紫荆：喜气，团结。

玉簪：清贫自守。

芙蓉：冷艳，不甘寂寞。

木槿：朝开暮落，虚弱。

昙花：短暂易逝，纯阴。

杨花：轻狂，梦幻。

迎春：殷勤，信息。

（以上仅供参考，非为定论）

四、园林花卉题名的常见手法

园林花卉的价值主要是为人们提供更多更好的观赏美,使观赏者在视觉嗅觉上产生美感而引起怡情悦性的效应。因此,园艺家们主要在花色、花型、花香和花姿的培育上狠下功夫。常见的花卉题名也多从色、容、香、姿几个方面来反映花卉的美,并进一步把观赏者所得的直观美感通过文学的文字媒介引向高雅的精神境界。

（一）以色喻色

即用颜料的原色或复色来比喻花色。这种题名流传已久,易懂易识,但浅俗,易混淆,且难喻花之美质。如山茶题名的洋红赤丹,大红撒金,大桃红;海棠题名的白花、朱砂、橙黄之类。

（二）以物喻色

即以各种物品或生物的色泽来比喻花色。这种题名比较形象具体,且能给人以质感。但要注意喻体的质与花质的共通性:如宫锦红,宫锦出自皇宫,以之比喻牡丹、芍药之类富丽的花色是恰当的,若以之比喻凤仙、杜鹃之类就觉欠妥了。常见题名,如牡丹的紫重楼、绿鹊翠、御袍黄、老君炉等;芍药的大红袍、粉玉楼、锦带围、白玉冰、玉带和宫锦红等。

（三）以形拟色

即以他事物的形色来比拟花的形与色。这种题名比较生动有趣,色态兼备,极易唤起观赏者的美的联想。但要注意花容、花色与枝叶的整体关系,比拟要恰当。如牡丹题名的乌龙捧盘、昆山夜光;芍药的乌龙探海、红云映日、青山卧雪;菊花的紫岭扫雪、鹤舞云霄、珠帘飞瀑、玉蟹冰盘之类。

（四）以人拟花

花卉题名常以古代美女、才女、仙女或名士来比拟花色、花容和姿质。如传统花名虞美人、水仙、八仙、美人蕉、凤仙、寿星桃等。以人拟花倍增神韵,易激起观赏者的情感。但必须注意"人"的身份、性格与花的质性和文学象征特点要基本相近。如以杨贵妃、大乔小乔等贵妇人比拟花头大,质地细腻沃若,素有富丽娇贵之称的牡丹,芍药或山茶等,便觉贴切,如用于比拟与扶桑,凌霄等就不贴切。

常见拟人题名如:芍药的醉仙颜、醉西施,牡丹的醉杨妃、状元红、二乔,菊花的嫦娥奔月、天女散花、嫣然一笑、拂袖添姿、胭脂点面等。

（五）以虚喻实

即以一种比较抽象的寓有文学意义的事或现象,来描写花卉的姿色与神态。这种题名空灵含蓄而有诗意,比较高雅,但不够大众化,还不够普遍。如山茶题名的恨天高、昆明春,月季的斗雪红、和平、胜春、瘦容、阳台梦等。

（六）以物喻形

这类题名着眼于花的形状,直观性强,一提起花名,花的样子就立即浮现眼前,易记易识。但形状相似的物品不是很多,题名有限。如玉兰又名木笔,金银花又名鸳鸯藤,蜡梅有罄口,山茶有松子鳞、狮子头、宝珠等名。其他花卉如鸡冠、玉簪、珠兰、米兰、绣球、剪秋罗、蝴蝶花、龙爪菊等。

（七）以花喻花

即用别花来比喻本花的题名，易产生联想，丰富本花的姿色。但相似之处有限，很难尽喻。如蔷薇的白玉棠、荷花蔷薇；山茶的粉牡丹、牡丹茶；月季的绿绣球；兰草的莲瓣、梅瓣等。

（八）借鉴传统

千百年来，中国园艺家们在园林花卉方面培育出了许多类型、品系不同的新品种，积累了丰富的鉴别命名的知识。要想搞好花卉题名，必须全面学习已有的《群芳谱》和已成定式的传统方法。常见的如：

洒（撒）锦、洒金、洒银、洒粉之类，指本色中杂有斑纹异色；

重台、台阁、重楼、玉楼之类，指花瓣重叠，花冠突起，具立体雕塑感；

皇冠、王冠之类，指重瓣镶色边，点斑；

紫袍、御袍、玉带之类，指花色富丽丰润；

七姐妹、十姐妹之类，指聚朵的花；

二乔，指一花双色；

并蒂，指双花一蒂；品字，指三花一蒂；四喜，指四花一蒂；

四季，指春夏秋冬四次开花等。

五、园林花卉题名的文字

花卉题名一般用两字或四字，也有一字或三字的。字少好记，也符合中国人取名字的习惯。文字要精炼，要善于用高度概括的文字点出其与众不同的特色，文字忌古奥也忌俚俗，要能雅俗共赏才好。如菊花题名有用"柳浪闻莺"者，便觉似是而非。这原本是西湖十景之一，重在听觉美感，其文学形象已成格局，虽柳色可比菊叶，莺色可比菊花，但终觉隔了一层，令人费解。

（刊于《广东园林》1986.4）

园林盆景题名

一、盆景题名的作用

制作盆景都要给予一个美好的命名，点出盆景创作的主题。题名得当，会使盆景更富于诗情画意，格外生色。能使观赏者顾名思义、对景生情，倾注诗意，扩展画面并使之立体化，从而横越盆盎，扩大空间，使"缩龙成蚓"的盆景再"化蚓为龙"；同时根据题名展现典故，追溯史迹，纵延时间，把眼前盆中之景与历史上热爱祖国热爱大自然的英雄人物和仁人志士的故事联系起来思考，收到陶冶情操、怡情悦性的效果。

一盆平平常常的盆景，如果能请高手题名点化一下，常能起到"化腐朽为神奇"的作用，使平凡的盆景产生"看似寻常却奇崛"的效果。反之，一盆高雅的盆景如果不善于题名，便会点金成铁，使其哑然失色，使观赏者如隔雾观花，隔靴搔痒，不得要领，使盆景应有的美学效果大为降低。

盆景题名也是盆景艺术的自为宣传，这在盆景展览，馈赠及盆景商品化时更为明显。通过题名一方面宣传这个具体的艺术作品及其创作者，另一方面也宣传盆景这门艺术，促进中国盆景艺术的发展，提高其艺术价值。同时也会使广大观赏者借助题名的深刻寓意，不断提高各人对盆景的欣赏水平。

二、盆景题名的形式

盆景题名是把某一具体的文学与美学融为一体的造型艺术品——盆景的创作意图，用不多的文字概括出来。

自然界的奇山异水、古木怪石是千姿百态、多种多样的，取材剪裁于大自然的各派盆景也是形式多样的，因而反映盆景的题名形式也是多样的。

从创作角度看，可分为盆景制作者的自我题名与观赏者的代为题名两种，从文字构成上看，可分为借用古典诗文中的现成词句和从现代汉语中去提炼词语两种；从创作手法上看，有重在外观象形取影的，有重在意境传神写意的，有形神兼写的，有主观寓意的，有客观描写的等，而这些形式又是互相包容的。

例如：亭亭玉立，漫舞春风（主观寓意）

石桥溪水，层峦叠嶂（客观描写）

岁寒图，双峰插云（借古题）

潇洒，月出，归牧（创新题）

榴实似火，羞煞红枫（取色形）

暗香浮动，山雨欲来（传神）

群峰竞秀，鸦噪寒林（形神兼写）

从文字形式上看，一般以四字或两字组合，便于记忆，符合中国匾题文字的传统习惯。其次以三、五、七字为多，符合古典诗词的句法，群众易读。也有少至一字或多至八九字的。小小的盆景与少少的文字相称才好，因为所题景名是要书写或雕刻在盆盎上或盆景实体上或写在标签上供观众阅览的，文字过多实为不便。

三、盆景题名的基本要求

盆景题名的形式是主观的，反映的内容是客观的。

题名，是以盆景为对象，以大自然为背景，以形象思维为主要标志，以书面语言为信息传递工具，以储存有一定量的文学艺术美学知识的人脑为物质基础的思维活动。它是对客观事物的间接反映，是盆景作者或他人把观赏获得的丰富的感性材料，按思想性和艺术性相结合的原则加以分析和综合，从中找出美的一般属性加以概括，从而揭示出这一具体盆景的深刻含义。

由于题名的形式是主观的，当客观感性材料被头脑加工时必然会受到主观的影响。根据题名者各人的知识水平不同，思想气质不同，感情色彩不同和经验不同，在分析综合之后得出的认识也会不同。因此，同是一件盆景各人题名不同，即使是同一个人也会题出不同的名来。那么，怎样去评判哪一个题名最好呢？这就要用思想性与艺术性相结合的美学原则这个客观尺度来检验。根据许多好的盆景题名来看，一般都达到了下列基本要求：

（一）名实相符

题名首先要使所题之名符合盆景景观的实际。虽然说高手题名可以"点石成金"，那也要看对象有没有"成金"的内在因素？切不可故意粉饰或虚夸。必须从盆景的具体内涵出发，实事求是地概括出它的美的特质来。若故意拔高，反而使实体与题名相形见绌。

（二）意境高雅

制作盆景时一般都是意在笔先有所寓意的。题名者要善于以作者的意题为基础，予以文学加工，使之升华到一个更高的新的艺术境界。

所谓意境高就是思想性、艺术性都强，使观赏者能得到精神上的启迪、振奋、快慰等。是引人向上的不是颓废的，是使人赏心悦目的不是生厌的，是健康的不是低级庸俗的，但也不是贴政治标签似的。

如一朴树桩景，取其叶色题名"红光普照"；一鹊梅老桩景，取其茂势题名"参天图"；曾获全国盆景评展会上的特等奖，福建一老榕桩景，取其神形题名"凤舞"，三个题名分别寓意社会主义事业前景光明，蒸蒸日上和鼓舞人心。

（三）情景交融

盆景题名要有景有情，情中含景，景中生情，使情景交融产生美感。王国维曾说"一切景语皆情语"，试想若盆景制作者对景无情，何必将其剪裁培育于盆中？题名者要善于体会并使之文学化，做到"内极才情，外周物理"（王夫之），使题名"状溢目前，情在词外"（刘勰）。

如一贴梗海棠桩景题名"枯木逢春"，使枯老之景含生意盎然之情，且有暮年盛世再奋耕蹄之意。

（四）文字精美

盆景题名要善于抓住盆景的主要特色，把盆中之景和自然之景结合起来构思，用文学的语言把它最美的神态概括出来，起到画龙点睛的作用。使观众根据题名能很快把握要领，看懂美的寓意，得到美的享受。

盆景之景小，历历在目，一眼观尽，不会有"不识庐山真面目，只缘身在此山中"的遗憾，所以，它的美是容易被观众领悟的。题名的文字应力求深入浅出，能雅俗共赏，过于深奥隐晦或浅俗乏味都不能起到"自为宣传"的作用，反而会降低盆景艺术的美学效果。

盆景题名文字是一种文学形式，必须用诗一般的语言来题名，要含蓄、生动、简练，文字字数不能过多，以 4~7 字为宜，要精炼，内涵要大，字字珠玑，尽量不用虚字，不用方言土语，要合语法。

四、盆景题名的艺术手法

（一）逐形写神

无论盆盎中或庭园中的山石，群众都习惯地呼之为"假山"，盆景之妙就妙在一个"假"字上。它不是自然真景，而是名山胜景的缩影。它常以石代山，以苔代草，以草代树、代竹，以叶代花等。因此，在题名时要逐形写神，以假当真，运用形象思维去展开联想，去比拟真景（风景、动物、人），依其神态题以美名。

如全国盆景评展，安徽的天竺桩景盘根错节如游龙戏水，题名"群龙会"；湖北天竺桩景根头像鹿，题名"归牧"。

这类以象形为主的题名比较普遍，但要注意为桩景题名时，要考虑到花木的文学象征意义。如松柏坚贞，杨柳潇洒，红豆相思，桂花功名，竹梅菊兰莲称君子，牡丹芍药富贵等。为山石盆景题名时，要考虑到山石纹理皴法和质地色泽的象征意义。如斧劈之刚，披麻之柔，乱柴之枯乱，米点之润匀，泼墨之狂闷，荷叶之疏秀等。

（二）借题发挥

盆景是大自然的剪影，千百年来题咏山川花鸟的文学遗产非常丰富。有游记、题记、山水诗、田园诗、咏花鸟草虫的诗文对联等。其中有许多清词丽句可供我们选作盆景题名的文字，有许多高妙的意境可供我们题名时作为构思的背景。而且这类文学作品大都脍炙人口，有较好的群众性，题名者要善于借题发挥，可以利用群众的已知引入新的意境，达到自为宣传的目的。同时，借题发挥比冥思苦想、另起炉灶要省力得多，是一种常见的手法。

如"高路入云端"、"巫峡萧森"、"疏影横斜"、"鸟鸣山更幽"、"寒江雪"等。

（三）画中有诗

盆景是"无声的诗，立体的画"，盆景题名就是把无声的诗转化为有声的诗，让画中有诗，使景题相映，诗画相生。

如一模拟三峡的山水盆景，题名"两岸猿声"，使观众联想李白"朝辞白帝"之诗句，似觉猿声在耳，比题名"千里江陵一日还"要多一些诗情画意。

（四）静中有动

盆景除苔藓植株之生机外一片沉静，既无光风霁月，也无鸟啼蝉噪，水波不兴，云烟不绕。题名时若能使静中生动，取势传神，让观众产生动的联想，丰富意境，则是成功的艺术手法之一。

如盆中一孤赏石配置小竹，石纹斜向，状如伏雕，题名"奋飞"，也有题"大鹏展翅"、"飞石"、"欲击苍空"等名的，目的是要点醒静景的动的态势。把观众的思路引向高远的空间去作种种美的联想。

（五）以古托今

盆景题名常因借题发挥而多用成语，多用古诗文中的字句，易给人一种回顾历史陈迹的怀旧感。若能以古托今别出心裁，别开生面，点出新的意境则更为高妙。王世贞所谓"熟而不新则腐烂，新而不熟则生涩"。

如曾获全国盆景评展一等奖作品——辽宁的木化石盆景剑峰高指，题"倚天长剑"就很好。又如广州一九里香桩景斜枝倒挂，题名"斜拔玉钗"，表面上是借用唐诗"斜拔玉钗灯影畔，剔开红焰救飞蛾"，而实际上是描写妇女晨妆时的健美。

（六）思辨理趣

盆景题名要有辩证观点，使所题之名含有哲理性、趣味性，要"言有尽而意无穷"，使"味之者无极，闻之者动心"。要求文字生动活泼，语忌直，忌浅，即严羽所谓"须参活句勿参死句"。

如一山石盆景悬崖倒影疏植藤萝，题名曰"悬崖新雨后"，给观众留下了寻思不尽的机趣。

（七）虚实相兼

盆中眼前之景是"实"，但它不过是真景的缩影，又是"虚"；而所模拟的真景是"实"，但盆中是它的缩影，又是"虚"。而且盆景与真景也不会绝对相同，已经盆景作者的艺术加工。在题名时要抓住"象外之象，景外之景"，求其神似，实景虚题，虚景实题，虚实相兼，达到空灵的艺术境界。

如：同是一横纹层叠的山石盆景，一个题名"层峦叠嶂"，一个题名"横云"，后者就空灵有致。

盆景是一门正在蓬勃发展的造型艺术，它正在具有中国特色的社会主义艺术道路上前进，盆景题名文字如何跟上时代形势，反映时代精神，达到艺术与文学的完美结合，是值得探索的一个实际问题。过去传统盆景常受模山范水老框框的束缚，因而盆景题名也多是借用古典诗文的现成语句。如今盆景的技术、艺术和材料都在不断革新，盆景题名也应当立意创新，跳出前人窠臼，使之具有时代气息才好。

（刊于《广东园林》1987.1）

园林名胜的组景题名

组景题名是中国园林的艺术特征之一。根据一个地区的特点，把园林名胜组成若干个风景区，或组成若干风景点。前者如"燕京八景"，后者如"西湖十景"等。目的是点面结合突出重点，使游览者能抓住园林名胜的精华，用较短的时间欣赏到一个景区或景点的最佳风光。同时也便于园林建筑师在设计施工时，能全局在胸，有机地统一布局。

组景一般组成偶数，如八景、十景、十二景等。明清以来各州府县修地方志时，爱组成八景，它不显多也不显少，是民间最喜欢的一个偶数。对分也是两个四，不会成奇数的。因为中国民俗总喜欢成双成对。八景以下少见，八景以上可多到如"避暑山庄三十六景"、"圆明园四十景"，当然皇家园林才有此气派。

对组成的风景区、点，要题个景名，把它的美用经过提炼的文学语言画龙点睛地表达出来，让游览者心领神会或一目了然，不致有"不识庐山真面目，只缘身在此山中"的遗憾。园林的景目题名，要求笔者要有高深的文学修养和园林艺术造诣，要对怡情悦性的文字有专长，所题景名才能使山水传情，花木生色，愈见其美。

景题文字一般用四字组成。前两字是主体部分，指出风景的实体或处所；后两字是描写叙述部分，指出主体美在哪里？有何特色？或指出这儿的什么美？如西湖十景的"花港观鱼"，"花港"指处所，"观鱼"指什么美。"三潭印月"的"三潭"指景物实体，"印月"指美的最佳时刻是在月夜。后两字很重要，要点出景观的神韵，点出最美的时刻或角度，以及与周围环境的美学关系（如借景）等。

景题文字的语法结构，常见的有主谓关系，如"苏堤春晓"、"江天暮雪"；有主从关系，如"断桥残雪"、"南屏晚钟"；有主动宾关系，如"平沙落雁"、"双峰插云"；有联合关系，如"正大光明"、"鸢飞鱼跃"等。所用词语要能雅俗共赏，避免古奥或浅俗。内涵要大，宜曲不宜直。曲则有韵致，直则太浅露。如"曲院风荷"，下一"风"字便点出了荷花的动态美。"西山晴雪"用一"晴"字便觉灿烂生辉。

景题四字要求音韵协调，平仄相间，避免四字全平或全仄。常见的用仄仄平平，如"曲院风荷"；或平平仄仄，如"雷峰夕照"；也可是平仄仄平或仄平平仄。总之第一和第三字的平仄可以随便，第二和第四字的平仄必须相反，这就是旧体诗要求的"一三不论，二四分明"。

要搞好组景题名，必须从景观的实际出发，深入园林认真考察，找出它与众不同的特色来。不能粗糙，也不能浮夸或硬凑。考察时可从四季来比较，如"洞庭秋月"、"琼岛春阴"；可从昼夜昏晓来比较，如"卢沟晓月"、"烟市晓钟"；可从气候变化来比较，如"江天暮雪"、"金台夕照"；可从栽植的花木，养殖的鱼鸟等来比较，如"柳浪闻莺"、"风篁清听"；可从建筑物来比较，如"镜影涵虚"、"玉峰塔影"；或从周围风物来比较，如"远浦归帆"、"平沙落雁"等。

景目题名在一般的园林中只作记载或口头流传，若是有历史价值的名胜题名，还要刻碑勒石，保存久远，这就要讲求书法、雕刻的艺术。有的还要配以短小优美的小序小记之类，配以诗词题咏或绘画之类。集书法文笔、诗词、绘画和雕刻于一景，是别有情趣的。比如著名的"燕京八景"就是清乾隆皇帝御笔亲书的，还御制了诗序，刻了碑。后来"蓟门烟树"之景已毁，但景碑还在，仅此亦是一个名胜。对于已经成为名胜的景观，游人的题咏就更多了，从而又丰富了景观的美，中国文学与园林艺术是相得益彰的。

中国园林的组景题名是随着园林建筑的发展需要而出现的，起于何时，尚难确考。盛唐时著名诗人画家王维，在长安附近终南山下的蓝田辋川，经营了一座风光美丽的别墅，里面有华子岗、欹湖、鹿砦、竹里馆、柳浪、茱萸渊、辛夷坞等胜境二十处。据说王维亲自绘了"辋川图"，还和他的好友裴迪给各景题了诗，编成"辋川集"，这算是组景题名的滥觞。

到了两宋，园林建筑更盛。听说北宋哲宗时，进士宋迪画的山水画中有"潇湘八景"，高宗赵构的画院里，马麟也画有绢本《西湖十景册》。又根据《武林旧事》记载，贵族张镃一家曾霸占杭州南湖，供其游玩的景观有几十处，每月都有赏心乐事，如记有"南湖观稼"、"霞川观云"、"孤山探梅"等。他的别墅中还有"柳塘花院"、"法宝千塔"、"界华精舍"、"众妙峰山"等景名。《武林旧事》在"湖山胜概"、"集芳御园"部分还记载了很多景目，不过，还不都是四字句组，词语结构偏于散文化，缺乏诗的韵味。

根据这些资料，我们可以看出从南宋到明初，这种美化园林用四字句组景题名的文学形式逐渐风行起来，臻于成熟。比如著名的燕京八景，据金代的《昌明逸事》（昌明是金章宗年号，相当于宋光宗绍熙年间）记载是这样的：居庸叠翠、玉泉垂虹、太液秋风、琼岛春阴、蓟门飞雨、西山积雪、卢沟晓月，金台夕照，其中"玉泉垂虹"的第二、第四字都是平声，不具有诗的韵律，到了明朝永乐年间台阁诸公便改为"玉泉趵突"。可见文人好事，以近体诗的韵律来要求组景题名，是从明朝初年逐渐盛行起来的。

由于封建统治者的爱好提倡，朝廷上下附庸风雅的风气大为盛行。在清朝大修地方志时，各州府县都纷纷记载了当地的名胜八景、名胜十景之类，其中多数是为了藻饰浮华、标榜风雅而勉强地凑数，以致流于形式，降低了这种组景题名的艺术价值。比如"渝城八景"早在明朝天顺二年（1458年）就有记载。到了清朝乾隆年间巴县知县王尔鉴修《巴县志》时，又扩大范围凑成了"巴渝十二景"。流风所及，后来又有什么"渝北十景"，巴县人和乡也有什么"华岩八景"，巴县礼里也有"亭溪八景"、"龙聚八景"，连小小的西山坪也有"禅岩八景"。组景过滥可见一斑。

虽然如此，但这种逐步完美起来的组景题名文学形式，毕竟是中国园林艺术的特色之一。如果善于继承这种民族形式，实事求是地组景题名，帮助游人把握住园林名胜的"经络穴位"，也会是有益于旅游事业的吧。

（刊于《广东园林》1987.3）

从两首假山诗看唐宋假山堆叠之一斑

假 山

杜 甫

天宝初，南曹小司寇舅于我太夫人堂下垒土为山，一篑盈尺，以代彼朽木，承诸焚香瓷瓯，瓯甚安矣。旁植慈竹，盖兹数峰，嶔岑婵娟，苑有尘外致。乃不知兴之所至，而作是诗。

> 一篑功盈尺，
> 三峰意出群。
> 望中疑在野，
> 幽处欲生云。
> 慈竹春阴覆，
> 香炉晓势分。
> 惟南将献寿，
> 佳气日氤氲。

假山拟宛陵先生体

陆 游

> 叠石作小山，
> 埋瓮成小潭。
> 旁为负薪径，
> 中开钓鱼庵。
> 谷声应钟鼓，
> 波影倒松楠。
> 借问此何许？
> 恐是庐山南。

这一唐一宋两位大诗人的两首精妙的五言律诗，为我们留下了两幅生动的假山图。试比较这两首诗，可以窥见唐宋两代堆叠假山的一些技艺情况。

1. 唐宋的假山一般都是堆叠在庭院中的。有人认为陆游诗是写的盆景，难以置信。看它"埋瓮成小潭"，而且"波影倒松楠"。"瓮"是较大的储藏陶器，不是盆中景所能容的。

2. 唐宋假山都是取名山胜景的缩影。从杜诗的"三峰"、"香炉"、"惟南"等词语来看，所咏之假山可能是模拟庐山的一部分；而陆游所咏已明言"恐是庐山南"，可见唐宋民间堆假山的传统手法是以名山为模式，并寓福寿吉祥之意。

3. 唐宋时，堆叠假山的技术与艺术都已经达到了较高的水平。杜诗所记的假山"一篑盈尺"小巧精致，具有"出群"的匠心和生动的形象。陆游所记的假山布局更为复杂，有曲径、寺庙、松楠等，特别是使用了埋瓮作潭的技术，解决了水的问题。使假山堆叠从旱山发展到有山有水的艺术境界。

4. 建筑材料不同。杜诗记的是"垒土为山"，陆诗记的是"叠石作山"，值得注意的是垒成的土山在风雨可及的庭园中不怕溃散，一定掺合了别的胶黏性材料。而叠石作山上生松楠，说明也填有土壤。

5. 目的不同，杜诗所写的假山是在堂前代替搁"焚香瓷瓯"用的座位；而陆诗所写的假山显然是观赏用的庭院小品了。

从以上两首诗的比较分析中，可以看出我国假山堆叠史之一斑：

第一，在庭院中堆叠假山这一造型艺术，早在唐宋时代已为人们所爱好，假山早已成为庭园布置不可或缺的园林小品。

第二，唐宋时代堆叠假山的艺术构思，主要以名山胜景为蓝本，模山范水的风气左右了园林建筑小品的传统格局。

第三，堆叠假山的艺术早在唐宋时代就达到了较高水平，但唐代浑朴而宋代精巧。

（刊于《广东园林》1987.2）

试说园门

《世说新语》捷悟篇记载魏王府新建庭园，魏王（曹操）亲自去看后，叫人在门上写了一个"活"字。众人看了不解其意，主管工程的人去问主簿杨修，杨修说："门中活，阔也。魏王嫌门太宽了。"于是马上改建，终于使魏王满意。

《红楼梦》第十七回，写贾政带着众人去察看大观园工程。走到园门，叫把门关上，先将园门、围墙前面细细审视一番，感到满意之后才进园去参观。

这两个故事说明了园门在园林建筑中的地位是相当重要的。特别是正门，它是主要出入口，是游人的集散处。任何游人都会首先对园门感兴趣，都想通过它认识园子，希望取得较好的第一印象。可以说园门是园林的脸孔，其建筑格局代表整个园林的景象。

中国传统的房屋建筑都很讲究门径的设置和门面的装饰。特别在阴阳、五行、迷信盛行的时代，不仅卜宅是大事，门的朝向也很考究。一般认为"屋以面南为正向"，"前卑后高为理所当然"，而庭门常设在前庭居中的位置。门、庭、天井、堂处于同一中轴线上。中国园林的门，直接受传统建筑形式的影响，是颇具特色的。关于园门建筑的要求，大致有以下几点：

一、园门与园内建筑的格调要协调

园内的主体建筑如果是古典的宫观式的，则园门也宜采用古典式的牌楼型之类（如重庆市人民大礼堂）；如果园内建筑主要是庭院式的，则园门也宜庭院式（如成都杜甫草堂）；如果园内主要建筑是现代式的，则园门也宜现代式。在色调、装饰上也宜协调，这样才能使整个园林的风格统一和谐，特色更为明显。总之，不能把园门孤立起来处理，避免过分突出或不予重视。

二、园门要与全园的建筑规模成比例

这一点常被忽略，有些园门构筑不顾整个园林的实际内容，片面地追求宽敞、高大或坚固厚重，致使体量与园子不相称。出现园大门小，或园小门大，或园狭长而门阔，或园横长而门窄，或园内建筑轻巧而门厚重，或园内建筑繁复而门简便等，都达不到美的和谐。

三、园门要与园门内景观有内在联系

园门建筑要与整个园林景观统一考虑，有时还应作为一个景观来处理。它虽不是主景、正景，但也决不可以配景、点景视之，它是序景，有如文章的开篇。既不可本末倒置、喧宾夺主，也不可表里不一、过分寒碜。在组景上要互为因借，互相呼应。

四、园门要因地制宜巧为设置

江南私家园林的规模小，且多在城市中，园门的设置受到许多限制，但能因地巧置，颇具特色。如苏州耦园园门，粉墙黛瓦，洞门浅阶，门前疏置花石，显得朴素典雅。又如扬州的个园，曲巷通门，粉墙漏窗，洞门砖径，丛植翠竹，石笋参差，春意在眼。

一般山水园林的规模较大，多在郊野，园门的设置虽较自由，但也常受地形、交通等条件的限制，也必须因地巧置，才能方便游人，增添园景。如流水临门，架桥引渡；山石临门则延伸园门以包之；盆地设门，宜凿通一隅以泄之。在改造地形上宜多方因借，减工省费。

五、园门内外应有足够的空地

特别是园门前后乃游人集散地，若太窄则显得寒碜小气，拥挤嘈杂。即使城市园林受环境限制，临街也宜吞进几步设门，不单是为了出入方便，也显得雍容自如一些。如成都文殊院大门临街，但在街对面建红照壁一堵，把街道与园门融为一体，便觉门前也宽绰有余。

六、园门要结合园墙布置

门是主，墙是从，门应比墙高，结构色调比墙突出，但墙的陪衬拱卫作用也不容忽略。除宫苑、寺院配红色宫墙处，一般园林多配白色砖墙。除宫墙外，一般园墙都宜设漏窗，或栅栏式，使其隔而不断，让游人得以窥见园景，诱发游园的兴趣。园门左右的墙在30米以内的部分要求对称，使园门端正且有仪态。如果一边园墙长时，则于对称部分以外作曲折处理，使方向略有变化。所以一般园门左右的对称部分墙体，多作八字形，这样门也显得紧凑有致。

七、园门前的绿化应与园内呼应

园门的绿化是必不可少的，但应与园内的绿化呼应。如前面提到的扬州个园，园门前布置了春景，与园内的夏景、秋景、冬景相呼应。苏州西园门前绿树扶疏与园内花木掩映，并隐约露出楼阁飞檐，十分宜人。有些城市园林门前不能绿化时，于门内配置花木，造成绿萝挂檐、红杏出墙的意境，也是逗人喜爱的。

较大的风景山水园林，门前空旷，绿化方便，但也要与园内绿化相生，不宜造成遮天绿障而郁闭过甚。最好能让游人望见园内的绿化纵深层次，产生向往、探胜的兴趣。如果受地形限制，显不出园内绿化层次时，也不可让门前的绿化遮蔽了园门。如果因天然森林郁闭园门时，也可在门外适当距离设置1~2道牌坊引导游人入门。

（刊于《广东园林》1989.1）

试说园墙

墙这种建筑在中国到处可见，也是最古老的建筑。《书·五子之歌》中有"峻宇雕墙"；诗经《墙有茨》中有"墙有茨，不可埽也"；《将仲子》中有"将仲子兮，无逾我墙"；《论语·季氏》中有"而在萧墙之内也"。几千年来的小至墙壁、院墙，大至城墙、万里长城，墙的形式之多，数量之大，恐怕是世界之最。作为中国园林雏形的帝王苑囿、民间园圃，这些形声字周围的那一圈是代表墙垣或藩篱的，可见"园墙"也是早已有之。近代、现代园林也大多有墙，但墙的功能已扩大了，样式更多了。

一、园墙的种类

按建筑材料分，有土墙、石墙、砖墙、乱石墙、竹篱、栅栏、棘篱、青篱、花障等；按色泽分，有紫墙、红墙、粉墙、本色墙、黄墙（佛院）等；按样式分有围墙、清水墙、云墙、宫墙、雕墙、花墙、门墙、封火墙、景墙、过山墙、过水墙等。

二、园墙的艺术功能

园林中有形形色色不同质感、不同色感、不同个性特征的墙，在布局造景时，如能因地制宜运用得当，能加强艺术效果，否则便与一般墙的功能无区别，甚至还会削弱景观的艺术性。园墙除了具有一般墙的界定主权范围，能标志防护管理区域，显示园主地位，加强环境保护外，还应有它独特的功能。

（一）表现园林的风格特征

《红楼梦》写大观园的主要出入口门墙时："只见正门五间，上面筒瓦泥鳅脊；那门栏窗槅俱是细雕时新花样，并无朱粉涂饰，一色水磨群墙；下面白石台阶，凿成西番莲花样。左右一望，雪白粉墙，下面虎皮石，砌成纹理，不落富丽俗套，自是喜欢。"这段文字所描写的门墙建筑样式，显示了贵族园林的格调，由于贾府是书香门第，故未落"富丽俗套"。

颐和园的门墙代表皇家园林格调，建筑格局和规模又有所不同，粉墙换成了宫墙，筒瓦泥鳅脊换成了琉璃瓦，再加彩绘装饰，就有富丽庄严的皇家气派了。

（二）划分园林空间

一座大型园林，除了标志边界的围墙外，园内各景区、景点还有各式各样的园墙。比如大观园中的稻香村是乡村气息的黄泥墙，蘅芜院是素居清高气息的水磨砖墙，潇湘馆是幽雅高洁气息的清泉粉垣。一般中小型园林，为了扩大空间感，加深层次，采用"小中见大"的手法分隔空间，达到"庭院深深深几许"的艺术效果。如苏州的拙政园、留园、西园等都常利用不同的园墙与其他建筑结合，围合成各具特色的园林空间，使游人感觉有"小廊回合曲栏斜"，"梨花院落溶溶月"，"深柳读书堂"等诗情画意，而不知全园有多大。

（三）障景

造园借景时，为了"佳则收之，俗则屏之"，常利用不同的园墙遮蔽那"俗"的部分外景。在造景时为了掩劣藏拙，或为了欲露先藏，或为了奥秘不泄，也常借用不同的园墙来障景。

（四）勾勒画面

"景之显在于勾勒"（陈从周《续说园》）。"勾勒"是中国工笔花鸟画的一种技法，先用墨笔描画花叶轮廓叫"勾"，着色后再描一遍叫"勒"。借用于园林造景则指在景观画面的周边，再以别的建筑围合，使景观更鲜明更突出。常用作勾勒的建筑有园路、长廊、栏杆、园墙、堤岸、绿篱、花障、湖石等。如一片桃花或海棠，以不高的粉墙环绕，景色愈觉明艳，一畦牡丹、芍药，以白石栏杆环绕，更显贵重娇艳。勾勒时要注意点、线、面的体量比例关系。

（五）协调陪衬

翠竹红花常借粉墙而显景，杨柳芭蕉常倚素壁而醒目。苏州留园海棠春坞的景墙，以粉墙为纸，以竹木花卉叠石作画，造成了一幅生动的主体景观。扬州个园的春景叠石，以象征晴日的粉墙作背景，竹影婆娑，石影参差，便觉春意勃勃。茅舍配竹篱，白屋配土墙，瓦舍配砖墙，寺庙配红或赭墙，古堡配石墙，画阁配雕墙，宫殿配宫墙，都是十分协调的。

（六）烘托意境

有许多诗情画意和园墙有关系，通过墙与其他建筑结合，加上恰当的植物配置，意境就显示出来了。比如"绿杨墙外出秋千"，"一枝红杏出墙来"，"满架蔷薇一院香"，"梨花院落溶溶月"等。一个被围合的小空间，能给人以安全感、幽静感、私密感，同时使人对墙外或院外的鸟语、花香、竹影、蝉声、水声等又会产生新奇感。这些都适宜用以烘托意境。

（七）泄景漏景

园墙常常砌有漏窗，园内的局部景色可以通过漏窗泄漏出来使行人看见，能引起人们入园游赏的兴趣。但园大景多，园小景少，要注意"大园贵紧凑，小园贵疏透"的原则。园内间墙也常砌窗泄景，使游人有"行山阴道上，应接不暇"之感。

三、园墙与其他建筑

在划分园内空间时，园墙常常要与其他建筑结合，形成形式不同的园林空间，如果单用墙来分隔空间则显得单调乏味。园墙与房屋建筑结合，可以围合成清斋小院、深宅大院、庭园、广庭等空间，与亭榭结合可形成池沼水景，与游廊结合可形成封闭性空间，与园路结合可形成甬道、曲径通幽、夹巷复道等。

墙与门的关系最为密切，园墙与园门组成主要出入口，是园林的脸面，必须着意设计。土墙配柴门，砖墙配垂花门，宫墙配宫门或寺门，粉墙配漆门。要显示园子的雍容气派，门墙常作外八字展开，形成门庭，有檐廊、台阶或石狮子。内园墙上则多开圆洞门，或其他样式的门，以显别致。要借景、对景时，门常对着开，否则以假山、屏风、照壁等遮挡，以显奥秘。

四、园墙与山石水体

山园的园墙常与山岩的纹理相交错，通过爬山墙层叠升降会丰富墙体的变化；或通过过山墙横截分割，也会丰富平面构图上线与面的形态。为使造景生动，也可将局部岩石穿过墙面引入园内，增加立面（墙）与平面（地）的变化情趣。园墙与水面交接时，可通过桥涵跨越，但最好能从水口窥见墙外的局部源流，既扩大了水面也招引游人产生"欲穷其源"的兴趣。顺流而砌的园墙，不宜与水面直线平行，宜适当曲折，并以竹木掩映。如园墙、园路、流水三者并排平行而距离过长时，则宜利用小桥将园路时而引向左岸，时而引向右岸，让其变化有趣。

对大面积的保坎墙面，除了垂直绿化外，还可以墙脚堆石、墙上嵌石、悬岩等手法，增加墙面的变化。

五、园墙与植物配置

内园墙的植物配置须视造景的需要，外园墙的植物配置往往是组成全园景观的一环，也是园墙自身美化的需要。如果不根据园林的类型、性质、特色来配置植物，必将减弱园林意境，冲淡园林特色。比如不顾整体布局组景的需要，沿着园墙栽上一圈林木，那就没有特色个性可言。因此，配置植物的目的有四：一是通过花木竹树把墙里墙外的空间沟通，丰富景观层次；二是辅助园林性质特征的表现；三是透露局部的景色，屏蔽不宜泄漏之处；四是园墙美化。可见随意沿园构筑绿障是不可取的。"配置"二字原本就有艺术选择栽培的含义，必须配置得疏密、高低错落有致，品种有别，常绿与落叶相间，季相、色相有变化，达到体现造景的意境。如"梧桐深院锁清秋"，"风摇竹影过墙来"，"一枝红杏出墙来"等诗情画意必须精心设计。

园墙植物配置的重点是园门一带，一般的土墙、粉墙、砖墙常配置凤尾竹、棕竹、桃、李、杏、石榴、海棠、杨柳、梧桐等，宫墙则多配置松、柏、槐、高柳、梧桐、玉兰、桂、楠、檀等树种。

六、园墙的自身美化

园墙的建材质量、粉饰、雕饰、彩绘等自身美化应与园内整体建筑的风格协调，特别是与主体建筑之间的精粗、巧朴、雅俗等反差不宜过大。比起整个园子来说，园墙毕竟处于从属地位，不可"金玉其外，败絮其中"，园墙的自身美化程度应该服从园林整体布局组景及风格色调的需要。

园墙分墙基、墙面、墙顶三部分，三者之间的比例要恰当，不可头重脚轻，也不可头轻脚重而墙面小。墙顶的装饰，墙基的雕刻，墙面的漏窗花样变化一般多集中在园门前区，其他墙段还是以不装饰为佳。

云水墙虽求变化，但起伏之间的距离也是相同的，久看也呆板。本来园内外景物参差不齐，变化多端，需要一些直平线条来求整齐划一，达到"不齐之齐"。

自然风景区或大型的风景园林，为了突显其景观的自然性，空间的延伸性，或为了节省投资，常常不建园墙，但在主要出入口也要建门墙，在名胜古迹区或名木古树点也要用围墙加以保护。

现代园林的园墙样式更多，不赘述。

（刊于《广东园林》1995.2）

漫话园林造景的勾勒

"勾勒"一词源出中国画技法传统术语，通常用于工笔花鸟画。

陈从周先生在其所著《续说园》篇中，对园林造景中的"勾勒"技法颇有见地，他说："景之显在于'勾勒'。最近应常州之约，共商红梅阁园之布局。我认为园既名红梅阁，当以红梅出之，奈数顷之地遍植红梅，名为梅圃可矣，称园林则不当，且非朝夕所能得之者。我建议园贯以廊，廊外参差植梅，疏影横斜，人行其间，暗香随衣，不以红梅名园，而游者自得梅矣。其景物之妙，在于以廊'勾勒'，处处成图，所谓少可以胜多，小可以见大"。陈先生"勾勒"之说，值得引起造园家的注意，本文想对此作一点浅陋的探索。

中国园林艺术的发展，吸收了中国画的理论和技法。中国画有工笔、写意之分，中国园林也有类似的两种造园手法。一种竭力倾向自然，接近自然，这有如国画的写生写意；一种致力于建筑的规整精致，注意形式美的法则，这有如国画的工笔重彩。前者自然美的气息浓，后者艺术美的雕琢重。当然还有"兼工带写"的：比如西湖总的看是以自然山水为主，若从局部景区、景点来看，则人工痕迹就多。以皇家园林为例，颐和园、圆明园颇多工笔，避暑山庄偏于写意。"勾勒"来自画法，故人工痕迹重的园林"勾勒"手法的运用较多，写意园的"勾勒"手法运用较少。

勾勒画法的目的，能使画面物象轮廓线内的色相、形态更为显豁醒目，达到镶嵌、衬托、对比、协调、规范、工整、突出、尊崇等修饰效果。造园造景借用勾勒法的目的也大致若是。比如园墙，它不仅具有界定、防护的功能，而且也具有划分园林空间，陪衬园景，显示园主身份和思想境界的功能。比如《红楼梦》大观园中的稻香村配以黄泥土墙，怡红院则配以粉墙，是颇有用心的。

中国画的工笔重彩有用墨勾勒，也有用色勾勒，还有用金粉勾勒者。园林中的勾勒主要通过某些建筑物和构筑物对园景的分割包围来实现。最常见的勾勒建筑有园墙、园路、堤道、驳岸、游廊、栏杆、坛台、院落、溪涧、青篱、绿带、花障、砌石等。而这些建筑所用的材料价值不同，对所勾勒的景物、景观会产生不同的影响。比如对国色天香的，代表富贵的牡丹芍药，必然用雕栏玉砌来勾勒为宜，对荷花自当以柳堤、亭榭勾勒为宜，对丛植的桂花林，则以墙垣来勾勒为宜。

勾勒是为了分割画面，划分空间，故所勾勒对象的面积大小，与用以勾勒的建筑体量一般要成正比，决不可用宽大的柳堤来勾勒半亩荷塘，也不可用坚厚的石砌来勾勒几丛水仙或兰草。颐和园的昆明湖必须用那样壮丽的长廊、台榭、玉石栏杆、长堤、长桥来勾勒才相称，才显得出皇家气派。一片如火榴花若用粉墙来勾勒则对比强烈，有动态感；若用青砖墙来勾勒，则水火相济而有静态感。一片落英缤纷的桃花林，若用漏窗粉墙来勾勒，则显得华丽而有庭院气；若用青篱绿带来勾勒，则显得秀野而有林下韵致。

勾勒建筑与被勾勒的景观、景象之间除了色调、体量、质地、意境等方面要注意相辅相成地有机协调外，还要注意勾勒建筑的单向勾勒与双向勾勒或多向勾勒的照应、衔接、过渡等关系。比如一道游廊的左边围合着一片海棠，而右边有可能又与柳堤结合围合着另一片白莲花，在这种情况下，游廊的色调不论施以红漆、绿漆或黑漆，都不如用木质本色为妙。因为木色是自然中间色，能与任何一种色调相协调。即使当植物造景因季节变换而色相改观时，出现了"绿叶成阴子满枝"或"荷尽已无擎雨盖"的意境，游廊的朴素本色也是协调的。

从园林造景的平面构图看，现代园林的勾勒趋向于图案化，传统园林的勾勒趋向于国画布局的疏密相间，浓淡有致，充满诗情画意。因此，勾勒手法的运用切忌"乱""滥"二字。必须从总体布局的需要去勾勒，从整体意境、格调的烘托上去勾勒，达到"显景"、"示意"的目的。不难设想，若在苏州沧浪亭、留园、扬州个园之内对某些景观使用雕栏玉砌、画廊宫墙、琉璃亭榭等皇家园林的勾勒手段去陪衬景色景意，那是不堪入目的。中国写意花鸟画对叶脉、翎筋、石纹等的画法，也有"淡墨用淡墨勾，浓墨用浓墨勾"的说法，其目的也是为了达到自然协调的整体效果。

笔者曾三访上海豫园，对其布局造景的理路每觉久看生新，流连忘返，唯独对其外园墙上饰以龙头、龙脊、龙尾颇为费解。因为在封建时代龙饰属皇家独有，无论从造园主人当时的身份或造园的意境来看，以龙云饰墙都是不相宜的，也是犯禁忌的。后翻检豫园园史，始知其后来曾一度沦为城隍庙的后园，龙云墙之饰是对鬼神的尊敬。由于它保留了这样一段沧桑背景，又觉得不宜也相宜了。

豫园的玉玲珑，留园的冠云峰，都是价值连城的湖石名品，对这类珍贵的孤赏石施以勾勒艺术处理是理所当然的事。但豫园只把玉玲珑随意置于林荫下的粉墙边，其前只布置了芳草小径，并不着意勾勒，反觉显出了奇石的秀润、自然之野趣。留园则用石砌基座和四合院小天井加以勾勒，并配置了两奇石以破其"孤"，确显出了珍宠秘藏之意，赋予冠云峰以大家闺秀之象。但可惜勾勒建筑体量过大，造景空间又小，令人产生壅塞局促之遗憾。因思，勾勒与不勾勒须视环境空间而定，不必强为。

（刊于《园林》1995.1）

青城何以"天下幽"

自古名山胜境自多幽景幽趣，何以"天下幽"的桂冠会独独落在四川灌县青城山头上？这是游人颇感兴趣的问题，但解释却又众说纷纭。

"幽"的感觉毕竟是第二性的，若没有清幽的客观实境，则无从产生。所谓幽意、幽趣、幽情等感觉莫不产生于幽境。试探究一下构成"青城天下幽"的环境因素，主要有如下几点值得注意：

1. 从宏观环境看，它背接岷山龙脉，面向西川原野，有"西山白雪"、"南浦清江"、"玉垒浮云"、"峨眉秋月"、交相辉映。"北连秦陇，西通藏卫"，山环水绕，使青城环境"郁郁葱葱，纵横八百余里"。

2. 从具体环境看，有大面山、高台山、轩皇台、天苍山、丈人峰、金鞭岩、龙牙峰、寨子山、石笋峰等三十六峰，周边二百余里，如翠屏环绕，俨然一座庞大的绿色城堡，故名"青城"。

3. 气候宜人。它处于川西平原与北部山区交界处，"青城第一峰"高1 600米，锦江带岷山千秋之雪，青峰接邛雅万山之寒，夏季最高气温不超过30摄氏度。当地人一般不铺竹凉席，不买电风扇，虽烦暑炎天，一进青城地界便觉肌肤生凉，毛发爽然。

4. 从绿化植被看，丛林的层次多，结构紧密。表层有高大的乔木，如银杏、香樟、红豆、松、楠、杉、柏、桧等，高耸天际，翳日蔽云。中层有亚乔木，如榆、栗、女贞、槭等与修篁细竹交相掩映。下层有各类荆、榛灌木，并有藤萝悬挂其间。底层还有山花野草，野生药用植物覆盖严密。水土保持良好，即在悬岩峭壁上也有各种苍藤和蕨类植物铺缀其上，而且90%都是常绿乔灌木。历来虽累遭盗伐，亦不至山石暴露。

5. 泉石幽古。有危崖幽壑，阴穴古洞，著名的如掷笔槽、一线天、三岛石、天生桥、天师洞、祖师洞、朝阳洞等，构成有幽可探的天然奇观。四山溪涧纵横，飞瀑流泉长年不断，山润岩湿，时有寒翠扑人。即上清宫绝顶亦有鸳鸯井、麻姑池等清泉名胜，游人可随处濯足净手，烦躁不生。

6. 建筑环境幽。红墙碧瓦，桂殿琳宫，如天然图画，五洞天、天师洞、祖师殿、上清宫等寺院都倚危崖，临幽壑，随地势布局，真是"层台耸翠，上出重霄，飞阁流丹，下临无地"，而且寺外古木掩映，寺内花木扶疏，幽意盎然。

7. 从山麓到峰顶，石径仄仄，穿壑渡涧，曲折盘旋于峭壁悬崖之间，栈道丹梯石桥时相勾连。著名的危径有"龙桥栈道"、"上天梯"、"九倒拐"。在连接各个主要景点、景区的曲径上，或亭或阁点缀于幽涧旁、翠岩下，供人游憩。所有路亭都一色原木结构，不加雕饰。有的以树皮代瓦，上生苔草，古朴简陋，饶有"道法自然"、清静无为之幽趣。

8. 虫鸟种类繁多，山鹊画眉，黄莺紫鹃，四时鸣啼不绝。特别是盛夏的蝉声载道，不绝于耳，颇有"蝉噪林愈静，鸟鸣山更幽"的诗境。再加上淙淙泉鸣，悠悠钟磬，轻音乐的韵律油然而生。据说若夜宿道观虚阁，还能听到天风、松涛，净人尘虑。

9. 文学题咏的启悟。一是寺观联语的虚无玄妙，一是诸亭阁联语和题名的偏于幽冷。如沿途有题名为"翠光"、"驻鹤"、"山阴"、"冷然"、"凝翠"、"奥宜"、"听寒"、"息心"、"清虚"、"卧云"等幽雅的凉亭翠阁。有对联"山路元无雨，空翠湿人衣"，"苔深不雨山常湿，林静无风暑自消"，"瀑落瑶琴响，山幽薜荔封"，"苔铺翠点仙桥滑，松织香梢古道寒"，"千寻绿幛夹溪流，万重翠岚拥青莲"等景语。还有历代骚人墨客的题咏，如诗圣杜甫留有"自为青城客，不唾青城地。为爱丈人山，丹梯近幽意"诗句，大诗人陆游留有"云作玉峰时北起，山如翠浪尽东倾"诗句等。

10. 道家以清静无为，任其自然为宗风，青城属于"历史名胜古迹风景区系统"，它是中国道教发祥的"第五洞天"，从汉朝开始便有许多神话传说，留下了不少的神仙幽迹和隐士幽居。这些神秘的传说和附会传说的奇古实景相结合，就使人觉得这清虚之府幽奥莫测了。

青城山高不过千仞，没有耸立天际的雄峻高峰，它的奇险处都隐藏在山里。也没有大面积的原始森林，植物群落多为杂树，因此，它不属于山岳型或森林型的景观。它的景观特色多蒙有道教宗风的轻纱，所谓"山不在高，有仙则名"。

辞书释"幽"曰："深也，微也，隐也。"

青城山峰峦环拱，沟壑纵横，洞穴奇古，崖涧阴森，曲径迂折，清泉回溢，林密草茂，郁蔽不露，可谓"深也"；幽禽时鸣，虫声悦耳，流泉静池，钟磬悠悠，幽芳侵道，山翠湿衣，可谓"微也"；古木藏寺，幽居隐秘，仙踪胜迹，道妙玄虚，传闻诡秘，题咏幽趣，可谓"隐也"。于是造成了一种不可易移的全方位的幽境，以"天下幽"赞誉青城确非虚语。

"青城天下幽"的形成启示了我们：在风景园林的规划中，要想形成一种独特的风格，必须多方面、多层次地运用园林艺术手法进行烘托、铺垫，运用文学艺术手法进行渲染、启迪，利用大自然的赐予进行因地制宜、因景制宜地创作。

（刊于《广东园林》1994.3）

从《红楼梦》写大观园
看曹雪芹的园林艺术思想

唐宋以后我国古典园林建筑逐渐从皇家苑囿发展到私家别墅,到明清已臻极盛。在不断总结实践经验的基础上发展起来的园林艺术理论也达到相当高的水平。从李诫的《营造法式》到计成的《园冶》,再到李渔的《闲情偶寄》,对我国的古典园林建筑艺术作了深入的探索。

伟大的现实主义作家曹雪芹也是一位对我国古典园林艺术很有研究的人。他的《废艺斋集稿》关于园林艺术的理论和技法虽已大半散佚,但从《红楼梦》描写大观园的文字中,仍可窥见这位多才多艺的文学家的园林艺术思想是何等的精深。

一、曹雪芹关于园林建筑的鉴赏观点

1. 对园林建筑的鉴定,不仅看工程质量,更重要的是看艺术质量。因为园林建筑的目的主要是为了满足人们精神上的需要,怡情悦性,陶冶情操。古人认为山水园林的魅力能使"鸢飞戾天者,望峰息心;经纶世务者,窥谷忘返。"(吴均《与宋元思书》)

《红楼梦》第十七回写大观园工程告竣之后,贾赦瞧了还要请贾政瞧,贾政又和众清客一起去瞧,主要是对大观园建筑艺术方面的鉴定。而后又"请贾母到园中,色色斟酌,点缀妥当,再无些微不合之处"。最后元妃的临幸算是鉴定的结论。

2. 鉴赏必须借助古典文学艺术理论去理解园林建筑的艺术。

《红楼梦》写贾政瞧园之前便有点犯难,自认对文学艺术生疏,欲待贾雨村来鉴定。在写大观园题对时,宝玉的才思,清客们的捧场,贾政的评判都是从文学艺术的角度来议论的。

3. 鉴赏园林艺术既要从微观上了解它的景观构成和建筑的工艺水平,又要从宏观上把握它的格局气象。

《红楼梦》写贾政等进大观园重点鉴赏了几处正景,不但欣赏了内外景观的布置,还评赏了室内的陈设艺术和雕刻的精湛工艺。特别值得注意的是贾政进园之前,叫"把园门关上,我们先瞧外面",看到"不落富丽俗套,自是欢喜",这就十分内行。有些园林建筑往往对园门及园外环境的设计重视不够,没认识到它是园林的脸面、窗口,通过它可以看出整个园林的气象。这也为一般游客所忽略。

4. 鉴赏园林艺术要正确认识"天然"与"人力"的矛盾统一问题。

曹雪芹通过宝玉之口发表了一通反传统礼教的议论。他批评稻香村是"人力造作",没有"自然之理,自然之趣"。他说:"远无邻村,近不负郭,背山无脉,临水无源,高无隐寺之塔,下无通市之桥,峭然孤出,似非大观。"并认为,"非其地而强为其地,非其山而强为其山,即百般精巧,终不相宜。"

中国以农立国，田园风光随处可见。但封建统治者为了标榜重农亲农思想，故意在宫苑中点缀田园景致作为观稼、躬耕的幌子。而贾政在大观园中也造此一景，实属"强为"，与整体景观颇不协调，故曹雪芹借宝玉之口痛斥。他认为其他景观"虽种竹引泉，亦不伤穿凿"。

园林艺术本来是自然美与人工美的有机统一，但必须符合自然规律之理趣，一切虚假的说教，矫情的造作是不足取的。

二、曹雪芹关于园林建筑的文学观点

中国园林艺术的发展与中国文学有密切的深远的关系，园林造型的美只有通过文学的活动才能充分地显示出来。

1. 园林中的匾额、对联等文学形式应该当作园林建筑的一个有机组成部分，在设计时就要全面地考虑进去，留下恰当的题写位置。

《红楼梦》写贾政瞧园时，"走进山口，抬头忽见山上有镜面白石一块，正是迎面留题处。"

写稻香村"篱门外路旁有一石，亦为留题之所。众人笑道：'更妙，更妙！此处若悬匾待题，则田舍家风一洗尽矣。立此一碣，又觉许多生色，非范石湖田家之咏不足以尽其妙。'"

写正殿"只见正面现出一座玉石牌坊，上面龙蟠螭护，玲珑凿就。贾政道：'此处书以何文？'"

2. 园林中的匾对等景题文字能够画龙点睛地把园林建筑的艺术意境向游赏者揭示出来，起到自为宣传的作用。因此，要求景题文字要优美高雅，能使山水花柳生色。

《红楼梦》借贾政的口说："这匾对倒是一件难事……不亲观其景，亦难悬拟……若大景致，若干亭榭，无字标题，任是花柳山水，也断不能生色。"并认为对花鸟山水题咏平平的人，于怡情悦性文章生疏的人，"便拟出来，也不免迂腐，反使花柳园亭因而减色，转没意思"。

3. 园林建筑的艺术构思应该和文字中的典型意境结合起来，使园林这个立体的画画中有诗，景中含情。

《红楼梦》第十七回写大观园景观的艺术构思时，用了"曲径通幽处，禅房花木深"的意境，用了"楚客欲听瑶瑟怨，潇湘深夜月明时"的意境，用了"柴门临水稻花香"，"牧童遥指杏花村"的意境，还用了"瑶草一何碧，春入武陵溪"以及屈原《离骚》的美人、香草等文学意境。

三、曹雪芹关于园林建筑的布局观点

我国古代园林多是自然式的，园中的布置多迁就环境，很少改造地形或堆石造山。宋元以后逐渐增多了人为的改造因素，从《红楼梦》中可以看出曹雪芹对大观园的描写已是有意识地设计了。

1. 园林建筑布局应是一个有机的统一整体，有中心头脑（主题），有躯干骨骼，有四肢手足。每一部分景观都是构成整个园林格局的活体组织，不能随意虚设，必须精心巧妙地布置好这有限的空间。

大观园的主题是"省亲别墅",大观楼则是全园的中心,其他各景点则围绕中心展开,形成一个典雅清丽"不落富贵俗套"的统一格局。园中的山有主峰,有余脉,水有主源,有分流,而道路桥港则交错沟通其间。

2. 园林建筑布局应该主次分明,疏密相间地给游人造成一种有节奏的波澜起伏的感觉。

大观园有主体建筑大观楼;有重点建筑潇湘馆、稻香村、衡芜院、怡红院等;有次要建筑秋爽斋、蓼风轩、藕香榭、紫菱洲、栊翠庵等;有一般建筑荇叶渚、芦雪庭、暖香坞、榆荫堂、嘉荫堂、凹晶馆、凸碧堂、柳叶渚、绛云轩等;有小品建筑蜂腰桥、滴翠亭、翠烟桥、沁芳亭、沁芳桥、沁芳闸等。其间还有"或清堂或茅舍,或堆石为垣,或编花为门,或山下得幽尼佛寺,或林中藏女道丹房,或长廊曲洞,或方厦圆亭……"另外又有荼蘼架、木香棚、牡丹亭、芍药圃、蔷薇院,芭蕉坞等点缀其间。使游人在平淡、闲散和新奇、兴奋交替变幻的感觉中度过美好的时刻。

3. 园林建筑布局在整体观的指导下,应该使每一景观各具特色,让游赏者玩味无穷,光景常新。

大观园的沁芳亭池沼石径,茂木杂花,具有幽静的特色;潇湘馆翠竹千竿,梨花清泉,具有幽雅的特色;稻香村泥墙茅屋,青篱杏花,具有幽淡的特色;蓼汀花溆落花流水,桃花夹岸,具有幽奇的特色;衡芜院清凉瓦舍,草卉藤萝,具有幽清的特色;怡红院碧桃花障,海棠绿蕉,具有幽丽的特色等。

四、曹雪芹关于园林建筑的组景观点

我国古典园林建筑多属私有,既要按照实用的原则满足主人起居、宴乐等生活方面的需要,又要按照美学原则满足读写、吟咏、游憩、欣赏等精神方面的需要,甚而还要表现主人的性格情志(今天则表现民族的、地域的、历史的特色)。因而在组景上必须多功能、多层次、多色调、多风格地从视觉、听觉、嗅觉、感觉引起观赏者的美感,从而达到陶冶情操的目的。

1. 从总体到局部的景观组织上,都要注意一景胜一景,由平淡到奥奇,在"引"字上下功夫。给游赏者造成一种神秘感、诱惑感,从而达到引人入胜的目的。

《红楼梦》写大观园先由"不落富贵俗套"的独特的外景引入内景,进园后即迎面翠嶂一挡,然后"微露羊肠小径",再进山口,入石洞,由明到暗步步引入。所以宝玉说:"曲径通幽","不过是探景的一进步"。这算是序景。然后又由暗转明引入沁芳亭,经过涵泳旷怡一番之后才引入正景潇湘馆、稻香村。然后又通过"蓼汀花溆"的野趣,穿水洞,攀山径引入另一正景衡芜院。然后才通过玉石牌坊引向主景大观楼,使游兴达到高潮。

写怡红院的局部组景也是如此,门前有碧桃、竹篱、花障、绿柳、粉垣等四五个色调的层次互相掩映,进院后又是红棠绿蕉,进屋后又是门户秘奥,雕刻奇巧,恍若迷宫。

2. 要组成一个独具特色的景观,必须使房屋建筑、山石堆砌、花木栽培、禽鱼养殖、家具式样、古玩陈设、帘幕装饰以及文学方面的匾对字面等都统一到一个意境格调中来。

如写稻香村建筑的泥墙茅屋,布置的井榉菜畦,栽培的杏花桑柘槿榆,养殖的鸡鸭鹅,陈设的木榻农具,糊的纸窗,连留题处也是篱外路旁的石碣,这就构成了一个典型的

田舍风光景观。

3. 组景不但要从空间上组成多层次多变化的景观，还要从时间上组成连接不断的景观，使一年四季二十四节序中都有可以赏心悦目的景色。这主要从花木栽培上来表现。

从大观园中的景名来看，暖香坞、翠烟桥、红香圃、怡红院、柳叶渚、沁芳亭、花淑萝港等处是春季景观；榆荫堂、荇叶渚、藕香榭、滴翠亭、稻香村、蘅芜院等处是夏季景观；蓼风轩、嘉荫堂、凹晶馆、凸碧堂、紫菱洲、潇湘馆等处是秋季景观；大观楼、芦雪庭、栊翠庵等处算是冬季景观了。

4. 组景不但要注意景观内部层次之间的衔接掩映，还要注意与周围景观的联系和影响，使其相互陪衬、映带。这就是所谓的借景和对景。

大观园紧接荣宁东西两府，两府建筑便是它的借景。写沁芳亭"渐向北边，平坦宽豁，两边飞楼插空、雕甍绣槛，皆隐于山坳树杪之间"，便是对景。

5. 组景要贯彻"含蓄"这个美学原则，不能让游人一眼观尽或一看便晓。必须利用遮挡、屏蔽、隔障、曲折、断阻等艺术手法，使景物在视觉中产生美的联想。如觉"只在此山中，云深不知处"，或"山重水复疑无路，柳暗花明又一村"，或"隔林彷佛闻机杼，知有人家住翠微"。

《红楼梦》写贾政进入大观园时"只见一带翠嶂挡在前面"，认为"非此一山，一进来园中所有之景悉入目中，更有何趣！""非胸中大有丘壑，焉能想到这里。"写潇湘馆"一带粉垣，数楹修舍，有千百竿翠竹遮映"。写蘅芜院"迎面突出插天的大玲珑山石来，四面群绕各式石块，竟把里面所有房屋悉皆遮住"。写稻香村"忽见青山斜阻，转过山怀中，隐隐露出一带黄泥墙"。写出来时"转过花障，只见青溪前阻"，一会儿"忽见大山阻路……由山脚下一转，便是平坦大路"等。众人都道："有趣有趣，搜神夺巧，至于此极！"

6. 园林组景要多样化，不但要园中有园，景中有景，景景不同，就是同一建筑也需力求变化多姿，避忌简单雷同或规则化。

如大观园中的桥有蜂腰、折带、玉带等，墙有黄泥、青砖、粉垣等，篱有竹篱、青篱、花篱等，栏有石栏、木栏、玉栏、竹栏等。尽量从样式上、材料上，图案花纹上，色彩装饰上、位置上和栽植上去追求变化的多样。

7. 园林组景要注意辩证关系。《红楼梦》第七十六回写中秋赏月湘黛联句时，借湘云之口说："当日盖这园子就有学问，这山之高处就叫凸碧，山之低洼近水处就叫凹晶……这两处一上一下、一明一暗、一高一矮、一山一水，竟是特因玩月而设。"

又如第十七回写怡红院的"蕉棠两植，其意暗蓄红绿二字"，是从强烈的色彩对比中求得妙趣；写蘅芜院的插天玲珑石四面群绕石块，是孤与群的协调；写潇湘馆的翠竹梨花和绕阶泉水，是动与静的协调等。其他主与次，分与合，精心布置与随意点缀，秋丽与淡雅，藏与露，阻断与勾连等，既矛盾又统一的组景关系比比皆是，值得今天借鉴。

（刊于《红楼梦学刊》1987.3）

试说爱国词家辛弃疾
对园林艺术的贡献

南宋词坛上能与北宋苏轼并称的辛弃疾，是宋词豪放派的主要代表人物，他又是随耿京起义山东，后南渡归宋的爱国将领，是人们熟悉的历史名人。但他还是一位热爱园林艺术，终生乐此不倦的行家，这就鲜为人知了。

一、热爱山水园林与爱国

挂籍山林，标榜风雅，这本是封建士大夫借隐居以窥仕路的处世作风，并不是真心热爱山水园林。但辛弃疾却是真心实意地爱。他以庄子《齐物论》作世界观，以陶渊明《归去来兮辞》作人生观，对大自然，对祖国河山眷恋不已，时常通过辞章抒发衷心的赞美。他"钟情山水，知己泉石"达到了痴迷醉心的程度。他把山水园林的自然美当成异性美一样去追求，他说："自笑好山如好色，只今怀树更怀人。"（《浣溪沙》）他认为"一松一竹真朋友，山鸟山花好弟兄"。（《鹧鸪天·博山寺作》）他希望万物平和共处，他劝告白鹭说："溪边白鹭，来吾告汝：'溪里鱼儿堪数，主人怜汝汝怜鱼，要物我欣然一处。'"（《鹊桥仙，赠白鹭》）他担心秋山的憔悴，他同情地悄声问询："青山幸自重重秀，问新来萧萧木落，颇堪秋否？"（《贺新郎》）他曾发异想："看封关外水云侯，剩按山中诗酒部。"他曾经被山水园林中的物我矛盾困扰得大病一场，他告诉"晨来问疾"的白鹤，病因是三件矛盾解决不了。他说："手种青松树，碍梅坞，妨花径，才数尺，如人立，却须锄。"（松荫与花的矛盾，护花须锄松，又舍不得）还有秋水堂前的明镜般的曲沼，"被山头急雨，耕垄灌泥涂。谁使吾庐映污渠？"（农耕、雨水与清渠的矛盾）还有檐外青山被竹遮住，"删竹去，吾乍可，食无鱼；爱扶疏，又欲为山计。"（竹与山的矛盾，爱山又爱竹）这是《六州歌头》中描述的所谓"泉石膏肓，烟霞痼癖"那种心理状态。

正由于辛弃疾对山水园林爱得深，所以对祖国的大好河山也爱得深，所以力主抗金收复失地，爱国之志终生不渝。

二、园林建筑规划上的实践

辛弃疾一生中亲手规划建造了两座美丽的庭园，把他对自然美的爱和独到的园林艺术观点倾注在造园的实践中，值得我们发掘和学习。

他42岁时曾在江西信州上饶郡北信江之滨，灵山之麓，买下带湖田地，营造了一座以水景为主的园林式"带湖新居"。整个庭园湖水清澈，回廊曲折，花木扶疏，亭台掩映，布局得体。计有稼轩、植杖亭、集山楼、婆娑堂、信步亭、涤砚渚、雪楼、南溪、山园等景点。据说是"青山屋上，古木千章，白水田头，新荷十顷"，见其《上梁文》十分美观。

他听到带湖新居将成的消息,曾迫不及待地填了一阕《沁园春》,提出他的规划意见:"东岗更葺茅斋,好都把轩窗临水开。要小舟行钓,先应种柳;疏篱护竹,莫碍观梅。秋菊堪餐,春兰可佩,留待先生手自栽。"1181 年冬他罢官,便回带湖闲居了 14 年。对庭园又作过多次修整,并在不少诗词中描写赞美过它。

随后辛弃疾又在江西铅山县东北,与上饶邻接的期思渡旁瓜山下,建造了另一座以山景为主的园林式别墅。1195 年当带湖新居失火被毁后,便举家移居别墅。这里依山傍水,风景优美,半山上有泉水直喷而下,流入一瓢状水潭,便命名为"瓢泉",附近还有铅山的名胜风景区——鹅湖寺。瓢泉的园林建筑有偃湖、隐湖、停云堂、篆岗、秋水观、苍壁、一丘壑、荷池、竹径等景点。他也写了许多诗词来赞美它。

三、园林布置的艺术思想

辛弃疾造园的立意布局、堆山理水、建筑设计,以及植物配置等具体艺术手法已难实地考察到了,但从他的大量著作中还可以寻绎出园林艺术思想的鳞爪来。

《念奴娇》:"茅舍疏篱江上路,清夜月高山小。"他认为梅花应配置在江路茅屋下,并配以疏篱才有风味。

《沁园春》:"要小舟行钓,先应种柳;疏篱护竹,莫碍观梅。"他认为水边种柳可以造成柳荫垂钓的景观;竹边种了梅就要用篱笆把竹拦护起来,不要低垂的竹梢枝遮住了梅花。

《鹧鸪天》:"穿窈窕,过崔嵬,东林试问几时栽?动摇意态虽多竹,点缀风流却欠梅。"他评论多栽竹固然有动态美,但必须配置梅花才有风韵。

《沁园春》:"嫋嫋东风,悠悠倒影,摇动云山水又波,还知否:欠菖蒲攒港,绿竹绿坡。"他评论傍山造湖固然可以摄取云山倒影,但水港边还须多栽菖蒲,坡岸上还须多栽竹,才能造成多层次多色彩的景观。

《江神子》:"一川松竹任横斜,有人家,被云遮,雪后疏梅,时见两三花。"《玉蝴蝶》:"人家,疏疏翠竹,阴阴绿树,浅浅寒沙。"这是他记录的两幅村居风景图,恬淡幽雅,十分可爱。他特别指出"任横斜"的自然种植法与竹要疏透配置,是颇有见地的传统风格。

"小桥流水……行穿窈窕,时历山崎岖,斜带水,半遮山,翠竹栽成路。"这是他"停云(堂)竹径初成",用《蓦山溪》词牌记述的"停云竹径"景观布置效果。

《满江红》:"怕凄凉无物伴君时,多栽竹。"《水调歌头》"夜雨北窗竹,更倩野人栽。"他认为多栽竹可破园林中的幽寂感,风月、雨露、烟雾、霜雪作用于翠竹,能造成有声、有影、有色的动人景象。

他在《贺新郎》小序中记录下"用韵题赵晋臣敷文积翠岩,余谓当筑陂于其前"的话。陂是水边浅坡,积翠岩地形不详,但可以窥想他的意思是建议在临水的高大峻急的石岩下,还应在水中筑一点坡丘,作为陡与平,刚与柔,石与水之间的过渡,坡上自可配置花木了。

《沁园春》:"平章了,待十分佳处,著个茅亭。"他认为园林中的小小亭子,哪怕是茅亭,也应该慎重选择它的最佳位置,不能轻率点缀。

《浣溪沙》:"新葺茅檐次第成,青山恰对小窗横。"《沁园春》:"东岗更葺茅斋,好都把轩窗临水开。"《御街行》："栏杆四面山无数，供望眼，朝与暮。"他在这些词中说明，园林建筑的窗户，栏杆的设计应该考虑到得景借景的问题，不能随意乱设。

四、园林的赏鉴观点

辛弃疾对山水园林花鸟的观赏品评具有独到的见解。他在脍炙人口的《沁园春》"灵山齐庵赋"词中写道："争先见面重重，看爽气朝来三数峰。似谢家子弟，衣冠磊落；相如庭户，车骑雍容。我觉其间，雄深雅健，如对文章太史公。"这首词完全可以当成一篇"观山论"来读。他把峥嵘重叠的青山当成佳子弟、阔庭户、好文章来观赏，特别是比作写过不朽著作《史记》的太史公司马迁的雄深雅健的文章，是绝妙的观山法。这首词开头说"叠嶂西驰，万马盘旋，众山欲东"已经把动的山势写得很活了，但还只是外在的有形的美，而比成太史公文章时，便已经抓住了山水的质感，到达内在的神韵美了。

他在《贺新郎》中说："我见青山多妩媚，料青山见我应如是。"在《临江仙》中说："莫笑吾家苍壁小，稜层势欲摩空。"前句意思是欣赏园林山水时应把它作为镜子，你对它的评论高低能反映出你自己的学识情趣的高低；还说明山水园林对人也有反作用，所谓陶冶情操、净化心灵也即此意。后一句更适宜于对盆景的欣赏，要从态势上着眼。

他在《粉蝶儿·和赵晋臣敷文赋落梅》一词中用"昨日春如十三女儿学绣，一枝枝不教花瘦"，"而今春似轻薄荡子难久"两个新奇比喻来描述对春光的欣赏情怀。有对比，有形象，有感情，有事实，评赏得体。

他在《鹧鸪天》词里说："城中桃李愁风雨，春在溪头荠菜花。"又说："自从一雨花零落，却爱微风草动摇。"表达了他尊重自然规律的欣赏观点。他认为山水园林中的名花、奇花总有消歇之时，必须学会对野花小草的欣赏，则四时游赏园林都不会感到寂寞无可观。

他咏松树说："门外苍官千百辈，尽堂堂八尺须髯古。"他咏牡丹说："杨家姐妹夜游初，五花结队香如雾，一朵倾城醉未苏。"他咏虞美人草说："不肯过江东，玉帐忽忽，只今草木忆英雄。"（见《水调歌头》、《鹧鸪天》、《浪淘沙》）运用历史典故来提高欣赏情趣相当成功。

他咏木樨的《清平乐》中说："折来休似年时，小窗能有高低，无顿许多香处，只消三两枝儿。"是欣赏插花艺术的经验，和郑板桥"室雅何须大，花香不在多"的看法一致。

他曾化用苏轼题庐山西林壁的哲理诗意，在《水调歌头》中说："却怪青山能巧，正尔横看成岭，转面已成峰。"指出欣赏山水园林要有动观的经验。他总结过"诗句得活法，日月著新功"的体会，其实在欣赏园林风景上，他也是深得"活法"的。如果对生机盎然且不断发展变化的园林景观，老用一种陈框旧套的尺度去评估，是难以领略到山水园林的活的意境的。

（刊于《广东园林》1994.1）

达川市莲花湖公园总体规划^①

达川市古名达州、绥定，是川东北重镇，专署驻地。已建城区面积9.1平方公里，市区人口27万，城区人口16万。党的十一届三中全会以来，达川市经济发展较快。高楼迭起，人口激增，交通拥挤，城市生态环境受到影响，原有的人民公园及凤凰山公园已不能满足群众游憩的需要，市政府决定将西外乡的莲花湖水库扩建成水景公园。

一、莲花湖简况

莲湖是达川市西郊七公里处的一个人工湖泊。水面1 400亩，总水容量960万立方米，由于灌溉尚未充分利用，常年水位比较稳定。莲湖四周有不同层次的高岭远山，近湖有大片农田，周高中低呈筲箕状向东南倾斜。湖中被浅丘分割，支离曲折，形成20多条港汊，状若石莲花，故而得名。湖岸线长20多里，地势开阔，水质好，碧波荡漾，空气清新。已通车，市民常往游。四山森林在"大跃进"时被砍伐殆尽，唯右山尚残留小片松柏，大部分山体裸露，土质瘠薄。属亚热带气候，无霜期长。水源主要靠积雨。湖区水面、堤坝、湖心岛属全民所有。人口1 680人，务农为生，年均收入350元，比较贫困，且缺柴烧。湖区尚无乡镇企业污染，无地方病，湖中尚有小群野凫栖息。

经过调查分析，认为莲花湖形态美，曲折有致，名副其实。水面广、水质好，环境幽静，有自然美和田园美相结合的背景，并有神女点灯、杨枝洒水的美丽传说，确有造园价值。不足之处是湖面支离狭窄，视距短，地貌平淡，无崖壁、泉瀑、滩濑等景观，也无古迹、古树等可资利用。

二、公园的性质和规划指导思想

（一）性质
以水上游赏型的自然风景园林为主，适当开发其他文化娱乐活动。

（二）指导思想
发扬我国园林艺术的优秀传统，建成具有地方特色的水景公园，改善达川市在现代化进程中的城市生态环境，满足群众日益增长的文化精神生活的需要。

规划主要在水体上做文章，在绿化上下功夫，保护环境，涵养水源，因地制宜，古今结合，美化湖景，独具特色，着眼未来，为民造福。

三、公园规划的艺术构思

（一）意境
莲花湖千亩涟漪。具有水的静态柔和之美，有莲花君子的雅洁品性，能使游人产生安

① 主要设计者：蒋崇和、杨方、官举恒。

静愉悦的美感。建成后将含有"流风拂枉渚，停云荫九皋"，"山光悦鸟性，潭影空人心"的意境。

（二）特色

从诗情画意角度着眼，以传统园林艺术为基调。突出地方特色和时代气息，古今结合，雅俗共赏。园林建筑沿湖分布，或面水临水，或压水贴水，使天光水色交相映衬，倒影沉碧，幽深柔静。

（三）风格

刚柔相济，以柔为主，突出恬静、清新的风格，与环境风光相协调，使莲湖景观和谐地融入大自然的怀抱。

（四）色调

园林主体建筑以本色、浅灰、乳白、鹅黄、淡紫等为主色，点景建筑以宫黄、绛紫、深红等色为调剂，以宫黄色屋顶为统一色调，使色彩丰富而明快。加上多层次的植物绿色背景，蔚蓝的天空，黛青的远山，浅蓝的湖水交相衬托，给人以静谧清爽的美感。

四、公园的布局与功能区分

1. 布局：本着因地制宜、因景制宜的原则，根据范围大、港汊多、水面狭的湖貌，把主要景点摆在湖岸凸出的临水部位，采用"之"字斜对布景。既能相互对景借景，又能避免对称，使各景点有露有藏，有引有接，相互呼应，造成"山重水复疑无路，柳暗花明又一村"的引人入胜的意境。

2. 组景：兼顾动观静品、俯瞰仰瞻、远眺近赏、主次有序、水陆两便等要求，设计了"莲花湖二十四景"，以此为纲，统摄全局。其间穿插点景建筑小品加以调节、平衡、联系，使其脉络贯通，融为一体。

凡规划区内之建筑，包括交通设施、生活服务设施、公用工程设施及管理设施等，一律纳入组景之中，让人处处感到园林美的气息。避免格调不一，雅俗各异。景点间尽量做到月月有可观之花，四季有特殊之景。

3. 功能区分：由于莲湖水域广，短时期内不可能全面开发，通过功能区分给游赏者安排了一个比较集中有趣的范围，使总体规划达到了远近兼顾，分期实现的目的。

（一）主要游赏区

1. 前湖十景，以神女点灯、画堤春水、莲湖山庄为主景，有长廊、画舫、水榭、船坞、浮桥等配景，是主要的游人集散的动态区。色调艳丽，设施繁华而趣味无穷。

2. 中湖十景，以双湖塔影、梅阁春晓、蕉棠玉秀为主景，有盆景园、专类花卉园、石拱桥、汀步、回廊、亭榭等配景，是起伏回环的韵律感强的由动趋静区。色调清丽宜细赏。

3. 后湖两景，由浓转淡，是静谧清幽的静态区，色调幽丽，适宜安静休息，清谈幽会。

（二）后山登览区

跳出湖寨，攀登高山二景，由静转动，满足奋进畅快之感，宜积极休息，锻炼体魄。为达川市风俗正月初九、九月初九登高的好去处。

（三）自然生态保护区

后湖东边港汊暂不开发，多植芦苇巴茅之类，让野生禽鸟自由繁殖，禁猎。

（四）养殖区

中湖东后港汊，以浮桥为界，里边为经济鱼类养殖区，发展网箱养鱼。

（五）苗圃区

主坝下面。

（六）管理区

园管所景点化，即莲舍清阴。

（七）疗养区

即莲湖山庄宾馆。

（八）游乐区

前坝东头布置儿童乐园及自由划船区、游泳区。

（九）职工生活区

大坝园门外布置居民点生活服务网点。

五、莲湖二十四景简介（图）

1. 湖光在望：这是一组序景，是园景的前奏。包括接引牌坊、绿荫大道、荷花垂柳、公园大门、石狮、石屏风等，游人到此见湖光粼粼，诱人而起兴。

牌坊题景名，景联是：

> 景色四时新望眼；
> 波光百顷净烦心。

大门题园名，景联是：

> 达县乃川北重镇，理渠水、倚巴山，人杰地灵，城乡建设争雄势；
> 莲湖占市西胜景，迎彩霞，接素月，晴艳雨奇，园林开发赋新篇。

2. 神女点灯：取当地传说，于大门内山上建双层石栏平台，石莲座上立一大型神女雕塑，提莲花灯，面旭日迎宾。为全湖主题景观。景联是"金灯已普照，甘露今长滋"。

3. 莲舍清阴（园管所）：小别墅式两层楼构成小院，据浮桥要津，植青莲，障夹竹桃花篱，桃柳掩映。景联是"日辉清舍晴偏好，雾润碧莲雨亦奇"。

4. 马崖松鹤：于堤外山嘴建重檐"松鹤亭"，配仙鹤小品雕塑，山径曲通，松涛出壑，为绿色景点。景联是"松涛出涧底，鹤影落亭前"。

5. 画堤春水：主坝上建长廊以掩饰堤坝石体的平直单调。长廊粉壁漏窗，临湖朱栏坐凳，中可通车。东口题"点鳞"，景联为"锦鳞跳波翻翠盖，画舫簇浪溅红裳"；西口题"数舫"，景联为"霞飞春水三篙翠，堤锁莲湖十里香"。

6. 莲湖山庄（宾馆）：双层楼阁错落有致，水榭船坞临水浸潭，庭院多植杏花、樱花，绕庄松竹成林。景联是"绕阁青松待鹤驻，出墙红杏盼君来"。

7. 曲桥凌波：山庄后湾口，压水建五曲平桥和凌波亭。配植垂杨、李花，又一绿色景观。景联是"无力风揉千叠浪，有情桥似九回肠"。

8. 月舫清歌：于湖心岛前桔坡水际置画舫楼船，内设歌舞清唱茶座，柳垂荷花，香飘桔林，笙歌随风，静中有动，为水上景观。景联是"妙舞清歌杨柳月，浅斟低唱桃花风"。

9. 金龟戏水：取象地貌，于龟头建金龟亭，于龟背按甲纹植草灌花卉，为图案景观。景联是"欲入清波洗卦甲，先抬乌眼觑游人"。

10. 绿荫童趣：于湖边绿荫中设小型儿童乐园。景联是"真趣满园花解语，欢声盈耳人开颜"。

11. 柳荫垂钓：金龟亭后湾以石凳、汀步围成湖中湖，养鱼供游人垂钓，沿岸榴花、垂柳。为水上景观。景联是"浮花惹呷喋，坐石钓清深"。

12. 芳洲簇艳：钓矶后浅坡开辟草坪，建牡丹、芍药等专类花圃，置簇艳亭，为花卉景观。景联是"芳洲随意绿，彩蝶逐花飞"。

13. 蕉棠玉秀：过芳洲浮桥，面水建玉秀堂小院，设冰室，配植芭蕉、海棠，造成强烈的红绿对比。景联是"书签红棠印，画轴绿蜡封"。

14. 双湖塔影：玉秀堂后高地建七级八角白塔，内设旋梯可登，全湖景色尽收眼底。塔名绮云，为全湖制高景点。景联为"登临出世界，啸傲立苍穹"。

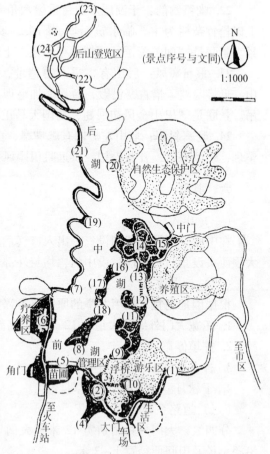

图 达川市莲花湖公园总体规划图

15. 青碑赋兴：于塔后中门内松柏林下建诗壁碑林，镌刻题咏莲湖的绝妙好词，使游人饱览湖景之后，来此欣赏诗文、书法、篆刻，提高精神境界，为人文景观。景联为"满壁书痕诗酒引，一湖画稿月烟笼"。

16. 秋月澄渊：于塔前过湖心岛处建映月石拱桥，两岸广植桂花、兰草，中秋赏月，丹桂飘香，又一绿色景观。景联是"香飘崖桂影，水浸月桥秋"。

17. 回廊横翠：于月桥前西湖水际建第二长廊，与大坝长廊一横一纵，一前一后，遥遥相望。景联为"细草微风两岸晚山浴落照，淡烟疏雨一湖春水送归舟"。

18. 梅阁春晓：于湖心岛中部山上建画阁粉垣，内布盆景园。垣内多植茶花、蜡梅；阁外广植红梅，为腊尾春头游赏景点。景联为"欲振精神识雪意，要探信息学梅花"。

19. 桃坞飞霞：于凌波亭后塘湾山嘴建飞霞亭，山上山下遍植各色桃花林，造成云蒸霞蔚的武陵春色景观以待春游。景联为"落英飞红雨，芳草浸绿裙"。

20. 芦雪秋波：于生态保护区口建水榭、凉台及芦雪亭，配植紫荆、芙蓉，山间广栽细竹，水边多植巴茅、芦苇。芙蓉艳秋，芦花扬雪。景联为"野鹜下芦雪，明霞染清波"。

21. 竹径寻幽：后湖左岸辟沿湖小径，间置石桌、石凳供游憩，沿径混植各类竹林，为寻幽避暑的绿色景观。景联是"萧萧竹径长疑雨，漾漾湖波时送风"。

22. 幽篁莺韵：于湖尾水边建重檐六角莺韵亭，白石台基石栏杆，绕亭疏植青松，山上以松竹杂树为主。临水筑船坞、码头，多植荷花。此为全湖结景，又是引向后山的起景。景联是"间关莺语留深树，宛转泉声下断崖"。

23. 重石窥凤：后山有古重石寨遗址，山巅耸峙天马、神猪二巨石，斜对达县凤凰山，形势险要。惜古寨已毁，暂且略加整理，建石级、石栏、小亭，补植松柏，供登高凭吊。景联是"巴山金凤初展翅，蜀国天马正行空"。

24. 鹰寨斜晖：后山左岭旧有鹰嘴寨，已毁，唯存残垣寨门，上有石崖绝壁，暂稍加整理，筑墙除道，补栽松柏，供远眺田园风光。景联是"秋风神鹰背上，落日古寨城头"。

六、其他

（一）出入口

在中前湖区园墙范围设三个出入口（后湖为开放区）。大坝东头设大门为主要出入口，大坝西头设角门，白塔后设中门，均与外部马路通连，设有大小停车场。

（二）地形改造

根据因地制宜、挖填并举的原则，不兴大土石方工程。

1. 拓宽大门外绿荫大道为12米，填高副坝。

2. 挖填停车场。

3. 神女点灯山坡削一半向外填宽。

4. 于秋月澄渊处凿通东西湖。

（三）道路系统

分四级，大门外林荫道宽12米，大门至宾馆公路宽6米，园内导游主干道宽3米，沿湖小径及山间便径宽1~2米。

连接堤坝、湖东三岍及湖心岛修三座浮桥，方便陆游步行。水路另辟定班定点的循环游船，航线直达湖尾后山。

（四）管线系统

给水排水及供电管线一律敷设在湖底或地下。污水一律排往湖外。考虑到水源不足，暂在生活服务区、管理区及宾馆建供水设施提取湖水（另有详规图见彩页）。

（五）绿化规划

莲湖总规划面积127.25公顷，水区占98公顷。而园林建筑只占0.92公顷。绿化任务很重。

1. 沿湖30米内为重点绿化区，必须按照设计要求栽植。服从造景的需要。

2. 沿湖30~50米内为控制绿化区，要接受规划的指导，不能影响造景的效果。

3. 沿湖50米以外为普遍绿化区，鼓励村民承包造林。

绿化植物以本地品种为主，以常绿为主，以混植、群植或丛植为主。注意整体景观轮廓线和色相层次。景点上的花木要注意色、香、姿并重，加强观赏效果。

为了解决快速绿化问题，可以在重点区内外发动群众按规划分片包干，乔、灌、草结合，竹、树、花结合，采用本地速生品种先绿化起来，然后再逐步调整更新。

（刊于《中国园林》1989.3）

涪陵市北山公园规划设计

涪陵市古称涪州，以产榨菜著名，地处长江、乌江交汇口，是川东川黔水上交通枢纽。城区面积6平方公里，人口12万，绿化覆盖率为13%，"八五"期间规划达到30%。

一、涪陵北山坪简况

北山坪在涪陵长江北岸，海拔高程560米，山顶较平缓，呈半月形，岭脊岩长2500米，上有松林350亩，林后田连阡陌，有水库130亩。从市内仰望，山顶松林如绿色画屏，原为涪陵八景之一的"松屏列翠"。传说唐代涪州的著名道家尔朱真人在山上种满青松后即跨鹤仙去。今为涪陵人登高览胜，钓鱼踏青的常去处。山上气候温和雨量充沛，年平均温度17.5摄氏度左右，年雨日达140天左右，多东北风。土壤属微酸性沙夹泥，适宜松杉生长。尚无工业的污染，空气清新、凉爽。

北山坪山高路陡，临江面有石径可登，山上有一条乡村公路从上游接市干道，路况尚待改善。市民游山靠轮渡过江步行。北山公园总体规划面积46公顷左右，定为市级公园，由涪陵市和黄旗乡共同筹建，故征地、拆迁、集资均好解决。

经过反复勘察论证，我们认为北山临江雄峙，登高可俯瞰全城，两江景色尽收眼底，环眺四山如海，视觉效果极佳。山顶松林郁茂，林下绿苔茸茸，岭脊有横亘如城的高大悬崖绝壁，极为壮观，确实具有造园价值。

二、公园性质和规划指导思想

北山公园已列为涪陵市城市规划的自然公园之一，应建为以山地游赏型的自然风景园林为主，适当开发其他旅游服务项目，指导环境的保护和绿化。

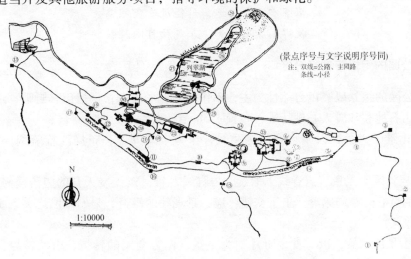

图　涪陵市北山公园总体规划图

指导思想是：在岩脊上做文章，在游观上动脑筋，美化环境，保护生态，发扬文化，因地制宜，绿景结合，以绿为主，着眼未来，立足上乘，古今兼容，具有特色。

三、公园规划的艺术构思

（一）意境

涪陵城北山当户，开门见山，断岸千尺，庞然横亘，具有太初之气、阳刚之美；山顶青松逶迤屏列，清幽奇逸。因此，北山公园规划只宜扩展与深化"松屏列翠"的景题含意，体现雄阔与清幽相兼的意境。

（二）特色

北山公园的园林空间突出自然性，以自然景观为主，建筑巧点缀；园林建筑突出民族形式，既是点景又是景点；植物配置突出季色相的鲜明性；园路突出导游的循环性。

（三）风格

临江岩脊一线景观突出雄健、明快、高爽、轩昂等格调；林后湖边一线景观突出清幽、雅静、潇洒、俏丽等格调。

（四）色调

建筑色调以明快为主，使之在以青松为背景色上达到引人注目，适宜远观。

（五）布局

为了保持历史自然景观"松屏列翠"的现状，北山布局只宜锦上添花。临江一线视野开阔，岩脊线长，是游人急欲攀登纵目览胜的热线，布点的密度大；林后一线为休憩静观的冷线，布点的密度小。西部较荒凉，布局注意引导平衡；湖面孤悬林外，布局注意衔接呼应。北山的最高点为主要观景点，作重点布置，其余景点做到主次分明，动静有序，既要服从全局的意境格调，又要具有各自的特色，避免千篇一律或者格格不入。总体布局掌握大集中小分散，体现"大园贵紧凑"的艺术原则。正是：

> 松屏列翠早知名，布局推敲颇费神。
> 崖际飞楼揽秀色，林边起阁听涛声。
> 梅亭雪后寒香远，竹径风清夜鹤鸣。
> 收得山湖留倩影，春花秋月四时新。

四、公园的组景与功能分区

北山公园的组景以突出自然性为主，不作大的地形改造，保持山林野趣，适当点缀建筑，根据山石地貌和游人心理特征，布置了30个景点，分为四大景区：

1. 东山景区六景，以晴岚点翠为主景，作为全园开篇，布局淡雅疏朗，含蓄不露，引人入胜。

2. 南岩景区十二景，岩脊线上七景，岩脚线五景，以江展天开的望涪楼为高潮主景，作为全园的重心。布局紧凑，上下交错呼应，景观壮丽雄奇，显示阳刚之美，是游人最兴奋的动观景区。

3. 北山景区六景，以"枕峦听月"为主景，作为全园的转折，由动转静，景观多在密林中，达到安静休息的目的。

4. 沿湖景区六景，以鸢飞鱼跃为主景，作为全园的结束，布局明快潇洒，是动静结合景区。

功能分区：

1. 动观登览区，即东山景区和南岩景区，满足登高纵眺的心理。
2. 安静休憩区，即北山景区，林密花香，宿食休息。
3. 娱乐活动区，即湖区，开展划船、游泳、钓鱼等活动。
4. 管理区，设在北大门之后。
5. 苗圃区，茶店子附近。

五、三十景简介（图）

（一）东山景区

1. 雨岩漱玉（路景）：在东径大岩洞借岩上飞泉如雨的自然景观，布置杂树藤花，泉下凿小池架平桥，岩内设石凳、景名刻岩壁上，景联是"山路原无雨，岩泉漱有声"。

2. 石桌榕阴（路景）：在东径石桌子大黄桷树处依地名布置三五石桌、石凳供登山小憩，设景碑，景联是"浓阴覆石桌，细路上松岚"。

3. 东山佳处（序景）：于东园门外山冈上建五角重檐"流春亭"，亭周布置桧柏、月季等植物，作为门景的前奏，景联是"帆影江声急峡里，山容水态乱松间"。前望春水东流，回望侧岭成峰。

4. 晴岚点翠（东门景）：于碑口岚垭左山平处辟集散小广场，顺山起步建带围墙的门厅，以松林为背景布置玉兰、海棠、牡丹芍药之属，景名题门上，景联是"晨露未曦松色好，朝暾初上鸟声清"。

5. 翠屏霞影（起景）：于东山转西岔路口建重檐六角"映霞亭"，远借刘家山涪陵白塔江景，是观日出霞飞，江流天外的地点，景联是"彩霞方衬峡云起，白塔又携江影来"。

6. 春樱铺绣（引景）：于映霞亭右后山路布置绿色景观樱花径，中路立景碑，景名题碑上，是青年朋友结伴寻幽的好去处，景联是"山樱香雪海，野径绿苔春"。

（二）南岩景区

7. 绝壁飞云（接景）：于映霞亭之上悬岩绝壁边筑飞云台，岩边设铁护栏，立景石刻"飞云"二字，景联是"身临绝壁当留步，情共飞云竞骋怀"。

8. 鹰岩横翠（展景）：在老鹰岩边筑晾鹰台，设飞鹰雕塑一座，以松林为背景，展现松、鹰、岩的雄劲气势。台边设铁护栏，台壁题"鹰崖"二字，景联是"松横高峡一江翠，鹰击长空万里风"。

9. 幽祠钟声（驻景）：于庙垭口上建庭院式纪念堂"松源祠"一座，内造种松道士尔朱真人塑像，真人提锸执松苗，微笑飘然，旁塑仙鹤仰之。祠内设钟楼一座，为公园增添声韵。植物配置以松、柏、杉、挂、红豆、山茶、杜鹃为主。景联是"钟声江影静，月色露华浓"。

10. 松岗撷秀（引景）：于庙垭口至望涪楼之间岩边路上建重檐方亭"撷秀"亭，与松源祠呼应，引导游人登峰造极。景联是"亭撷贞秀色，路穿翠云窠"。

11. 江展天开（全园主景）：于北山最高点建带长廊的六角"望涪楼"一座，楼高五层，分别题名展江、御风、拂云、揽月、凌霄，体量高大雄伟，体现北山阳刚之美，满足游人俯瞰环顾纵眺的登高心理。配置松、柏、桂、玉兰、梅花。景联是"送夕阳迎素月樵歌渔笛悠悠野调学士韵，含远山吞长江黔水北岩渺渺秋涛哲人魂"。

12. 风帆沙鸟（继景）：于望涪楼西临岩建三迭式观景长廊，分别题名数帆、挹江、望峡。紧接红枫乌桕区，配以松、菊、蔷薇。景联是"目送风帆出树杪，心随沙鸟翔滩边"。是赏秋景的好地点。

13. 茶店落日（束景，转折）：于西头茶店子黄楠树岩边，依地形建半环状双层"染苍亭"，亭边筑"鸢筝台"，是观澄江铺练，落日熔金的景点，也是青少年放风筝的理想场所。景联是"山色深浅随夕照，江流日夜变秋声"。

14. 樵径通幽（翼景）：于映霞亭分路往岩下，以仰观岩面景观，在老鹰岩下建二叠短廊，题名问樵、通幽。景联是"拍树叩岩清韵响，迷花倚石好诗来"。

15. 翠屏石刻（展景）：在北山岩壁上再现"松屏列翠"原有石刻，再将岩上部分景点名和有关诗词刻岩上，形成一线书法篆刻美的人文景观。景联是"岩削神工鬼斧，壁嵌铁画银钩"。

16. 石门秋爽（接景）：于张口石利用磐石奇观略加花木点缀，竖石成门，景名题石上，上庙垭口的中径从此通过。景联是"石向西风皱，山同秋色高"。

17. 鼓岩探奇（续景）：于望涪楼岩下大石上筑观景平台，岩如鼓形，上有石洞。于西侧岩隙修栈道一条，供游人攀岩探洞景。景联是"鼓岩宿野鹤，云栈落松花"。

18. 松月清阴（驻景）：于岩脚西端上茶店路口建重檐八角"宿云亭"，为寻幽休息处。景联是"月倚松岩上，泉随萝径流"。

（三）北山景区

19. 古炊野趣（继景）：于风帆沙鸟后空旷处辟野炊区，建管理小屋，四周以密林封闭，砌埋锅小灶多处，散置平顶乱石作桌凳，供青少年学生野营野餐之需。景联是"野炊火过烟犹绿，山饭饱时梦也香"。

20. 列翠山馆（续景）：于望涪楼松林后边建庭园式疗养院附设旅馆，植竹、菊、桃、李、梅之类，题名清梦、颐和。景联是"一枕鸟声残梦里，半窗花影独吟中"。

21. 月淡荷香（引景）：于山馆外山塘边建香远亭，配植杨柳、木芙蓉，塘中植白莲，体现朱自清"荷塘月色"意境。景联是"柳色新雨后，月痕乱荷中"。

22. 稑稏秋芳（辅景）：于主园路中段上边建饮食小卖服务点，短墙小院，配植竹、槐、榆、柳、杏花之类，题名稻花村。景联是"墙头松子落，门外稻花香"。

23. 枕峦听月（驻景）：于庙垭口后林边建庭院式园中园，一部分为茶室、服务展销厅；二部分有松风阁、岁寒堂、三友斋，配小庭园，为诗书画等展览和小型会议提供场所；三部分为盆景园。花木配置以松、竹、梅为主，这里交通方便，是全园文化活动中心。景联是"一庭花影三更月，万壑松声半夜风"。

24. 烟雨鹃声（转景）：于枕峦听月后布置幽静的竹径接樱花径，以杜鹃、紫薇点缀，中路竖景石题景名，散置石凳供休息。景联是"麦浪风前斜燕翅，稻花香里送鹃声"。

（四）沿湖景区

25. 团堡探梅（继景）：于团堡山头筑玉笋塔一座，绕塔广植蜡梅、梅花，是冬月和早春游赏处。这也是山与湖的过渡景点。景联是"柳飘翠湖浸远碧，梅绕玉塔映斜晖"。

26. 鸢飞鱼跃（展景）：于列翠湖东岸建知鱼榭、品茗楼，带圆形平顶楼台，后侧筑游艇码头，配置桃柳。景联是"鱼鸟同乐人亦乐，湖山有情景生情"。

27. 翠湖荡舟（翼景）：于湖西岸建风荷榭、绿漪廊与知鱼榭对景，植桃柳及荷花。景联是"溶溶半篙鸳鸯水，细细一船菡萏香"。

28. 柳荫垂钓（结景）：于湖北港口筑堤建双亭式鸳鸯亭，接以曲桥，隔断湖面一角作安静垂钓区。配置杨柳、木芙蓉等。景联是"红蓼香染鱼鳞浪，青笠竿垂柳絮风"。

29. 松云深处（将来北路序景）：于北湖外公路岔口设景题照壁一座，配置松柏、花坛。景联是"松下问童子云深不知处，山中无尘杂心旷便是春"。

30. 鹤影松风（将来正园门门景）：于湖西北公路拐弯处建牌楼式三开道正园门，门前筑集散广场，两翼辅以宫墙，将公路引向园中心区。配置松柏、玉兰。景联是"快上一层楼瞰涪州胜景二水蜿蜒夹明镜，须穷千里目收巴峡风光五关迢递拥古城"。

六、公园出入口与道路

北山临江一面旧有碑口岚垭（东径），庙垭口（中径），茶店子（西径）三个出入口，有石径通连江边，予以保留并绿化修整。东径较缓是目前主要上山道路，故东园门是目前主要出入口。中径陡捷，但下连江边的北岩寺公园，规划了一条200米长的空中索道，作为将来联系上下两园的要道。西径荒远，任其自然。

北山坪上虽有公路但路程远，路况差，游人甚少走。将来319国道和市滨江路建成后仍属主要通道。故正园门设在北边。

主园路通小车，宽4米。次园路连接各景点，宽1.5～2米。继承以景为单元的造园手法，采用大分散小集中的集锦式闭合路线。

七、公园的绿化配置

1. 因地制宜，顺自然之理，体现全园的意境，使园林空间在形体上、色彩季相上和意境上富有变化。达到春意盎然桃李芬芳；夏阴冉冉柳荷映塘；秋容明净桂菊飘香；冬景苍翠松梅傲霜。

2. 注意功能上的综合性，生态上的科学性，配置上的艺术性，经济上的合理性和风格上的地方性。采用多样而统一的手法，选择好主体树种，除园路两旁采用行列式栽植外，其余多用群植、丛植方式加强明快对比效果。

3. 在突出各景点特色，满足造景需要上，注意花木的文学含义。本园以松为主题树种，突出了松竹梅三友、松菊贞秀、松柏桧长青等高雅意境。

本园建成后将达到元代邓文原《题千里山水长卷》诗的境界：

> 苍山高处白云浮，楼阁参差带远洲。
> 千尺虬龙依绝壁，一群鹳鹤唳清秋。
> 山翁有约凭双屐，野客无心溯碧舟。
> 自是霜林好风景，居然尺五见丹丘。

（刊于《中国园林》1990.4）

涪陵市点易园规划

一、涪陵市点易园现状简介

（一）自然景物

点易园原名北岩公园，在涪陵市长江北岸点易村江边。北岩长 200 余米，高 4～8 米，西高东低呈半月形突峙江滨，岩下为陡坡，岩上为农田，高出江面 70 米，背倚北山。点易园一段岩体陡峭错落，岩阿泉瀑长流，榛莽丛生，江上秋涛春汛，风帆沙鸟，风景颇佳。

（二）人文景观

点易园为涪陵名胜，原有北岩十景，现存古迹有：北岩石刻、涪翁洗墨池、点易洞、碧云亭。其余三畏斋、观澜阁、四贤祠、三仙楼、钩深堂、致远亭等已毁圮，有的原址已被单位占用。

岩阿石刻长约 30 米，刻有北宋以来的名人题字及佛像 50 余处，最著名的是黄庭坚题的"壁古藤悬"，谢彬题的"山飞万里云，江护两贤祠"，朱熹题的"渺然方寸神明舍，天下经纶具此中，每向狂澜观不足，正如有本出无穷"。许多石刻已风化漫灭。洗墨池石边小池已填，题字犹存。点易洞在西岩，人工所凿，高 4 米，宽 3.8 米，深 2.2 米。传为北宋理学家程颐谪涪州时点注《易经》之处。碧云亭在洞右下坡楞上，六角重檐攒顶，为明代无梁木构，是涪陵古建筑之一。

（三）环境质量

点易园倚岩临江，周围无工厂等污染源，环境幽静。江底有著名的白鹤梁古水文石刻。

（四）规模和发展条件

今后三峡电站建成，水位将提高到 175 等高线，景点布置在 185 等高线以上，规划面积为 64.3 亩。岩西一带为城市规划绿化区，有发展余地，但岩体少曲折，无奇峰怪石和名木古树，水源不足，对布局造景不利。另外与市区隔有大江，在外部交通未改善前，日常游人量不会多。

二、点易园的性质和规划指导思想

在恢复与美化的前提下，建成以纪念历史文化名人为主的游赏型风景园。

1. 从恢复北岩十景出发，突出理学，《易》学文化精神，达到熏陶游人情操的目的。但是"复古而不复旧，复神而不复貌，复名而不复实"，力求新意。园内建筑题名均用原名。

2. 注重现状实际，恢复中有创新，具有地方特色，达到雅俗共赏，吸引长江三峡旅游热线上的游客。

3. 忌俗（不迎合旧俗），忌出（不要出世的思想），忌杂（不牵涉其他文化）。

4. 保护生态环境，不作大的地形改造，因地制宜，加强绿化层次，与北山公园在气势上有内在联系，而风格上又各具特色。

三、规划点易园的艺术构思

（一）意境

点易园主要纪念北宋理学奠基人程颐（1033—1107）为首的"四贤"。程颐，字正叔，号伊川先生，洛阳人。绍圣四年（1096 年）因遭谗言被贬为涪州司户参军，谪居涪陵 6 年，曾在点易洞注《易经》，在钩深堂讲学。稍后，江西诗派首领黄庭坚也被谪来涪陵北岩。程颐弟子尹焞因靖康之乱，于绍兴（1134 年）辗转来涪陵北岩隐居过。集理学大成的朱熹也到过北岩。理学主张立诚守静，以名节为重。如程颐兄程颢的诗句说："富贵不淫贫贱乐，男儿到此是豪雄"。因此，点易园应当表现山高水长，园雅林幽，淡泊明志，清苦讲学的主题思想。

（二）特色

古——两宋以来历代地方官绅都注意保护北岩名胜，有考察理学《易经》学和教育在涪陵发展的历史遗址。雅——园林意境体现中国理学《易经》学文化的精构；幽——利用自然风景，根据意境配置花木，环境清雅幽静；小——规模小，景点少，园路小，建筑小品多，形成小巧玲珑的格局。

（三）风格

根据本园的意境和特色，园林建筑将以平房、坡屋顶、青瓦粉墙，中式门窗的民族传统形式为主，主要建筑南北向，点景建筑灵活穿插，达到清新雅致的风格。

（四）色调

主要建筑以青、白、绿、紫、绛等沉静朴素的色调为主，与绿色植物相融。

（五）布局

以"绿云叠翠"的门景为引导，以"岩阿读画"为开篇，以"枕瀑洗墨"、"幽香散暑"为承接过渡，以"碧云黄花"、"秋风点易"、"长河观澜"为回岩旋折，以"洛涪风光"为高潮，以"北岩钟声"为结束。整个布局前动后静，上密下疏，东浓西淡，达到"小园贵疏透"的目的。

四、点易园的组景和功能分区

（一）组景原则

根据全园的主题意境，围绕岩体因地制宜，突出重点。以原"北岩十景"为内容，以建筑为引导，花木巧点缀，达到古而不旧，雅而不简，幽而不寂，小而不陋。

（二）组景及功能分区

1. 前岩阿石刻风景区：以门景、幽径、读画廊为引导，以三畏斋为主景，围绕石刻突出岩阿幽静的自然风景，有叠翠、读画、洗墨、散暑、访梅等五个景点，宜适漫步寻幽。

2. 中岩前名胜风光区：以碧云亭为引导，以点易洞为主景，围绕古洞突出开朗古雅的名胜风光。有碧云、点易、观澜等六个景点，适宜动观纵眺。

3. 岩上园中园文化区：以致远亭为引导，以钩深堂为主景（亦全园主景），围绕理学书院突出肃静清雅的文化教育气氛。有致远亭、钩深堂、独坐轩等三个景点，适宜静观细赏。

4. 后岩寺院山林区：将北岩寺三仙楼隐藏于松林之中，体现道家清静无为的气息，与"易理"之学，明隔暗通。

5. 后岩上管理服务区：即通向北山公园的后园门区，以饮食服务和管理等一组建筑为主，将来沿江公路建成后，可能是主要出入口。

五、点易园十六景简介（图）

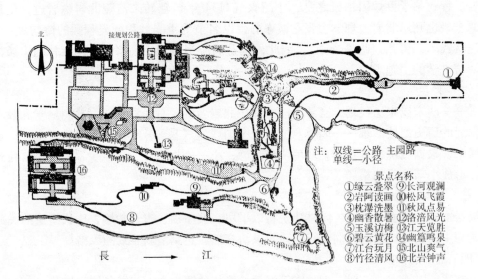

注：双线＝公路 主园路
单线一小径

景点名称
①绿云叠翠 ⑨长河观澜
②岩阿读画 ⑩松风飞霞
③枕瀑洗墨 ⑪秋风点易
④幽香散暑 ⑫洛涪风光
⑤玉溪访梅 ⑬江天览胜
⑥碧云黄花 ⑭幽篁鸣泉
⑦江台玩月 ⑮北山爽气
⑧竹径清风 ⑯北岩钟声

图　涪陵市点易园总体规划图

1. 绿云叠翠（序景）：由"北岩胜境"石坊，"点易园"正门、50米林荫路和"涪陵名胜"石屏组成，造成蓊郁屏蔽的幽境，使游人宁神静心，作好清赏准备。表现"树色笼幽径，莺声入翠微"意境。

2. 岩阿读画（引景）：包括北岩石刻和30米读画廊，长廊屈曲架空，引导主园路穿廊而过，廊单臂卷棚，便于前眺江湾后观石刻，重现"水鸣竹啸"、"廊曲径幽"的意境。

3. 枕瀑洗墨（接景）：在岩阿旧"枕瀑楼"下保持悬瀑鸣泉自然景观，将水潭浚深拓宽，使水面环绕"涪翁洗墨池"巨石，砌石栏，留小汀步通三畏斋之后。体现"溪光淡荡松烟合，字迹纷披雁影斜"的意境。

4. 幽香散暑（驻景）：在三畏斋旧址傍岩临涧，筑三叠两进带游廊平房一院，重观三畏斋，不受暑斋，尹子读书处等遗迹。内辟兰庭、兰圃、兰台，四外多植竹木，体现苏轼诗"微雨止还作，小窗幽更妍，空庭不受日，草木自苍然"的意境。

5. 玉溪访梅（辅景）：于洗墨池下坡，沿涧两岸遍植梅花，串以石径小桥，保持梅花、流水、顽石、幽草的自然野趣，体现黄庭坚诗"梅英欲尽香无赖，草色才苏绿未匀"的意境。

6. 碧云黄花（继景）：保持古建碧云亭，加筑台基护栏，琉璃瓦换为绿色，大红柱刷为绛色。亭边点缀几棵青松，遍植各色菊花，以黄菊为主。体现"霜绽黄花秋欲老，江涵碧云雁初飞"的意境。

7. 江台玩月（翼景）：于碧云亭下江边岩嘴上，筑三叠式"万里台"绕以石栏，堆叠景石，作为水路出入口。台后建翼景廊，呼应上下左右，廊如桥，石径从廊下穿过。以芙蓉为主配置植物，体现苏轼诗"云散月明谁点缀，天容海色本澄清"的意境。

8. 竹径清风（引景）：从万里台到北岩寺滨江小路上广植各类竹子，间植垂柳、榆槐、芭蕉，建四角清风亭，体现黄庭坚诗"雨开芭蕉新间旧，风撼篔筜宫应商"的意境。

9. 长河观澜（展景）：于点易洞下倚岩筑楼式观澜阁，前有平台护栏，供游人登览大江风光，阁外多植松、桂、柑橘之属，体现"仁者乐山，智者乐水"及朱熹诗"每向狂澜观不足，正如有本出无穷"的动观意境。

10. 松风飞霞（续景）：于观澜阁西上下石径交通处，依岩建三叠飞霞廊，前后疏植青松丹桂，体现苏轼诗"微风万顷靴纹细，断霞半空鱼尾赤"的意境。

11. 秋风点易（驻景）：保持点易洞原貌，加固洞前平台，围以石栏，左右傍岩立墙门，围成小空间。洞前塑程颐像一尊，执卷远望。沿岩脚散置假山石，杂植兰蕙、薜荔、九里香之类。西侧拟新凿石洞斜出岩上与钩深堂相连，两洞一实一虚，对比成趣，且可溢洪。体现王士禛诗"古洞生苍藓，层岩列翠屏"的意境。

12. 洛涪风光（主景）：于点易洞岩上平处建钩深堂。为两庭三进的长方形南北向平房一院，保持"前厅后堂，两厢四廊"的传统书院格局。前庭名"立雪"，寓意"程门立雪"的典故，多植李花、梨花。后进为四贤祠，后庭中凿小方塘，中立假山石，题"清如许"，寓朱熹"问渠那得清如许，为有源头活水来"的诗意。庭隅植紫荆、凤尾竹之类，整体布置造成尊师重教，沉静好学气氛。紧接堂东厢外造书院花园一座，中开荷花池蓄水，为岩下洗墨池的悬泉景观节流。围绕荷池建天光云影堂、远香楼、柳莺馆、玉立亭、啸台、点鳞榭、曲廊小桥等，体现二程之师周敦颐《爱莲说》的意境。其平面构图水陆各半，阴阳互补，隐呈太极图像。

钩深堂外广植桃、李、杏，显示春风桃李满天下的胜概，暗示社会主义教育的蓬勃发展。抚今思昔，体现黄庭坚诗"桃李春风一杯酒，江湖夜雨十年灯"的意境。

13. 江天览胜（辅景）：于堂前临岩高处建江天独坐轩，如旧制有小楼可登览，仍配置桃李之属，展现黄庭坚诗"落木千山天远大，澄江一道月分明"的意境。

14. 幽篁鸣泉（翼景）：于园中园柳莺馆之下，洗墨池岩上竹树幽深处，借莲池泄水闸的流水布置小叠泉，小桥曲径，营造出"风清落叶依晴路，露重飞泉点翠苔"的意境。（明·李廷龙游北岩诗句）

15. 北山爽气（转景）：于西岩高处临岩建带翼"致远亭"，岩前平台石栏花架，亭后建六角七层清凉塔一座，顶两层实为供水塔，下五层可登，与北山望涪楼遥相呼应。体现清人陈昉游北岩诗"四面云山入图画，一天风月豁胸襟"的意境。

16. 北岩钟声（结景）：于园西松林中重建"北岩寺"、"三仙楼"（涪州著名三道家：尔朱微通、王帽仙、蓝冲虚），依山势造四个台阶，三进四廊后抵北岩，围以红墙，寺周广植松杉，寺内配置柏桧、梅、银杏、山茶、紫薇等花木。造成"岩分晴翠扑江远，钟荡残霞带月回"的意境。

六、点易园的出入口与道路

1. 出入口：分设前门、后门、水码头三个出入口，均有集散小广场。已在景点介绍。

2. 园路：园内不通车。主园路为宽1.5米的石径，由前门穿读画廊，跨洞过三畏斋；越碧云亭，下万里台，上点易洞，再穿岩上钩深堂出后门。次园路为1米宽石径，岩上岩下沿江横贯三条，连接各景点。

3. 本园按划定边界修园墙，沿江一线不围墙，以竹木、巴茅等作绿障。

七、点易园的植物配置和环境保护

（一）植物配置原则

本园面积不大，除西部寺院区植成片松林外，其余地区宜以亚乔木、细竹、灌木为主，以乔木点缀。花木的配置必须体现全园主题思想和各景点的意境，本园是以理学家程颐等四贤遗迹为文化内涵的，因而要充分利用松柏、竹、梅、兰、菊、莲等有君子之风含义的花木来烘托意境，本园不用代表富贵的牡丹、芍药、软弱的虞美人草之类的花草，也不用引种的异国植物，要突出中华气节，但也要四季有花香，满足游兴。

（二）景点植物配置

已在景点简介中说明。

（三）环境保护

点易园周围及其以西一带的岩体上下，是涪陵城市规划的绿化范围，希望不再修建住宅、工厂等，也不宜垦殖，除已有农田外，应全部造林绿化，多植松杉与北山"松屏列翠"相呼应。为将来进一步开发北岩园林留下余地。

八、点易园的给排水及卫生设施

北岩上面没有源远流长的水源，农田靠雨水和几口塘堰，干旱时飞泉断流，人畜无水饮。而雨季又常山洪暴涨，奔腾直泻。为此：

1. 将来游人增多，饮用水不够时，则从长江抽水上清凉塔。

2. 在北门饮食服务区修一条下水道通岩下。

3. 节流，主景区现据农田汇流之岩口，平时引水从北门穿墙入钩深堂方塘，再穿墙入园中园荷花池，建水闸控制流向岩下。

本园在前、后、上三区建公厕，主要建筑内有备用卫生间。

（刊于《中国园林》1992.3）

巴岳茶山风景旅游区规划

一、巴岳茶山概况

巴岳山古称奴昆山，唐开元时在铜梁合川之间曾置巴川县（后并入铜梁县）。《元和郡县志》载："小安南溪源出县南巴山中，县因以巴川名。"故知唐代已名巴山。后以其雄如大巴山秀比南岳，遂名巴岳山。海拔在450~800米之间，有35峰，由东北向西南蜿蜒于铜梁、大足、永川境上，绵亘百余里。山间林壑幽美，爽气宜人，向为旅游避暑胜地。

巴岳山风景最佳地段为市经贸委所属铜梁巴岳茶场所拥有。茶场居山脊，长约15公里，宽4公里，总面积约1500亩，其中有茶山1100亩，果园200亩，森林200亩（山下森林为社队所有）。巴岳山的主要景点景观大都在茶场界内。

二、风景旅游资源的调查及评价

（一）自然景物

巴岳山为华蓥山系，属三叠系背斜褶皱低山谷地。山势耸拔浅丘间，北岩陡峭多悬崖绝壁，南坡较缓多溪涧台地，山脊蜿蜒贯穿群峰。从山麓仰望，群峰负势竞上，争高直指，巍峨雄峙；从山顶看则峰头错落簇拥如螺髻，温润秀丽。其主峰香炉峰高800米，冬常积雪，"炉峰残雪"为铜梁八景之一。明代的"巴岳八景"中有"炉峰烟霭"、"钵阜云融"、"玉版鸣泉"等三景在茶山界内。巴岳山也是重庆小十景之一。

巴岳地貌主要由三叠纪石灰岩经流水浸蚀、溶蚀、剥蚀而成，故多怪石古洞。山间多云雾，昼夜温差大，适宜种茶。早在北宋时期即产"水南茶"，与广汉"赵坡"、峨眉"白芽"、雅安"蒙顶"并称蜀茶"四大珍品"。明代云雾峰的"云雾茶"曾为蜀王贡品。现有高香红碎、珍眉、玉露、巴岳春等名茶远销海内外。

植物种类繁多，以松杉竹类为主，惜遭"十年浩劫"毁坏，多为中幼林。名木古树尚存500年以上的罗汉松一棵，百年以上的马尾松四棵，古茶花三棵，古银杏两棵，黄桷兰一棵。

野兽因乱猎滥捕，已渐稀少。但鸣禽尚多。

泉石景观较奇特的有玉版泉，经化验鉴定其水质堪与杭州虎跑泉媲美，龟背石纹理如龟甲，飞来石有如福建东山风动石，棋盘石有如昆明石林的蘑菇云峰。

（二）人文景观

山中有铜梁规模最大，香火最盛的巴岳寺，山顶主峰有道教名刹玄天观，北山下有尼庵净广寺，后山有慧光寺（铁龙寺）等古建筑，但遭"文革"毁坏，除慧光寺外，仅存遗址残殿而已。

主峰一带俗称寨子坡，是元明以来构筑的避乱自卫石寨，尚有威镇门，垮寨门等遗址。

传说中的明代道家张三丰在北岩留有他修道炼气住过的三丰洞、昆仑洞、玄真洞、石仓、小白鹿洞等古迹，有抗日防空办学的遗址，山顶有重庆电视差转台。

（三）环境质量

巴岳山年均气温 17.5 摄氏度，夏季高温不过 30 摄氏度，较有火炉之称的重庆城低 5~8 摄氏度。年均雨量 1131.5 毫米，多集中在 5~9 月。后山有常年不干涸的水塘两口，可供 800 人长年饮用。山下泉水更多，南麓尚有巴岳水库，水源基本有保证。土壤多为暗紫色土和冷沙黄泥土，较瘠薄，但适宜松杉生长，故山区全为绿色植被所覆盖。山间居民多烧柴，除制茶烧煤外别无污染源。

山脚农田环绕，阡陌交通，地处郊野，没有大型工矿企业。

（四）游览活动条件

茶山距铜梁城 5 公里，东与西温泉东山相望，西距大足石刻 15 公里，东南距重庆市中区 80 公里，山下有 319 国道通连各市县，山上有公路贯通全景区，交通方便。山上已有无线寻呼电话可直拨全国，有不停电的照明系统，有优质的饮用泉水，有驰名中外的名茶，有新鲜可口的蔬果饭食，故常年游人不断，尤以节假日为盛，日均游人 200 人以上，最高日游人量可达 1 000 人以上。现铜梁县已投资 200 万元修建宾馆，主体建筑已快竣工。

（五）规模和发展条件

巴岳茶山面积达百公顷以上，近期可供开发旅游设施的黄金地段有 240 亩。规划区内居民均属茶场职工及家属，不存在征地问题和拆迁赔偿问题。大多景点建筑可利用遗址旧基。茶山茶林如团团绿云，不必重新绿化环境。有较多的发展余地。地方政府和市经贸委十分重视支持。

经过初步调查，我们认为巴岳茶山林壑幽美，风景资源丰富，具有较好的观赏价值、科研价值和历史价值。游览条件也基本具备，但从今后旅游业发展趋势来看，还远远不能满足需要。因巴岳山与西温泉风景区相望，距重庆近，是重庆、西泉、巴岳、大足石刻大循环旅游热线上的一环。

三、规划区性质和规划指导思想

（一）性质

在发展社会主义市场经济的指导下凭借茶山优越的风水地理位置，建设以山地游赏型的风景园林为主，加强环境保护，适当开发文化娱乐等项目为市县旅游服务。

（二）指导思想

贯彻执行国务院《风景名胜区管理暂行条例》和《城市绿化条例》，建设具有中国特色的风景旅游区。保护生态美化环境，因地制宜体现文脉，古今结合、绿景结合，着眼未来，立足上乘，满足市县群众游山玩水，回归自然，健身养性，科研求知的需要。

四、规划的艺术构思

（一）意境

明兵部尚书铜梁张佳允游巴岳诗赞叹："巴岳三十有五峰，面面削出金芙蓉。朝暮云霞绚丹壁，飘飘天籁吹长风。"明初道家张三丰有诗赞："巴川挺巴岳，苍苍翠几重。不是匡庐山，中有香炉峰。"清铜梁举人黄启心巴岳歌赞叹："天风吹下昆仑山，走入中原落翠鬟。卧虎跳龙收不住，一峰直上青云间。"

据此，我们认为巴岳风光的意境，应该体现雄深苍秀之气，扩展与深化"面面削出金芙蓉"的诗情画意。

（二）特色

在园林空间上突出自然性，以自然景观和植物造景为主体，以不同形式的园林建筑为点缀，古今结合，雅俗共赏。

在布局组景上突出有机性，点线面结合，以山脊线为主，左右山麓为辅，有头有尾、有高有低、有聚有散、主次分明。

在功能上突出综合性，考虑了动观静赏、探奇访胜、健身疗养、娱乐购物，饮食休息等服务设施，尽量满足不同层次游人的需要。

（三）风格

巴岳景观总体风格是神雄而形秀，在景点布置、游路组织，植物配置上做到因地制宜，既体现总体风格，又有自身特色。在建筑格调上以仿古为主。

（四）布局

根据茶山东旷西奥，北险南幽的特点，设计了六大景区四十个景点，在平面构图上注意前后有序、主次有别、疏密相间。在立面构图上注意错落有致、藏露有变、顾盼有情。以游路为线索，引导游人在仰观俯察，动观静赏中有张有弛，有惊无险地度过游赏历程。

五、组景和功能分区（图）

根据巴岳自然景物和人文景观的特点，运用园林艺术虚实结合、动静相生、蓄泄兼顾、巧拙并用，文野互补等手法，体现雄秀主题意境，设计了40个景点，分为六大景区：

（一）蟠龙峰景区（前山序景引人入胜）

1. 霞映龙蟠（前门景、牌楼、门墙、车场）。

2. 松屏塔影（白塔、导景）。

3. 踏云采春（采茶景观、路亭、景碑）。

（二）云雾峰景区（中山接景凭吊抒怀）

4. 翰墨辉壁（摩崖石刻）。

5. 云峰烟雨（绮云亭，云雾茶初育地）。

6. 雾海松涛（松风阁、听涛楼、观雾亭）。

7. 石寨鹃声（重建部分石寨城堡，遍植杜鹃花）。

（三）香炉峰景区（主峰主景放眼纵眺）

8. 晴岚射电（电视差转台）。

9. 天灯照海（香炉峰天灯石、云海）。

10. 炉峰览胜（建承露台、览胜楼）。

11. 罗汉点灯（古罗汉松）。

12. 玄龟吐玉（玉露亭、龟水池、巴岳魂碑）。

13. 天宫夜市（服务娱乐中心）。

14. 天池钓月（通天槽边水池）。

15. 故垒红叶（威镇门，遍植枫香、乌桕）。

16. 山庄春晓（宾馆休憩区，遍植桃、李、杏、海棠）。

（四）碧螺峰景区（后山继景静赏寻幽）

17. 石门秋香（石朝门桂花丛中建天香馆、丛桂轩、拜月亭）。

18. 茶庭品月（茶文化展示，建步月庭、邀月廊、听月亭、舞月台、想月厅）。

19. 玉镜涵碧（蓄水塘、涵碧亭、冷泉榭，种植菊花、水仙）。

20. 碧螺踏雪（广植各类梅花，建访梅亭、咏雪廊、香雪海台）。

21. 五岳朝天（后门景，建望岳山舍、玉峡亭）。

（五）巴岳寺景区（南麓辅景觅禅访胜）

22. 竹海啼鸠（竹林竹亭）。

23. 重石叠涧（路景）。

24. 华岳飞来（飞来石建拜石亭、小桥）。

25. 蜂舞柑花（柑橘林，翠香亭，舞蜂院）。

26. 鳞龙翔天（镇山古松）。

27. 古茶春英（古茶花三株，一白二红：玉娇龙、霹雳火、断霞）。

28. 玉版鸣泉（玉版泉）。

29. 榕根潺玉（漱玉泉、潺玉轩）。

30. 岳麓钟声（重建巴岳寺名刹）。

31. 巴湖荡舟（巴岳水库景观）。

（六）三丰洞景区（北岩翼景历险探奇）

32. 寒井沁心（凉水井，路景）。

33. 古洞仙踪（张三丰修道遗迹：昆仑洞、玄真洞、三丰洞悬岩绝壁）。

34. 危岩国魂（抗日防空办学遗址）。

35. 白鹿飞瀑（棋盘石、小白鹿洞瀑布）。

36. 净广古柚（净广寺遗址设北景门服务点，车场）。

37. 梨香雪海（梨林景观）。

38. 天桥木鱼（天生桥木鱼坡木鱼亭）。

39. 榕门清泉（黄桷门奇观，清泉寺）。

40. 海棠春社（海棠溪拦水成池，建海棠香馆、染香亭、数鳞轩，绕以曲廊）。

六、巴岳茶山四十景简介（略）

七、游览路线及出入口

　　登香炉峰天灯石是游人最高目标，根据历史形成的登峰造极路线有四条：东北从319国道桐子村前分道上山，有盘山公路直达主峰，但路程长，是外地乘车游山的主出入口。北岩距县城最近，从铜梁出南郭有乡村公路通山麓，有石板路直上主峰，是邑人游山的重要途径。南麓有铜梁至永川公路经巴岳村，有石板路直上主峰。西南从玉峡乡经五岳朝天山路入山，较僻静，游人少走。

　　游路分为干道（交通运输）、支路（连接各景区景点的石板路）、捷径（山间樵径）。

将现有公路改造为 6 米宽的干道，从东到西顺山脊线贯连各主要服务设施及峰头景区。北岩支路以现有石径为基础，添置憩息路亭、护栏和攀岩铁链等设施。南麓石径需整修，但不强求宽度一致，以免损坏自然山径。捷径只将巴岳寺到主峰的山路改为 1～2 米宽的徒步交通线外，其余樵径任其自由连接，只修整险隘处。

前山主出入口在蟠龙嘴，设停车场，大型客运车禁止入山，由内部专车转运游人。后山出入口在五岳朝天，将来可由此通向大足宝顶。北岩出入口在净广寺，将公路引到寺前。南麓出入口在飞来石。巴岳寺重建后，其山门也是一个重要出入口。

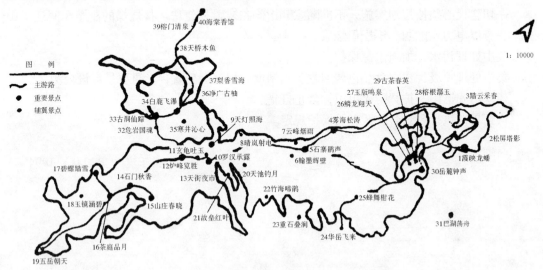

图　巴岳茶山风景旅游区规划四十景点分布示意图

八、管线工程规划

（一）给水

山上泉水只能保证 800 人饮用，从发展看是不够的，特别在夏季或天旱时更会紧张，必须开辟补充水源。拟从巴岳水库用三级泵站提水上山作一般用水，山上泉水专供饮用。

（二）排水

开发后，主峰服务中心及别墅宾馆区的污水必须控制，修建下水道将两处污水引向南坡污水处理池，经蓄沤发酵后作花木施肥用，避免污染环境。

（三）供电

维持现有系统，为减少烧煤污染，将以电力作主要生活能源。需高架电力线路时注意隐蔽，不要影响景观。

（四）电讯

要增添设备，安装公共电话、会议电话和别墅电话，加强与铜梁，重庆的联系。

九、规划区的植物配置

茶山四季常青，松杉林与茶灌丛穿插交错，刚柔相济，构成了优美的宏观环境。但绿有余而花不足，在平面构图上必须增加观花、观叶和赏果的植物，丰富色相季相和形态的变化，达到四季有景，月月有花。

植物配置当以点上（景点）和线上（导游路线）为重点，以大面积集中栽植某一品种，以造成色相气势为原则。点上植物与建筑结合表现景观意境；线上植物注意品种变化，造成"柳暗花明又一村"的效果。

配置形式以自由式栽植为主，以图案规则式栽植为辅，以丛植为主孤植为辅。点上线上的景观植物必须按规划控制发展，不能任其自生自灭或妨碍景观和观景。

十、规划区的环境保护

一切建设必须按规划实施，不准随意开山修路或毁林建房。将烧煤的制茶车间迁下山去。尽量以电力作能源。不提倡烧柴。

集中处理污水，加强水源保护。

集中处理垃圾，建立食品包装回收奖励制度。加强卫生宣传，重要景点设公厕。

建立治安巡山，护林防火组织，禁止打猎。

认真贯彻执行风景名胜区有关保护规定。

（刊于《中国园林》1994.4）

遂宁市卧龙山公园总体规划[①]

一、卧龙山现状

卧龙山在遂宁市城西三华里处，俗称龙背坡。山势从西北上宁乡向东南西宁乡蜿蜒盘桓而平缓，形若卧龙，故名。山脊松林郁茂，山东西两侧皆有小溪，汇合于龙嘴，向南流去。东侧东堂沟诸山属船山乡八角亭村，紧靠西山公园。沟底为稻田，山上多旱土。村民散居各山湾内，以农耕为主。

卧龙山地质表层为棕黄色黏土夹砾石，是第四系中更新统老冲积层（Q2），为冰川沉积物（距今约1.8~1.3亿年）。土壤黏、酸、瘦、严重缺磷钾，对农耕不利，但适宜马尾松、油桐、茶树、柑橘、苹果、枇杷、桃等树木生长。地貌属浅丘中窄谷，卧龙山略低于周边山系。

二、风景资源的调查及评价

（一）自然景观

据《图书集成》记载：卧龙山在梵宇山西二里，有佛现岭、圣水井，岩壑之胜，甲于一方。属遂宁"三台"之一的"广山龙台"。明太傅席书（遂宁人）所撰《广利寺记》（即广德寺）写其风水之奇云："中全蜀而画邑者，遂宁也。邑西一里许，越长乐，佛现二岗，有山来，从西北蜿蜒蟠亘，势若卧龙。龙左山东去一里，突起回峰，若人背剑旋观，直有降龙之状；右带诸山，腾蛇舞凤，瑰瑰奇奇，争趋内护。一山半面，若揭天榜，锁塞东南；近龙口结小山若珠，二溪合匝于前，横卧长虹，纡徐三五曲而不去。有寺北枕龙首，环山带溪，穹然南向，是为广利寺。"故山形有龙头、龙背、龙嘴、龙舌、龙眼、龙尾之名，地貌景观有五象朝龙、卧龙抱珠、背剑降龙、老鹰叼龟等。

卧龙山山脊有300亩马尾松，树龄在20年以上。无野兽，鸟类有画眉、山雀、杜鹃、布谷、斑鸠、莺、燕等。

寺庙区原本古柏参天，后屡遭破坏，现存2.5~5米胸围的古柏41株，古黄楝34株，古楠木1株，古香樟8株，古黄桷树5株。还有3株枯楠寄生榕树，颇为奇特。

（二）人文景观

千年古刹广德寺坐北朝南，依山建于龙头。始建于唐开元间，大历二年克幽禅师开山阐教。高僧辈出，受唐、宋、明三朝敕封11次。初名石佛寺、保唐寺。后敕名禅林寺、广利寺，至明始敕名广德寺。曾主领川、滇、黔300余山，被誉为"西来第一禅林"。寺内古建筑雄丽，规模宏大，珍贵文物有宋善济塔、明圣旨牌坊、宋牌、明牌、玉佛、玉印等。1985年9月四川省人民政府批准开放后，庙貌焕然，道场兴隆，信众游人络绎不绝。

[①] 作者：梁敦睦、皮国强、赵维成。

（三）环境质量

卧龙山隔城市较远，四周无严重"三废"污染源，两溪上游均为农田村舍，只太阳山连二坡之间的酿造厂有轻度污染。

（四）规划范围和规模

规划范围：西南以寺庙和松林围墙为界，沿塔耳湾，与西宁乡接壤；西北东从龙尾过棕树坪。下月亮湾，过东堂沟，上枊担湾、象鼻嘴，抵碉堡坪，往南横过彭家湾、太阳山、夹道子、下酿造厂，上连二坡，直下东堂坟山，以公路为界，与船山乡连境。

规模：规模总面积约为97公顷。其中寺庙建成区2.57公顷，龙背坡林区20.89公顷，东堂沟新区67.7公顷（含青龙湖水面8.5公顷），棕树坪6公顷，是遂宁市目前最大的园林，建成后可日接纳游人8 000~15 000人。

（五）发展条件

卧龙山公园属遂宁市城市总体规划中的绿化区，它所依托的广德寺和灵泉寺地区已被四川省人民政府批准建设名胜风景保护区。对外有公共交通与城区连接，并有支路南通西宁乡、西北通上宁乡。水电通信及生活服务设施在寺庙区比较完善，新区的基础设施正在规划实施中。遂宁市已实行每周五天工作制，市民急需郊游休闲好去处，兴建卧龙山公园是社会经济发展和人民群众文化生活之所需。

三、公园性质及规划指导思想

（一）性质

在"为丰富市民物质文化生活，推动风景名胜区的开发利用"前提下，建成以保护名胜古迹，提高精神文明质量，突出地方历史文化特色的综合型浅丘风景名胜园。

（二）指导思想

1. 在1991年规划的基础上进行调整补充，进一步提高园林艺术水平，降低造价，为发展旅游业，促进遂宁市社会经济发展作出贡献；

2. 充分利用广德寺的古刹名气，遂宁市悠久的历史文化及97公顷土地等优势，把公园建成川中独具特色的园林之一；

3. 注意整体宏观控制，主题明确，格调统一，布局合理，达到有理、有利、有艺、有气（势）；注意古今结合，雅俗共赏；

4. 保护并改善生态环境，不作大的地形改造，加强绿化，防止污染，把社会、环境、经济三个效益结合起来；

5. 在忌庸俗、忌迷信、忌杂乱、忌豪奢的原则下，力求"景物不妙布局妙，建筑不多景观多，造价不高质量高、山水不深意境深"。

四、规划设计的艺术构思

（一）意境

面对平缓无奇的浅丘地貌，要提高游赏情趣，显示中国园林艺术水平，其主题意境应当是"山不在高，有仙则名；水不在深，有龙则灵。"（唐刘禹锡《陋室铭》）"虚籁随时发，繁花自在妍。"（清安岳知县朱云俊《题广德寺》诗句）"丘壑无奇山自好"（清张问陶遂宁著名诗人《灵泉寺僧楼》诗句），"隔断尘嚣通广莫"（清遂宁知县张云行《题广德

《寺四十韵》诗句）。

（二）特色

1. 乡土气——突出地方特色；

2. 时代气——体现中国特色，基础、游乐、服务等设施和建筑技术充分利用现代科学成果；

3. 秀野气——布局组景"宁拙勿巧"、"大巧如拙"，少用精雕细琢，多用大笔挥洒，以气势、气韵取胜；

4. 诗画气——布景造景要有诗情画意。

（三）风格

根据本园的主题意境和特色，景观景色当以"大青绿山水"为主，"金碧"为辅（寺庙建筑）。园林建筑当以仿古造型为主，以地方民居青瓦粉墙坡屋顶为主，形成雅健秀野风格，以与广德寺古建风格协调。但注意秀而不纤，野而不荒。

（四）色调

除寺庙外，主要建筑以青、绿、白、紫、绛等沉静朴素的色调为主。

（五）布局

根据卧龙山公园规模大，形态团聚，山多水少，南实北虚，西浓东淡，不雄不奇的现状特点，采用自然式中国画布局手法为主。按照山以水为血脉，水以山为面目，山得水而活，水得山而媚的理论（宋·郭熙《林泉高致》），随形就势规划了一人工湖，把水利与园林建设结合起来，达到无水不成园的要求。全园设计了四十八景，分为五大景区，在平面构图上采取"实则实之，虚则虚之"，"虚中有实，实中有虚"的艺术手法；在立面构图上注意前后主次分明，远近浓淡有别，高低错落有致，达到因地制宜，变化有趣的效果。

五、组景和功能分区（图）

根据现状自然景观平淡，人文景观不多，风水较奇，环境幽静等特点，运用增、删、扩、并、引、借、对、衬等组景艺术，按有象、有色、有（意）境、有韵的原则，协调景点内山石、水体、建筑、植物之间的构图关系；按有序、有节（奏）、有景、有趣的原则，安排景点与景点之间的游观联系。达到动静结合，虚实变化，阴阳相生，巧拙互补，体现"秀野"特色。

造景以植物景观为主，园林建筑为辅，因而植物造景应突出"气势"二字，建筑设计上应抓住"精宜"二字，文学意境上应注意"清雅"二字，游赏情趣上应达到"悦目"二字。

功能分区上应宜粗不宜细，以达到"引人入胜"为目的。

卧龙山公园五大景区、四十八景如下：

（一）广德寺景区七景

以禅林风光，佛教文化艺术息心静气，为入园开怀畅游作好心理准备，是谓序景。

1. 禅林春晓：入前山门"柏径度阴青"。

2. 敕坊流芳：明代圣旨牌坊，川内独有。

3. 法堂梵音：欣赏佛事活动的交响乐。

4. 古塔金锁：宋代善济塔，藏有开山大师克幽的舍利。

5. 玉佛结缘：清福大师从缅甸，泰国运回的玉佛之一。

6. 卧佛息心：入教游观，暗中息心。

7. 莲池放生：倡导爱护野生动物。

（二）象鼻山景区十二景

是季节性较强的景区，以游赏自然景观为主，承上启下，引人入胜，是谓开篇。

8. 涵碧迎春：东园门景。

9. 幽篁鸣鸠：以较长竹径达到欲旷先奥。

10. 龙塔锁澜：建龙塔倒影入湖。

11. 连坡春色：以大面积春季花木布景。

12. 盆园观画：欣赏盆景艺术及温室园艺。

13. 瑶圃留春：花圃景观。

14. 阳阿鹃声：大阳山油桐、橙柚林。

15. 彭湾探梅：植大梅林供腊尾春头游赏。

16. 明堂致远：建乡贤祠明远堂，纪念本市古今对乡国有较大贡献者。

17. 象鼻秋色：植杂树林以成季相景观。

18. 飞桥凌空：200米索桥横空，有惊无险。

19. 芦湾垂钓：湖尾遍植芦苇巴茅。

（三）青龙湖景区十二景

湖光山色，小舟人影，花柳掩映，台榭参差，燕飞莺语，景色秀丽有如小西湖，使游人流连，是谓回宕。

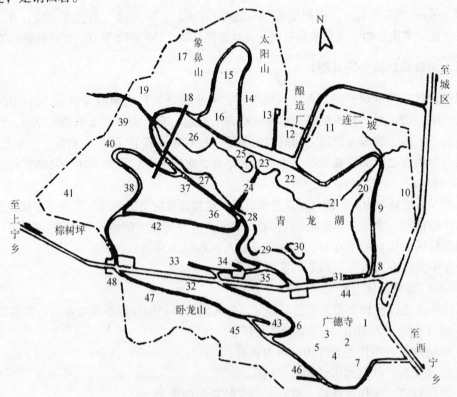

图　遂宁市卧龙山公园规划四十八景示意图

20. 飞阁听泉：跨涧建阁，以观瀑泉。

21. 榴榭散暑：水榭凉亭中品茶赏榴花。

22. 科馆博物：宣扬地方科技人文史。

23. 东坡舞月：建坡仙舞月雕塑、舞月亭，供游人跳舞自娱。

24. 翠堤烟雨：湖中部筑堤建三桥以隔景。

25. 曲廊风荷：水上游廊，赏荷。

26. 绿茵沐日：后湖边置大草坪供日光浴。

27. 桂屿玩月：水边玩月赏桂花。

28. 湖西秋艳：芙蓉花径。

29. 蒲港薰风：临湖建带榭长廊，植菖蒲。

30. 龙眼浴波：龙眼岛赏湖景。

31. 龙湖荡舟：划船赏景健身。

（四）老鹰岩景区十一景

有管理处，生活服务中心，游乐区，逐步由动到静引向后山，龙背林区，是谓转折。

32. 龙墙集景：墙面刻遂宁市古今十二景，图文并茂，宣传地方风景名胜。

33. 卧龙山庄：旅游服务。

34. 春晖童趣：少年儿童活动中心。

35. 紫云清舍：公园管理处。

36. 鹰塔浸碧：于鹰嘴岩建白鹰塔，与青龙塔对景成趣。

37. 鹰岩晨曦：赏晨雾、旭日、湖光。

38. 诗壁凝辉：书法、篆刻题咏本园诗文。

39. 月湾烟村：结茅庐，建苗圃与药圃。

40. 樵径飞花：女贞林山花野径。

41. 棕坪览胜：棕树坪最高处352.2米，建撷景阁、览胜楼，供登览全景。

42. 桐阴流萤：于张湾梧竹林建避暑山舍。

（五）龙背坡景区六景

松林清幽静谧，紧邻安禅养性佛寺，宜休憩静观，使回归大自然的心理得到满足，是谓结景。

43. 玉塔远眺：层塔耸出松林之上。

44. 龙泉观鱼：建养鱼池与放生池呼应。

45. 龙背涛声：松风楼诗书画活动中心。

46. 龙河风清：纪念广德寺历代高僧。

47. 西苑秋香：山上赏桂玩月品茗弈棋处。

48. 松关夕照：西园门景城楼式。

六、园路与出入口

卧龙山公园范围大、林木茂、景观多，为使游览交通方便，运输、急救、消防及时，园路必须畅通。分四级设计：主园路8米，紧接城市干道；支园路宽4~5米，通中小型车，组成六个环路，小路宽1米，为各景点间捷径。

出入口有七：寺庙东山门、南山门，龙背坡寺后便门，西园门，湖区东园门（主出入口），东侧门（接酿造厂公路），湖尾便门。东西园门前有集散广场。

七、植物配置的点线面规划

松柏有龙蛇之喻，是卧龙山公园的主要绿化树种，占地面积大。面上的植物配置以集中成片栽植为主，造成壮观明丽有气势的植物景观，保持绿化为主的应有比例，使园林生趣盎然，诱发游人向往回归大自然的心态。

寺庙景区以古柏、古杂树为主；象山景区以杂树林为主，间植果林；龙湖景区以花木为主，间植垂柳；鹰岩景区以松柏接龙背之势，间植杂树花木；龙背景区以松林为主，林缘以花木为辅。这样，从宏观上既有常绿青苍之主色调，又有落叶枯林、季相观叶赏花之变化，达到四季有景赏，月月有花香。

景点上的植物配置，力求与造景的意境在文学内涵上有关联。栽植方法把孤植、对植、丛植、群植灵活运用。中国十大名花在本园有大量配置。黄桷树（遂宁市树）作为孤赏树在各观景点及路径上配置。

路线、湖岸线的植物配置以同一品种大段栽植为宜，本园布置了十二花径。边界线上未修围墙时当以带刺绿篱作屏障。

八、管线工程规划（略）

九、生态环境保护规划

公园周围100米内不再兴建企事业单位及住宅，不要开山炸石取土，要利用隙地植树造林，外单位的污水自作净化处理达标后排向园外，园内污水经处理后排向湖外，保持湖水清澈。

为防止虫灾山火，松柏柳等密林区间植杂树作隔离带，林区均衡布置蓄水池，本园设消防站一个，并建立巡山制度。

游人比较集中的景点均设公厕，但滨湖一带不设，以防污染。粪便经化粪池处理后作肥料。加强垃圾收集处理，经焚烧或发酵后作肥料。

湖内游船以人力驱动，避免油污。湖内禁止游泳，以免有碍观瞻。

全园和重要景点要建围墙，以保安全。高压线不得架空穿过园内，园内管线宜埋入地下。

（刊于《中国园林》1996.2）

三峡库区总体景观特色构想

根据水利部长江水利委员会《三峡库区迁建城镇规划建设大纲》（送审稿）的要求："库区城镇应结合三峡的自然山水和人文景观资源，体现山区、库区、风景区的三峡城镇群特色。"

因此，三峡城镇群要想体现山区、库区、风景区的特色，首先必须探讨库区总体景观的特色是什么。对此，提出几点个人浅见，供同行参考。

一、库区、山区、风景区

三峡水电站是中国几代人梦寐以求的世界上最大的水电工程。它建成后，长江上游将形成一个下自西陵峡三斗坪，上至江津市黄廉，以170米标高为蓄水线的巨大水库。东西长达640公里，平均宽度1.1公里，总库容393亿立方米。库区两岸有30多座大、小城镇。

库区地处川鄂交界的山区，大巴山从北南下，有巫山、神农架等高山，海拔多在1 000～3 000米之间。云阳万县一带河谷为中低山，忠县涪陵以上河谷为低山丘陵。东部是土家族、苗族和汉族杂居地，杜甫诗"三峡楼台淹日月，五溪衣服共云山"即指此。

库区是长江经过三巴切割山区奔向平原的最后一段，前库区系世界著名的三峡风景区。长江在重庆汇合北来的嘉陵江，又在涪陵汇合南来的乌江后，便滔滔滚滚闯进三峡。沿途峡谷众多，时收时放富有节奏，直到雄险奇丽的三峡，640公里中的巴山蜀水，自然风景美不胜收。还有许多闻名天下的人文景观。

二、三峡库区景观的特色构成

库区、山区、风景区三位一体，将被三峡工程紧紧联在一起，成为中国最大的风景游览区、自然山水园。其景观的构成要素颇具特色。

山：从浅丘、中山到高山，重重叠叠如海如潮，有熔岩溶洞、悬岩绝壁，有高峡深壑、云岫月岗，有磐石巨礁、鱼梁蟹屿，千姿百态应有尽有。

水：长江滚滚、乌江滔滔、五溪蜿蜒。清流急湍，悬泉碧潭，天池龙洞，急峡险滩，江湾回沱，动静百态，变化无穷，更有渠堰梯田，阡陌纵横。

植被：库区属亚热带湿润季风气候，雨量充沛，植物和农作物生长较快，宜种范围广，植物品种多。十一届三中全会以来，长江防护林带的建设，使许多荒山秃岭又披上绿装，山清水秀，生趣盎然。

建筑：库区城镇建设正处在新旧交替之际，涪万以西规模较大，较有现代气息。库区民居建筑以土木结构为主，以传统样式为主，居住比较分散。所有建筑如散珠碎玉，疏密相间地点缀在库区两岸，航程颇不寂寞。

根据自然地理现状，整个库区可分为三大景区：

一是后库区川江段的渝万景区，全长 327 公里，是长江汇合嘉陵江、乌江切割川东中低山形成的河谷景区，河谷以马鞍形为主，浅丘临江，大山屏后，层层叠叠，起伏缓和，开朗明快，田园村舍星罗棋布，洲汀渚坝点缀江头。而现代气息也较多，具有嘉陵山水清新潇洒的特色。著名的人文景观有涪陵的水底碑文白鹤梁、程颐谪涪的点易洞，有丰都鬼城的平都山，有忠县的石宝寨等。

二是中库区巴江段的夔万景区，全长 119 公里，是长江切割大巴山形成的中山河谷景区，也是四川盆地底部与边沿之间的过渡山区。河谷以矢尖形为主，临江大山渐多，高低错落，坡度起伏较大，多山少土，地广人稀，交通闭塞，具有巴山蜀水苍凉疏野的特色。著名的人文景观有万县石琴响雷、云阳张飞庙等。

三是前库区峡江段的三峡景区，全长 193 公里，是长江切割（实为远古地震裂缝）神农架、巫山形成的高山峡谷景区，也是库区的绝胜处。河谷以门户型为主，两岸壁立，遮天蔽日，白居易《夜上瞿塘》诗："岩似双屏合，天如匹练开"。真所谓"无峰非峭壁，有水尽飞泉"，"石出疑无路，云开别有天"。有巫山十二峰之奇丽，有巫峡的幽静萧森。具有雄山莽水，雄险奇丽的特色。著名的人文景观有白帝城、神女庙、屈原祠、王昭君故里等。

三、三峡库区未来景观的浮想

三峡电站建成后，"截断巫山云雨，高峡出平湖"，原有的三峡峡谷景观格局将被打破，新的更大范围的库区景观格局将要建立。

（一）库区景观的新变化

库区景观的变化，除了现代化的电站大坝工程屹立在西陵峡谷外，主要是江水。往昔那种一往无前、直泻千里的态势，转变为碧波荡漾、渊涵沉静的态势；浅急险滩变成了龙潭深渊，在社会主义建设的引导下，原始粗犷的长江进入了现代文明年华。但这座伟大的水库不会变成巨泽广浸，它不像一般水库那样成蝌蚪形，它在峡谷河谷的约束下将像一条彩带，蜿蜒曲折飘动在 640 公里长的川东崇山峻岭间。

由于水位提高了，"瞿塘险过百牢关"的景观，"十月江湖吐乱洲"的景观，"一千五百年间事，只有滩声似旧时"的景观，都将会消失。然而，"牛肝马肺"、"兵书宝剑"看得更清楚了，巫山神女距游人更近了，白帝城可以举足即登了。库区沿岸有许多新的港湾岛屿，新的景点、景观出现了。如涪陵蔺市镇边的漓香溪，库区蓄水后，通航里程可从 10 里延长到 40 里。丰都的龙河增加航程 20 里，成为游览区。

（二）库区总体景观的主题意境

三峡库区因水位变化，有所失也有所得。但以"雄"字当头，"阳刚之美"、"壮美"为主调。因为它拥有广阔的水域，蕴藏着无穷尽的能量。它能发出亿万度电力，它能将南水北调，它能拦截上游特大洪水，它能推进社会主义建设的时代巨轮。

水态虽由动变静，但是静中有动，是能量的积蓄转化，而不是幽静。它虽消失了"险过百牢关"的势，消失了"千里江陵一日还"的疾，却从一个骄纵狂放的野汉，变成一位仪态雍容、博大精深的学者。它兼有沉雄、壮丽、清新的风采。

因此，总体景观的主题意境，可以借用《稼轩词·沁园春》的一句俊语来概括："我觉其间，雄深雅健，如对文章太史公。"

（三）库区总体景观的结构美

三峡库区总体景观的结构可以说是十分完美的，无论是溯江而上还是顺江而下游览，都富有节奏感、韵律美。当你溯江而上时，新兴的现代城市宜昌市，伟岸的葛洲坝电站，雄峙高峡的三峡电站，会使你惊叹不已。然后是峡江景区，193 公里长的三峡画廊又使你应接不暇，走出夔门，水阔山高，巴江景区 119 公里间让你遐想巴山蜀水的粗犷过去。接着川江景区的丘陵清江、田园风光，又使你领略不尽天府之国的雍容磊落气度，327 公里之间青山绿水可以尽情享受。最后迎接你的是现代大都市重庆，两江四岸灯火辉煌，使你精神又为之一振。

整个航程夜有明月鹃声，昼有渔歌汽笛，晨有朝霞鸣禽，暮有夕阳归鸟，江风拂帆，江花迎人，颇不寂寞。

（序景）都市景观（重庆）──（起景）川江景观──（转景）巴江景观──（主景）峡江景观──（结景）宏伟电站景观

四、三峡库区总体景观的建设

（一）天人协和

杜甫在《瞿塘怀古》诗中赞叹三峡的壮美："疏凿功虽美，陶钧力大哉！"认为大禹治水之功毕竟比不上自然的神奇力量，可惜诗人没有料到科学技术的力量到今天已能移山填海。三峡库区新景观的创造之功应该是天人各半。没有三峡的地势，长江不会蕴藏着这样大的能量，没有三峡的地形，人们也不能建起这样大的库区。因势利导，因地制宜，是天人协和的法则。

库区景观的建设必须以治山为前提，植树造林，还自然以绿装。绿化长江、绿化库区是建立天人协和关系的首要条件，避免遭受大自然的无情惩罚。

（二）古今结合

库区的建筑应重视传统与现代的结合，使其具有中国特色。城镇的规划布局要体现山区、库区、风景区的特色。山区城镇要顺应地形地势，道路骨架要因地制宜，不要追求宽、直、平，要路幅小，路网密，多用梯道。房屋建筑要"即岗峦之体势"，主次分明，中心突出，群体拱卫，前后有序，高低错落，呼应紧凑，色调和谐，就地取材，形成地方特色。古今结合不是从形式上套，重要的是从文化内涵上继承，崇洋媚古都不足道。

根据历史规律，沿江城镇的兴起，主要是因为有水运之便。因此，库区城镇应临江面水，建设好滨江路和水码头是规划首先要考虑的。还要结合风景特色搞好环境规划。把普遍绿化与园林建设结合起来。大力保护名胜古迹和古树名木，把为旅游服务摆在重要位置。

（三）文野相杂

整个库区景观应以野（自然）为主，以文（人文）点缀。重点突出雄丽的自然美。沿岸虽有数十座城镇和名胜古迹景点，但分散在 600 多公里长的两岸，确也寥若晨星，只能重点建设那些有条件的景点，其余则保护自然。因此，库区城镇、村庄的布置必须紧凑集中，不要摆长蛇阵。村庄以外的单家独户，必须撤退到村庄里去。零星开荒的耕地必须退耕还林，禁止到处乱占乱建，到处都是人烟，显得烦乱无序，有损天然之趣。

（四）点线面相辅

建议库区沿岸 3 公里以内划为风景区，形成两岸两条风景线；5 公里以内划为绿化保护区，包括水面形成一个宏观的风景面。再以沿岸城镇和名胜古迹作为风景点，使点线面相辅相成，组成一幅千里画卷。

（五）多样与统一

三峡库区的古迹名胜和城镇的形成，各有其历史文化内涵，是各具特色的。从宏观上抓住共性来建设库区景观的总体特色是有必要的。

1. 绿化：绿化是全库区的底色、背景色，它上面将绣出各种美丽图案。库区绿化要体现巴山蜀水的"四季常青"，在品种上要富有川江色彩。应以适宜红色盆地土壤、气候的品种为主。如马尾松、柏树、黄桷树、摇钱树、青杠、油桐、棕树、漆树、乌桕、柑橘、梧桐、慈竹、南竹、芦竹、葛藤、马桑、黄荆、巴茅、巴蕉、板栗、五倍子、女贞、苦棘等。

2. 建筑：库区城镇应依其功能定性定质，功能不同则建筑格调不同。如旅游型城镇应保护其传统风格，以川东民居样式为主。而工商型则应以现代建筑领先。农贸型宜古朴，而交通型则简捷。建筑色调应统一到浅色、白色的基调上。

作为库区小品建筑，下列建筑是应该统一起来的。如具有导航功能的川江白塔、航标站、航标灯、水文标志、趸船等，在适当的距离、位置上点缀起来，是很醒目的。横江大桥等大型建筑，其造型不要有损库区景观美。

3. 耕地：库区沿岸耕地必须统一整治成梯田梯土，以利水土保持，不能整改者都退耕还林。

4. 船舶：库区船舶形式多样，但色泽应根据不同性能求得统一。如旅游船纯白色，拖驳拖轮红舷黑舱，客货轮浅蓝间白等。为了重现川江白帆，待渔业发展后可用机帆船作业。

通过上述努力，大致可以形成一种三峡库区景观的特色：雄深（雄山莽水）、壮丽（植被、建筑）、清新（田园），一篇雄深雅健的太史公文章。

五、三峡库区的环境保护

（一）保护好库区的旅游环境

1. 防灾害：滑坡、病虫害、山火、旱灾、洪灾等都是破坏绿化的大敌，必须分区负责，统一指导。

2. 防人为破坏：乱占乱建，乱砍滥伐，滥捕乱猎野生动物，乱采乱挖矿体，乱开山炸石等是破坏景观的大害。

3. 防污染：城镇工业企业的"三废"污染，水上船舶的污染，航运海损事故的污染等是破坏环境卫生的大患。

4. 保护：保护名胜古迹、名木古树、珍稀动物、寺庙、古建筑、优美的自然景观、裸露的悬岩绝壁、石矶石台、泉水、溶洞等。

5. 控制：防止库区城镇人口的激增、市区镇区的无限扩大。大型的摩崖石刻必须统一规划，控制库区船只数量。

（二）解决好库区水位变化的措施

三峡库区水位线因"蓄清泄洪"而变化，夏秋泄洪，冬夏蓄清。在这泄蓄之间会出现

20 米左右的涨落痕迹。落水时正值旅游旺季，如果不解决好退水期可能出现的脏、乱、差、荒等问题，必将有损环境美。如被淹没的旧城镇遗留下的残垣断壁、弃市废墟、垃圾污物等将暴露无遗，给人以满目狼藉、破败不堪的厌恶感。解决的措施是：

1. 蓄水前应彻底清除 170 米淹没线以下的废弃建筑物、构筑物和垃圾等。

2. 对基础较好的码头、道路、房屋等应改造为两栖建筑，水退时加以冲洗，仍可利用。

3. 170 米淹没线下条件适宜地段，可栽植一些不怕水淹的林木，水退后能较快恢复绿意。

4. 沿江的护坡保坎、防波堤的基础应尽量从较低处施工。

5. 170 米线岩岸边宜多植藤本植物，水退后垂挂下去能遮挡淹没痕迹。

（刊于《西南村镇建设》1994.3）

集镇园林初探

进入 20 世纪 90 年代后，巴渝农村加快了乡镇建设步伐，同时因三峡水电工程的上马，沿江淹没线以下的城镇迁建也迫在眉睫。因形势的需要，我们也加入了村镇规划的行列，先后为涪陵、丰都、南川、垫江各市县规划了 30 多个乡镇。我们发现这些乡镇领导们都非常希望把乡容镇貌规划得好一点，为招商引资，为居民休闲游乐规划一两个公园，特别是距城市近的乡镇领导们规划公园的愿望更为迫切。由此，我们感觉到了又一个社会层面上的园林春天的信息已经到来，中国园林事业即将进入一个遍地开花的新时代。因为群众奔小康，除了需要满足物质上的温饱安居外，还需要满足精神上的怡情悦性。那种认为修公园是城里人才需要的观念已在转变，或者认为农村有青山绿水，有田园风光不需要修公园的观念也在转变。

一、集镇园林的现实意义

中央和地方的《村庄和集镇规划建设管理条例》中都强调了如下原则："保护和改善生态环境，防治污染和其他公害，加强绿化和村容镇貌、环境卫生建设，以及保护文物、历史遗址和自然景观，弘扬民族传统，突出地方特色。"因此，规划时对条件好的集镇可以按园林化集镇的要求设计，一般集镇也应把绿化作为重要内容，而规划好公共绿地更是重点。这样做既能满足居民休闲的需要，也能满足流动人口游乐的需要。公园修得好，还能提高乡镇的知名度、为招商引资、开发旅游业作出贡献。归纳起来，集镇园林的价值有六：

1. 它是集镇绿化规划的重点；
2. 它是组织集镇特色的重要一环；
3. 它是农民致富奔小康的标志之一；
4. 它是国土园林化的一个点；
5. 它是保护乡土文化的窗口；
6. 它是农村精神文明建设的一面镜子。

二、集镇园林的特征

1. 规模不大。集镇建设用地要符合《村镇规划标准》的要求，其人均绿地面积是有限的，因此集镇园林占地不可能多，一般在 10 公顷以下。
2. 内容不繁。以绿为主，不搞大的地形改造，不搞堆山凿池和大型建筑。
3. 功能性质综合型。集文化、游赏、休闲、娱乐于一体，以节假日、赶集日服务为主。
4. 突出地方特色。其意境风格多从乡土文化的文脉中发掘出来，达到雅俗共赏，高雅而非典雅，通俗而不庸俗。

5. 造价不高。强调美观、经济、适用、安全的原则。

6. 管理不难。规模小，景点少，除节假日、赶集日外，不需常住较多管理服务人员。它可以达到"规模不大功能全，内容不繁风格新，景点不多花木多，建筑虽少景色美，造价不高质量高，管理不难园容佳"的特征需求。

三、集镇园林的规划编制

1. 在编制集镇建设规划时把它作为绿化规划的重要一项，作出总体构思：认真选好园址，确定公园用地范围，确定公园功能性质，结合集镇道路规划确定公园的出入口位置和集散广场。

2. 在修建时还应按《公园设计规范》的有关规定单独制图，对公园的功能分区、景点布局、绿化配置、园路及公共服务设施等内容作出比较具体的布置和说明。

3. 集镇园林规划必须切实遵循因地制宜、就地取材、雅俗共赏、美观经济、安全适用等原则。

4. 在方法上借用"山水园林城市"理论来创建山水园林集镇。从全局着眼，以集镇整体美为前提，从因地制宜入手，做好五个结合：与保护改善生态环境相结合，与自然景观相结合，与集镇绿化相结合，与保护文物古迹、古建筑、名木古树相结合，与优良的乡土文化、文脉相结合。

5. 绿化比例应达到70%以上，以绿为主，以建筑点缀为辅。但要注意林相季相以及花木四季品种的调节，达到景境宜人，景观诱人，景色迷人。

四、集镇园林规划的实践

我们所规划的乡镇属于长江两岸的丘陵地带，基本上都依山傍水，不适宜修建的陡坡断岩随处可见。以往的规划很少想到要建公园，多采取避难就易的办法，把不适宜修建的地段划出规划范围以外。致使集镇形态缺缺凹凹顺公路发展，造成过境路穿镇，赶集时拥挤混乱，大大制约了农村经济发展。以致今天许多乡镇都得按国家标准重新规划。

在规划中，我们抛弃了挑肥拣瘦丢骨头的方式，采取了包山含水团聚形态的方式，以建设山水园林集镇为目标，把包含入围的山水及其陡坡断岩作为公园用地。这样，既能避免多占基本农田，又能缓解用地不足的矛盾。

如涪陵李渡镇濒临长江，旧镇港口码头区和玉皇顶新区之间，剩有一大片不宜修建的陡坡。重新规划时，为团聚形态，便把这片陡坡作为果林公园纳入规划范围。又如垫江的长龙乡和永平乡的集镇内都有溪河和山头，我们也因地制宜包山含水，把山水作为公园用地，反而使集镇更具特色。

五、集镇园林建设问题及对策建议

（一）集镇园林建设的主要问题

主要问题是三缺：缺资金、缺技术、缺人才。而缺资金又是最大的问题，制约着集镇园林建设的启动。政府筹集到的不多资金都安排到集镇基础设施建设上去了，修公园的事，除了少数有移民资金支持的迁建集镇已进入详规阶段外，一般尚停留在总规阶段。从集镇建设的施工队伍看，大多是本地建筑队，缺乏修公园的技术和经验。从人才看，乡镇上懂园林规划的人才难找，懂园林工程施工的人才更少。

（二）加快建设的对策建议

1. 在集资建园上不妨放开政策，采取股份制集资或个人承包承建，或向外引资承建，在承包管理期内得到收益补偿。

2. 在技术上要加强培训，可以聘请人才。

3. 在建设上注意就地取材，尽量使用本地的木材、竹材、石材等建材，既能降低造价，又能显现特色。在绿化品种上也应大量使用本地品种，发动群众按规划包栽包活。

4. 在扩建改建旧区时，对必须淘汰的树木，切不可乱砍滥伐，应尽量将花木向公园内移植，以节约资金。

5. 人民公园人民建，发动每家每户向公园捐献一棵花木，也不算扰民，还会扩大宣传建园的影响。若花木挂上捐献者的名牌，更能激发群众造园爱园的热情。

6. 在建园步骤上可以采用先绿化后建筑的办法：先建生态园，以植树造林绿化为主，从"绿园"逐步过渡到"花园"，再过渡到有景点建筑的"庭园"，然后建成公园。

（刊于《中国园林》1999 增刊）

中国园林的植物造景

一、植物造景的定义

在中国传统园林中，植物是四大造园要素之一，但它却一直屈居末位，因传统造园手法常以山石、水体、建筑为主，而称植物的功能为"配置"，故处于从属地位。到今天，由于人类居住环境日趋恶化，在人们大声疾呼改善生态环境的同时，建造"生态园林"的要求也提了出来。国家颁发的《公园设计规范》用地比例中，明确规定综合性公园、风景名胜公园、其他专类公园根据规模大小，其绿化用地应大于70%，其他类型公园的绿地比例也不能少于65%。

试想，偌大一座以绿为主的园林，如果对其绿地不加以美化整顿，任其自然生长，那将与荒山野岭一般，有何欣赏价值？于是"植物造景"的艺术便在今天的造园中应运而生。但是，不能认为凡有植物参与的造景都叫"植物造景"，我们认为植物造景的定义应该这样来界定：中国造园，在园林造景艺术指导下，运用绿色植物作主要材料，以建筑、山石、水体为点缀，建造出符合总体规划的景观景境时才叫作"植物造景"。

二、植物造景的基本条件

第一，应有一定规模的园地面积。植物造景的目的是改善园林的生态环境，给游人以赏心悦目的绿色景观，实现回归大自然的一瞬。这种景境是可以任游人随意进入徜徉的，绝不是一席之地，一盆之景。

第二，要有无污染的土壤、山石。这是植物赖以生存的基本条件。

第三，要有多样的优良的植物品种和育种的基地，能为植物造景提供更多的品种选择，且植物常因灾害而死亡，草本植物会因季节而更换，因此必须要有一定规模的苗圃花园基地。

第四，要有充足的抗旱水源和养护植株的科学技术力量（如育种、植保等）。

最后，要有造景和养护的艺术力量，才能保持绿色景观的风韵长存。

三、植物造景的设计程序和原则

植物造景设计程序是：首先进行选址的地形现场踏勘，然后根据不同景区的地形地貌和可利用的植物、山石、水体作出不同的景观设计，然后画出植物景观的平面布置图和立面效果图，然后再作出种植设计和建筑设计，付诸实施。设计必须坚持以下原则：

1. 以公园总体规划为依据的原则；
2. 遵循因地制宜的原则；
3. 以植物为主要造景材料的原则；
4. 多采用本地植物品种的原则；

111

5. 表现诗情画意的意境美原则；

6. 有益游人身心健康的原则。

四、植物造景的特征

1. 以植物为主的造景和以建筑为主的传统造景正好相反，更具有经济美观的特色。

2. 植物景观具有旺盛的生命力，能有效地净化园林空间和水源，防止水土流失。

3. 它不同于造园的一般绿化功能，如防护、遮掩、屏挡、分隔等作用。它具有特殊的园林艺术美，一样能表现诗情画意的意境。

4. 它和其他景点景观一样具有完整独立的可欣赏性。而且在植物生长过程中，还具有光景常新的动态景观。

5. 由于是以植物为主，生长期长，景观的设计效果难于一时形成，但也易于控制和改造。

6. 它既有园林艺术特性，又有植物特性，能不断弥补人工的过失，使景观只有更美，没有不美。

7. 它最能体现园林有益身心健康的功能，是现代园林强调生态环境建设不可缺少的重要造景方法。

五、植物景观分类和造景艺术举例

（一）绿色林相景观

选址宜靠园的一隅，并宜依山傍水。景观要具有天然之概，树种选择不可单一，针叶、阔叶、常绿、落叶，以及乔木、灌木、藤本、草本要有计划地间植，要利用地形和不同的叶色显现出林相的丰富层次。有崖石宜露出，有溪间流水应曲折引导，道路宜若隐若现，路边溪边宜点以三五顽石，或置一二小桥。

（二）季相景观

如营造枫林、桑林、乌桕林、银杏林等季相景观，主题品种宜连片栽植，并适当配以常绿林木，既可衬托色叶，也可防止叶落林空呈现寂寞景况。水边可植造成片的芦苇丛，呈现芦花如雪景观。

（三）专类植物景观

多为观赏性强的成片名花，如牡丹芍药园、梅园、桂园、月季、杜鹃、菊花等景观。植地土壤选择要适宜，品种要多样，花间适当点缀山石，最好是名贵的湖石。同时，设置赏景的亭、廊、台榭、栏杆、曲径等建筑，挂上关于品名介绍的说明。赏荷还宜配置曲桥、汀步、小船等。

（四）图案造型景观

常见的是以草本植物为主的花坛、绿带、花坞、花径等，造景按设计的花纹图样栽植。在色彩配搭上要让人赏心悦目，也要注意台、坛、池、罐、盆的造型美，以及铺装地砖的色调映衬。这类景观旁边常配以喷泉，周围也少不了树。

（五）诗画主题景观

如"暗香疏影"造景是以宋高士林和靖的咏梅诗作意境的，故选址宜在水边，临水丛植白梅，水里要能映入月亮，再配以小亭、雕塑、顽石，周围有一定量的竹树围合。注意白梅植株宜大，并有横斜之态，方能显出"疏影横斜水清浅，暗香浮动月黄昏"的诗意。

又如桃源景观，是拟晋陶渊明《桃花源记》的意境，选址宜在小溪，两岸成片栽植各色桃花，造成"夹岸数百步，中无杂树"的气势，林下铺以草地，以成"落英缤纷，芳草鲜美"之意境。再以小桥联系两岸，不必一定要溪深行船，可置小舟于岸边点景就行了。

（六）绿色雕塑景观

这是一种对技艺要求较高的造景，如造作"枯木竹石图"，以丛植高低错落的细叶杜鹃为石块，配两三竿细竹和一棵枯残树桩则成。又如作"飞流直下"景观，可以垂柳茂密的柳丝象征瀑布，以高大的笔柏象征山崖夹柳对峙，下铺草坪，便有"飞流直下三千尺"的诗意了。绿色雕塑是立体造型的纯植物景观，欣赏时游人要充分发挥联想和抽象思维去体认。

（七）仿真景观

一般用在儿童公园较多，如绿色植物剪成的大象、狮子、山羊、小屋等。南京玄武湖公园的儿童乐园造景很好，对植物不采用传统的盘扎捆绑，而是靠密植冬青修剪而成，给人以浑厚朴实之感，技艺不高的盘扎物象，常施以棕绳铅丝，撑以竹笼木条，若植株不茂密时常常露馅，多落俗套。

（八）古树名木景观

古树名木是国之宝，园之珍，如名胜风景园中常有古柏、古松、古茶花、古桂花等，必须加以保护，姿态较好的孤赏树也应予以保护。圈以石台，护以石栏，石材要上等，雕琢要精细，以示尊崇之意。即使是已枯死的古树名木也应如此保护，以示"千金买骏骨"之意，枯树边最好补栽一棵同品种的小树，以映衬古树的不易。古树名木还应挂上精致的树名、树龄、档案牌子。

（九）纪念林（树）景观

这类景观包含有一段可歌可泣的历史故事，应立碑题记，建亭护碑，供游人吊念。

（十）草坪景观

在茂密的植物景观中间铺上一些草坪，能使环境通透而不郁闭，且有节奏感。大草坪里可间植灌木丛、花丛，也可在其一角栽棵遮阴的大树，供游人休憩。也可杂植草花，成为绚丽的花草坪，是孩子们喜欢的游戏场所。

六、植物造景的养护

除草本植物造景较快外，木本植物造景的设计效果就难以较快表现出来，而大树的移栽又是非常费事的。因而加强肥水管理，促进植株生长，有效的防治病虫害，抗御天灾人祸，促进植株健壮生长。同时，对植物群落内部的自然渲化竞争也需着意控制，所以，控制性修剪对植物景观的形成和不衰，也是一项十分重要的技术工作，必须有专人负责。对名花、名木、古树的养护更要细致周到，它们是园林的无价之宝，不可掉以轻心。

植物造景搞好了，禽鸟野兽自会前来落户安家繁殖后代，加之严格的禁猎保护，游人与野生动植物间便会形成和谐友好的"物我同在"关系，真正的回归大自然的实感就会来到游人中间。

（刊于《广东园林》1999.1）

园林小品随笔

"小品"一词原指佛经的简本，如指七卷本的《小品般若波罗蜜经》，与二十四卷本的《摩诃般若波罗蜜经》相对。与之相对的叫大品、正品。后来引用到文学艺术方面，把形式短小的散文叫小品文，简短的舞蹈段子，简短幽默的戏剧也叫小品，建筑上的小点缀，居室中的小装饰也叫小品。

园林建筑小品，简称园林小品，它和其他园林建筑一样，要涉及园林美学、环境艺术、结构技术、布局造景等方面的知识，不可轻视。

一、园林小品的种类

1. 各式各样的建筑构筑小品，主要参与点景、配景、组景。如亭、廊、石舫、牌坊、园墙、景墙、花篱、花幛、花架、花坛、花台、园门洞、窗洞、小池、小桥、汀步、踏步、景梯、栏干、花盆（钵）、花池、花斗、树根护基、影壁、照壁等。

2. 各式各样的装饰性小品，主要用以增加一些文化气氛。如石灯笼、石屏风、经幢、水钵、太平缸、景石、雕塑、园灯等。

3. 各式各样的服务设施，主要方便游人生活。如桌、椅、凳等家具用具之类，洗手台、洗足池、饮水台、果皮箱、服务亭、厕所等。

4. 各式各样的儿童游戏设施，如木马、跷板、梭板、转椅、秋千、迷宫等。

5. 各式各样的文字牌告，如园规通告、导游图、导游路标、标语牌、景名牌匾、花名牌、树名牌等。

二、园林小品的特征

1. 建筑的体量比较矮小、轻巧；

2. 其功能不复杂，比较单一、简明；

3. 其造型多姿多彩，许多是游人喜爱的工艺品，具有观赏价值；

4. 在园林布局组景中，它们一般不起主导作用，常用以点景、衬景、补景；

5. 它们虽小，但若能巧妙运用，常能对景境起画龙点睛的作用；虽为从属，若能精心设计，也能对主体起烘云托月的作用。即所谓"小而不贱，从而不卑"。

三、园林小品的设计

设计园林小品应与游人生活紧密联系，在满足其基本功能的同时，应设计出优美的视觉形象，利用其装饰性来提高园林建筑的观赏价值，起到美化环境，美化生活的作用，但不可豪奢。

从塑造优美的园林空间出发，注意与环境、背景融合，与邻近建筑配合，增添园景的诗情画意。

小品造型有传统的古典式、民俗式，有现代的简洁式、组合式，有中式、西式及中西结合式，还有仿生与模拟式等。但要注意因地制宜，因景制宜。特别是仿生小品设计，要从保护生态着眼，那种仿大树头作桌凳的小品，易引起游人伤心砍伐大树的情感，不宜多用。

小品制作以就地取材为主，如木多用木，竹多用竹，石多用石等，更具地方特色。

小品色彩以本色、浅色为佳，易与环境背景结合，光怪陆离的色彩除儿童游戏设施小品外，不宜乱用。

四、园林小品的配置

（一）园林小品配置的原则

符合园林空间的性质和功能要求。例如园门，是游人集散的场地，游园的关口，因此，园规通告、导游图、石屏风、石灯笼、石经幢、石华表等小品就宜配置于此。

满足园林艺术构图组景的要求。如溪口、水港、湖湾可配置小亭、曲桥、汀步等小品。三岔路口、草坪边、花坛里可配置小雕塑。

满足游人游观中的心理和生理需要，选择适合的造型和适当的地点配置小品，特别是服务设施类小品还应根据游人量分布规律配置。例如桌、凳、椅、洗手台、果皮箱等要沿导游路线有多有少、有节奏地配置。

掌握配置中的经济原则，宁可少而精，不可多而滥。例如园椅、园凳之类，一般按总游人量的20%配备，过多也会造成浪费，如果随处都有椅凳也会显得烦乱，干扰景境的构图。

（二）园林小品配置的方法

许多园林小品的配置，一般常放在园林建设已经基本竣工时考虑。因这时的园林面貌与规划初期已有很大变化，有些地形已作过改造，山石、水体、建筑、花木，已按规划建设配置就绪，部分景观已初步形成。为此，再次踏勘现场现状是十分必要的，首先沿导游路线分景点分地段作综合勘察，确定小品的种类、规格和数量，确定小品配置的位置、朝向和小品之间的组合形式等。绘制小品配置图。

有些园林小品可以购买，但最好是因地制宜就地取材自己设计制作。首先解决服务设施性质的小品制作，如桌、椅、凳之类。

可移动式园林小品，可以随时随地根据新的情况进行调整；而固定式园林小品的配置，就必须反复推敲，不可随意。

一般说，休憩、生活类园林小品多沿导游路线配置，观景类园林小品多沿湖岸线配置，点景类园林小品多沿透景线、天际轮廓线配置。

（刊于《广东园林》1997.3）

仿真园林小品忌悖理矫情

由于建材和施工工艺的发展，以水泥为主要原料的塑石、塑木、塑竹等建筑小品在园林中已随处可见。其仿塑的效果几可乱真，在一定程度上为园林增添了几分情趣。然而由于运用不当，忽略了因地制宜，情景相生的原则，滥塑乱置，也给园林留下了"煞风景"的遗憾。

比如塑木，在园林中的某些环境里，某些位置上，仿塑一棵较大的树桩作几案，再塑几棵小桩作坐凳，年轮环环，树皮层层，确有几分野趣。游人坐息其间，小憩品茗，游目骋怀，确也惬意。然而有些好事者在林荫路边，在花木丛中，在新育林下滥塑乱置，甚至连塑群桩为案为凳，猛然望去，满目残桩断头，惨不忍睹，仿佛进入了被严重盗伐所破坏的林区。尤其是在名胜风景区中也如此仿塑，真可谓大煞风景！游人们不禁会问：国家三令五申要求保护名木古树，为什么在惜树如命的园林里，偏要滥伐巨树来做坐具呢？

只看到了仿塑桩头做桌凳小品有野趣的一面，却忽略了仿塑与环境不协调，比例、体量失当，会给爱惜名木古树的游人造成反差心理的另一画。只知道"悦目"，不懂得"赏心"，只注意形态，不顾及内涵，与园林意境大相径庭。

大凡仿塑桩头桌凳为了取悦游人之休憩舒适，必然要使桩头断面宽大，仿塑逼真而有生色，犹如刚被砍伐过的巨大树桩一样。这样却越能引起游人睹物伤情，痛惜生态被摧残。仿塑越真越伤人心，确是弄巧成拙。

这类仿桩小品如果塑在森林公园里，便不会诱发游人睹物伤情。因为森林中的参天大树比比皆是，管理者为了间伐或清除病树等，常会锯掉几棵大树的，由于活立巨树的比例大，游人也不会为之痛惜。然而在一般园林中，大树本不多，在名胜风景区里，名木古树是备受珍惜的。如果偏要大塑特塑仿桩小品，无论从视觉上还是心理上都是游人难以接受的。何况这类小品从平面构图上看，也千篇一律，十分呆板。总是中塑一仿桩桌，四周等距离排列几个仿凳，极不合天然之理。无论多么逼真乱真，也难以掩饰其仿生态的虚假性。与真、善、美相去甚远，其艺术价值也就大大降低了。

（刊于《广东园林》1993.1）

建筑规划模型的艺术美

一、建筑规划模型艺术美的特征

建筑规划模型是建筑表现艺术之一，其表现力优于建筑立面图和建筑透视图。它是一种诉诸视觉欣赏为主的造型艺术，是充分运用微雕微缩技法，按一定比例创作的仿真而逼真的建筑工艺品。它真中有假，假不掩真，"以假乱真"是其追求的艺术效果。它所表现出来的建筑规划设计，是经过模型师再创造的理想境界，既能给人以美的享受，又能指导规划实施。

二、建筑规划模型艺术美的构成

（一）建筑规划模型的意境美

建筑规划是强调意境的。有许多历史文化名城名镇、旅游城市的市容镇貌中都含有高深的意境。比如："绿杨城郭是扬州"的绿杨城，"家家泉水，户户垂杨"的泉城，"江南佳丽地，金陵帝王州"的南京城等都有深远的意境。

建筑模型应该也能够以优于绘画的手段把设计对象的意境通过再创造，更集中更直观地反映出来。

（二）建筑规划模型的布局美

建筑规划的布局往往强调结构、功能等实用效果，而模型布局则强调平立面构图，空间配景等欣赏效果。在不影响建筑规划布局原意的前提下，模型必须根据自身的特点进行再创造而布局：

1. 对原作进行仔细推敲，根据台盘的样式进行艺术剪裁。定宾主，分阴阳，明虚实关系，求山水相依的比例，找主要观赏面的朝向，以及标题、落款、比例尺等的位置安排等等都要事先设计好，大型模型制作还要考虑范围的裁取，台盘的分箱问题等。务使模型布局达到主体突出，疏密有致，整体平衡的效果。

2. 认真处理好模型设计与建筑规划设计的关系。由于模型受到物质条件和工艺水平的制约，故其不可能完全达到建筑设计的意图。它必须根据现代建筑模型材料的特性，按照艺术法则进行再创造，把建筑规划设计的"理想美"转化为"艺术美"，然后通过施工转化为"现实美"。它不应该仅仅是建筑规划设计的复制品、宣传品，而应该是高于建筑规划而且能反作用于建筑规划设计的艺术品。

3. 建筑规划模型的布局必须具有特色。模型应该根据现代材料的质感、色感去集中表现那些可以诉诸视觉的方面。特别要注意表现那些富有地方特色和民族特色的方面。通过计白当黑、烘云托月、呼应过渡、抑宾扬主、以浓衬淡等手段突出特色。同时模型自身也应该具有与众不同的特色，比如在色彩上可以突破一般的白绿调子而用紫白调子，在绿化、堆山方面可以突出粗犷或细腻的风格。

（三）建筑规划模型的建筑美

建筑物和构筑物是建筑规划模型的主体。它们的选型有无特色、比例体量是否合适、装饰色调是否协调等，直接关系到模型总体艺术设计的成败。如果其居高、体量、朝向、色彩、造型等方面影响到模型总体美时，就必须作技术或艺术处理。千万不要只注意每幢建筑的新颖独特而忽略了建筑的群体美、协调美。

不过这种技术或艺术的处理只限于展览性模型。如果是工作模型（供设计研究的），那就要根据建筑规划的图纸如实表现，让建筑设计中的优点和缺点都能在模型上暴露无遗，以便修改设计方案。

（四）建筑规划模型的环境美

环境的内容很多，模型上的环境主要指表现在台盘上的经过艺术加工仿真的山水绿地、街道广场、车站码头、住宅区公建区、工业区仓储区等环境。这种环境是经过按比例微缩的可以一眼观尽的"尺幅千里"画卷。它会直接影响整个模型的欣赏效果。

在剪取"环境"上台盘时，往往会遇到顾此失彼的问题。如何把有限的环境布置好，是要认真推敲的。首先要明确城镇的性质特色，或小区的功能特色；其次要明确自然地理特色，具体环境特色。

模型的绿化配置对环境美是至关重要的，除行道树外，林木的布置要有疏有密，高低倚斜，既能衬托建筑，又能形成景观，但要避免过多地遮蔽建筑而形成"绿肥白瘦"。

（五）建筑规划模型的色调美

建筑规划模型是造型艺术和色彩艺术相结合的工艺品。搞好模型的色彩色调设计是赢得观众的重要方面。

1. 注意色调。模型色调可分三种类型：

淡雅型：以素色、白色、灰色为基调，适当配以其他中间色，慎用深色。这种色调能给人以洁净、淡泊、温馨、安静、素雅等感觉。比如以草绿作环境大地色，以淡黄作绿化配置，加上白色建筑及浅灰色道路广场，会形成春光明媚的氛围。

明丽型：以中间色或淡色为基调，适当配以较鲜艳的深色，能给人以明快、清新、爽朗、喜悦等感觉。比如以绛紫色作环境绿地，橘黄作绿化配置，加上淡黄建筑，金黄色道路广场，形会成金秋冷艳的氛围。

浓艳型：以深色或中间色为基调，配以鲜艳的对比强烈的红色、黄色、绿色、白色和紫色，能给人以热烈、亢奋、欢欣、豪华、富丽等感觉。比如以红色为基调时，可用深红绛紫为绿化环境，加上白色建筑和灰色道路广场，会形成"乌衣巷口夕阳斜"的诗情画意。

不过一般模型常以白色灰色作建筑色，以绿色作环境色，即所谓"白绿调子"。如果要造成或加强某种意境时，模型设计师必须在色彩上有所突破创新，不可墨守成规。

2. 注意民族心理对色彩"表情"的认同。红色被视为喜色、幸福之色，但又有"火气""血腥"的看法；"俏不俏三分孝"的白色也有伤逝、悲悼的情调；"黑虽黑带本色"，黑是本色有坚实、朴素之象征，但又与黑暗、死亡相联系；金黄、明黄、宫黄都好，但土黄与"黄泉"相近，被认为不吉利。

3. 模型的色彩配搭要做到"在调和中求对比，在变化中求统一"。如成片的住宅宜有成片统一的色彩，不可一幢一色，以致花花绿绿杂乱无章，欲美反丑。

　　模型上的配色必须达到一定的宽度和厚度才有气势，但要掌握好一个"度"字，否则会引起质的变化。

　　4. 注意色感美。模型的色彩一般不是用颜料配调的，而是以材料的色彩来配搭的，是有限的。材料不同，颜色的光泽不同，质感不同。

　　（六）建筑规划模型的工艺美

　　1. 精工。尺寸比例准确、方圆规矩周到，打磨平整精细，黏结牢实严密，刻画装饰合格，表面洁净不污。

　　2. 质感。似真非真，形象逼真，以假乱真。注意体积感、重量感、强度感、色泽感。

　　3. 风格。模型风格可分为细腻与粗犷两类。细腻讲究细致入微，毫发毕现为能事；粗犷则要求粗针大线，大刀阔斧。

　　（七）建筑规划模型的装饰美

　　模型制作除艺术地表现建筑规划设计的内容外，对台座和台盘以及地形断面的边墙、玻璃罩、防尘罩衣、标题、落款、比例尺及指北针等都必须进行相应的装饰，达到表里相称的完整美。

（刊于《中国市容报》1994.11.4）

城镇规划摄影初探

在城镇规划中利用摄影、摄像等手段提高对规划区用地的踏勘成效，提高对现状综合分析的质量，增强总体规划布局的合理性和详细规划的可行性，是当代城乡建设规划不可或缺的一门技术。

一、规划摄影的特征

（一）创作目的的功利性

规划摄影与艺术人像摄影、风景摄影、建筑摄影、新闻摄影等相比较是不尽相同的，有它自己的特征。它的创作目的是为规划服务。规划摄影一般不把意境、构图、韵律、情调等艺术效果放在首位，而把真实、实用放在首位。它要求准确、清晰，尽可能全面地多角度地反映现场踏勘现状。

（二）拍摄工作的时限性

艺术摄影活动好像猎人追踪猎捕目标，要耐心地等待目标的出现，或长时间地追寻。而规划摄影是规划工作进行现场踏勘时的一种辅助手段，必须按时完成。即使遇上不理想的气候，也要设法完成任务。

（三）拍摄活动的计划性

艺术摄影讲究灵感，活动具有相当大的自由度，对视野内的一切人物、景物、建筑物必须按照审美观点，选择具有一定艺术美的对象进行拍摄。而规划摄影是根据规划工作的需要，有目的、有计划、有程序地进行拍摄的，它不讲究灵感、意境，不分美丑、不论新旧、不管好恶，一切按计划进行。比如有时为了说明旧镇现状的脏、乱、差、挤等落后现象，还要有计划地拍摄一些基础设施差的现场。

（四）拍摄成果的科研性

规划摄影的成果是作为规划所需的基础资料来收集的，而不是作为艺术作品来创作的。规划摄影成果经过分析整理，可以利用来帮助对规划的现状进行科学的分析论证，说明现状所存在的问题的性质，为解决问题进行合理规划提供直观依据。

二、规划摄影的效用

（一）弥补现状地形图之不足

城镇规划，特别是风景区园林规划，十分重视对自然景物、人文景观、环境质量的调查研究。诸如奇峰怪石、悬泉飞瀑、野洞幽穴、古树名木、古代建筑及文物古迹等皆被规划者视若瑰宝，莫不详细探查记载以资研究利用，而一般地形图对这些内容往往简略或不予标注。

比如悬岩峭壁在一般地形图上只绘记一条齿牙形图记，到底岩体断面的形状如何，完整程度怎样，其质地、纹理、色泽有何特征等皆不可知，只有通过现场踏勘的规划摄影来搜集弥补。

（二）弥补文字资料之有限

编制城镇规划，先要收集大量翔实的基础资料，作好现场踏勘记录。但文字的记述毕竟是有局限性的，特别在时间仓促任务繁重的情况下或在遗存的文字图片无法借走的情况下，通过现场摄影摄像记录来弥补，是十分方便的。

（三）增强规划方案介绍的效果

在规划方案提交评审时，有些参与评审者对现状不大熟悉，如果能为评审现场提供一些生动具体的现状情景实录，可以帮助方案介绍人简明扼要地对现状进行分析说明，使评议者加深对总体规划方案意图的理解，以便使评审工作更有成效。

（四）提高规划表现图的绘制效果

表现城镇规划成果的鸟瞰图、街景透视图、景观示意图等的绘制，如果有事先拍摄的现状用地鸟瞰全景照片作参考，帮助绘制人员选择好视点、灭点，进行立意构图，将会提高绘图质量，缩短绘制时间，增添真实性和感染力。

（五）提高详细规划的质量

进入详规阶段时，如果条件允许，还应该按照详细规划的要求，再次进行现场踏勘，按计划重新或补充拍摄现场的详细现状资料，以便提高详规设计的合理性。

（六）记录规划活动的重要情景

在现场踏勘、方案评审、成果验收等重要的规划活动中，有选择地拍摄一些场景记录，作为规划史料来保存，是很有必要的。同时，对规划成果之一的彩图摄制成图片保存归档，也是必需的。

三、规划摄影的方法

（一）熟悉对方提供的地形图

研究有关的基础资料，找出不明白不清楚的问题和值得注意的地方以及资料不全的方面，做到心中有数，摄影目的明确。

（二）制定好摄影计划

根据不同类型的规划对用地条件的不同要求，提出需要拍摄的对象，按规划内容的编制程序定出摄影计划，以免遗漏或盲目乱拍。比如先镇外后镇内，先地形后建筑，先基础设施后福利设施等。临场拍摄时还要考虑是从上而下或从东到西，先整体后局部或先取优势后找问题等。行动有序，避免往返奔波。

选址阶段着重在对比不同地址之间的有利条件和不利因素的多少。摄影则要求从不同地址的地形地貌特征方面显示，多用全景画面。

总规阶段着重在对物质空间的大体划分，考虑功能分区是否合理。摄影则要求从宏观上显示山容水态自然分疆的特点，地形地势的倾斜方向，多用中景或全景画面。

详规阶段着重在考虑小区内各种建筑、道路、绿化的具体布置是否做到了因地制宜。摄影则要求从微观上显示各类地块内的特点，多用近景或中景画面。

旧镇改造、废园重建，着重对其现状中可以保留利用或拆迁改建的利弊得失进行分析，摄影则多以近景画面来显示。

（三）规划摄影的技巧

拍摄地形最好采用多角度多方位的鸟瞰摄影，必须选择一个位置适中，高于所摄区的山头、高台、高楼顶登高俯拍。如果用地面积大又无可俯视全貌的制高点时，则可分段拍摄。拍摄时要选好标志物作为分段的界线，拍好一张再移到界线标志处拍第二张，拍完为止。

拍摄全景时最好用脚架支撑相机，作回环或半回环连续拍摄，洗印后拼接。

拍摄地形最好依照一定方位展开，避免东一张西一张，利用不方便。

拍摄内容多时，应该边拍边作记录，按胶卷显示的序号编号，将所摄内容、地名、方位简要地记写在记录本上，待冲洗印制后再将拍摄记录文字转抄在照片背面，以便辨认利用。

拍摄规划彩图时应注意以下几点：

最好利用自然光露天拍摄，阳光斜射时拍。

图纸要平整地裱在平板上，这样图面受光才均匀。

镜头正对图心，与图面平行，采用中近距离拍摄，调一个光圈就行。

调光圈应根据图面色彩考虑，图色偏冷、偏暗、偏深时调大点；偏热、亮、浅时调小点。

图面的底色暗时，对光圈以图心内容为准。

（刊于《村镇建设》1995.5）

中国风景园林文学作品选析
——作品提示集萃

一、归园田居 （五首选一）
〔东晋〕 陶 潜

少无适俗韵，性本爱丘山。
误落尘网中，一去三十年。
羁鸟恋旧林，池鱼思故渊。
开荒南野际，守拙归园田。
方宅十余亩，草屋八九间。
榆柳荫后檐，桃李罗堂前。
暧暧远人村，依依墟里烟。
狗吠深巷中，鸡鸣桑树颠。
户庭无尘杂，虚室有余闲。
久在樊笼里，复得返自然。

〔提示〕回归大自然，是近现代人对生态环境包括风景园林的一种追求目标，一千多年前的作者已有这种情感。陶潜是中国田园诗创始人，是隐逸诗人之宗。他借田园生活的适意来表达隐居不仕的高致；有意突出田园的淳朴宁静，借以反对官场的庸俗腐败，反衬诗人安贫乐道的高尚情操，也是对老庄哲学返璞归真、崇尚自然的体认。古代造园十分注意质朴自然，常常突现山村野居意境，每以"草堂"作为庭园的命名，在一些皇家贵族园林中也爱以田园景观作为重要景点布置。如圆明园有"北远山村"，《红楼梦》大观园有"稻香村"，避暑山庄有"甫田丛樾"等。其植物配置也常以桃、李、杏、花、桑、柘、榆、柳等为主。本诗前八句述志，一"误"字道出悔恨十分。宁开荒守拙也不当羁鸟、池鱼。后面展现自然恬静之景，无尘杂之污扰，有余闲以自适，悠闲自得。以脱樊笼，返自然作结，庆幸夙志之得遂。

二、饮酒 并序 （二十首选一）
〔东晋〕 陶 潜

余闲居寡欢，兼秋夜已长，偶有名酒无夕不饮。顾影独尽，忽焉复醉。既醉之后，辄题数句自娱，纸墨遂多，辞无诠次，聊命故人书之，以为欢笑尔。

结庐在人境，而无车马喧。

问君何能尔，心远地自偏。

采菊东篱下，悠然见南山。

山气日夕佳，飞鸟相与还。

此中有真意，欲辨已忘言。

[提示]"悠然见南山"是"诗眼"。《东坡志林》：采菊之次，偶然见山，初不用意，而境与意会，故可喜也。王国维《人间词话》：有有我之境，有无我之境……采菊东篱下，悠然见南山……无我之境也。有我之境，以我观物，故物皆著我之色彩。无我之境，以物观物，故不知何者为我，何者为物……无我之境，人惟于静中得之，有我之境，于由动之静时得之，故一优美，一宏壮也。

所谓"无我"，即忘我，也就是老庄哲学所说的"物我两忘"境界。这是一种高层次的审美方式，也是一种返璞归真的哲学修养和禅学修养。这已超出了情景相生、情景相融的有我境界，进入了极自然、极无心的无（忘）我境界，确是"欲辨已忘言"的真意体现。

三、石门岩上宿

[南朝宋]　谢灵运

朝搴苑中兰，畏彼霜下歇。

暝还云际宿，弄此石上月。

鸟鸣识夜栖，木落知风发。

异音同至听，殊响俱清越。

妙物莫为赏，芳醑谁与伐？

美人竟不来，阳阿徒晞发。

[提示]在中国文学史上，历来陶谢并称：陶渊明是田园诗祖，谢灵运为山水诗宗，这也已成定论。无论中外，田园牧歌和风景诗画都和风景园林艺术有紧密关系；在中国，则尤为显著。从诗歌成就和对后来影响而言，谢远不及陶，但作为一派宗师，谢的作品又具有不可忽视的意义。

四、入若耶溪

[南朝梁]　王　籍

舣艎何泛泛，空水共悠悠。

阴霞生远岫，阳景逐回流。

蝉噪林逾静，鸟鸣山更幽。

此地动归念，长年悲倦游。

[提示]五、六两句以喧闹反衬寂静，所谓以动写静，是中国园林创造静境景观的一种传统手法（但整体环境必须是静态）。《梦溪笔谈》记载：古人诗有"风定花犹落"之

句，以为无人能对，王荆公以对"鸟鸣山更幽"。"鸟鸣山更幽"本王籍诗，原对："蝉噪林愈静，鸟鸣山更幽"，上下句只是一意。"风定花犹落，鸟鸣山更幽"，则上句乃静中有动，下句乃动中有静。《冷斋夜话》载：荆公言：前辈诗"风定花犹落"，静中见动意；"鸟鸣山更幽"，动中见静意。山谷云："此老论诗，不失解经旨趣，亦可怪耳"。

比如园林中于岩石阴冷、草木翁郁、潭水冷清的寂静环境里，设计一脉叮咚作响的泉水之声，则愈显寂静。

五、敕勒歌
[北齐]　斛律金

敕勒川，阴山下。天似穹庐，笼盖四野。
天苍苍，野茫茫，风吹草低见牛羊。

[提示] 大草原的辽阔雄浑美景，此诗几笔勾勒，便神貌毕现。这是激动人心的壮美。

六、山居秋暝
[唐]　王　维

空山新雨后，天气晚来秋。
明月松间照，清泉石上流。
竹喧归浣女，莲动下渔舟。
随意春芳歇，王孙自可留。

[提示] 用色彩光线声响，通过动与静形成一种秋天黄昏的意境，如苏东坡所言："味摩诘之诗，诗中有画"。

七、辋川闲居赠裴秀才迪
[唐]　王　维

寒山转苍翠，秋水日潺湲。
倚杖柴门外，临风听暮蝉。
渡头余落日，墟里上孤烟。
复值接舆醉，狂歌五柳前。

[提示] 动静相对，光色互生。这是大诗人兼画家又兼音乐家的王维所擅长的艺术手法。"诗中有画，画中有诗"是苏轼对王维的评价。此诗是一幅恬淡、静谧的辋川风景画："寒山、秋水、落日、孤烟"的选景体现了"诗以山川为境，山川亦以诗为境"的园林意境美。

八、与高适薛据登慈恩寺浮图

[唐]　岑　参

塔势如涌出，孤高耸天宫。
登临出世界，磴道盘虚空。
突兀压神州，峥嵘如鬼工。
四角碍白日，七层摩苍穹。
下窥指高鸟，俯听闻惊风。
连山若波涛，奔走似朝东。
青槐夹驰道，宫观何玲珑。
秋色从西来，苍然满关中。
五陵北原上，万古青蒙蒙。
净理了可悟，胜因夙所宗。
誓将挂冠去，觉道资无穷。

[提示] 此诗写登塔纵眺，俯察宏观气象，描写远近景物，反衬慈恩塔突兀孤高的壮美。平地造园，为了满足游人远眺的心理，常以楼阁、台塔建于园中高处。

九、破山寺后禅院

[唐]　常　建

清晨入古寺，初日照高林。
曲径通幽处，禅房花木深。
山光悦鸟性，潭影空人心。
万籁此俱寂，但余钟磬声。

[提示] 这首诗重点描写破山寺后禅院清晨景色的僻静幽深。"深"是"幽"的前提，以曲径引入，自然优美。所以园林中讲究径要曲，境要幽，花木山水层次要多。曲径通幽是中国园林最主要特点之一。

一○、黄鹤楼

[唐]　崔　颢

昔人已乘黄鹤去，此地空余黄鹤楼。
黄鹤一去不复返，白云千载空悠悠。
晴川历历汉阳树，芳草萋萋鹦鹉洲。
日暮乡关何处是？烟波江上使人愁。

[提示] 诗人面对雄浑壮阔的黄鹤楼景观，没有直接从景观空间上去描写，而是从美

丽的传说入手，引人追忆杳远的传奇，用"白云千载空悠悠"把时间的久远和空间的辽阔结合起来，实景虚写。以变幻的白云暗示时空的不可测度，以"悠悠"二字刻画漫长缓慢的节奏。颈联转到空间实景，但仍不写壮阔场面，而写历历可见的近景，为结尾铺垫。使诗思从悠悠远古的"虚"回到烟波浩淼的大江上的"实"，仙人不可见，乡关何处是？忧从中来，不可断绝。这种不粘不脱，避实就虚的写法，正如《诗品》所说："返虚入浑，积健为雄……超以象外，得其环中。"让"飘然思不群"的诗仙搁笔，固也。

一一、早发白帝城
[唐] 李 白

朝辞白帝彩云间，千里江陵一日还。
两岸猿声啼不住，轻舟已过万重山。

[提示] 这是写动观之景，在急剧的速度变化之中，从耳听眼看里表达轻快心情。

一二、独坐敬亭山
[唐] 李 白

众鸟高飞尽，孤云独去闲。
相看两不厌，只有敬亭山。

[提示] 把敬亭山拟人化，又把自己放入画面，人与山互相赏爱，情景交融，意境深远。辛弃疾词"我见青山多妩媚，料青山见我亦如是"，即此境界，是欣赏山的雅趣。

一三、秋登宣城谢朓北楼
[唐] 李 白

江城如画里，山晚望晴空。
两水夹明镜，双桥落彩虹。
人烟寒橘柚，秋色老梧桐。
谁念北楼上，临风怀谢公？

[提示] 这首诗的颔联、颈联选取了不同的几个画面构成一幅"江城如画"的美景。注意秋景的特色，"寒桔柚"、"老梧桐"是重要的景物。

一四、望 岳
[唐] 杜 甫

岱宗夫何如？齐鲁青未了。

> 造化钟神秀，阴阳割昏晓。
> 荡胸生层云，决眦入归鸟。
> 会当凌绝顶，一览众山小。

［提示］全诗从宏观上着眼，写出了泰山之气势磅礴，极其深刻地留下了荡胸决眦的印象，并激起攀登远眺之豪情，可见阳刚之美容易使人激动惊讶。

一五、严郑公宅同咏竹

［唐］　杜　甫

> 绿竹半含箨，新梢才出墙。
> 色侵书帙晚，阴过酒樽凉。
> 雨洗涓涓净，风吹细细香。
> 但令无剪伐，会见拂云长。

［提示］"竹"为历代文人学士所喜爱。苏轼"可使食无肉，不可居无竹"。在中国古典园林中"竹"常用来造景。《园冶》有"移竹当窗"、"竹坞寻幽"的造园手法。作者以动寓静，用发展变化的眼光写竹，选择了不同生长期的特征，显现出不同环境中竹的风韵。而且结合作者生活来写，更能表现一个"爱"字。

一六、登　高

［唐］　杜　甫

> 风急天高猿啸哀，渚清沙白鸟飞回。
> 无边落木萧萧下，不尽长江滚滚来。
> 万里悲秋常作客，百年多病独登台。
> 艰难苦恨繁霜鬓，潦倒新停浊酒杯。

［提示］本篇是诗人漂泊夔州时所作，九月九日重阳节登高是传统风俗，此时诗人心境很坏，故写得悲凉苦闷。深秋萧索的三峡，漂泊无定的生涯，艰难的国运，贫困多病的身躯，齐凑在"每逢佳节倍思亲"的日子，必然感慨万千。但作者怨而不怒，默默忍受，于是愈觉沉郁。本诗气象雄浑，一气呵成，有人推为杜诗七律第一。颔联笔法苍劲，意境宏阔，传为名句。

一七、后　游

［唐］　杜　甫

> 寺忆曾游处，桥怜再渡时。
> 江山如有待，花柳自无私。

野润烟光薄，沙暄日色迟。

客愁全为减，舍此复何之？

[提示]一般人游赏园林爱新鲜，而文化修养高、感情丰富的人都喜欢重游、再游。游园林如寻故人、如访旧友，徘徊流连不已。"物是人非"、"人去楼空"常能勾起游赏者的无限情怀。诗圣用"忆曾游"、"怜再渡"、"如有待"、"更无私"道出了以情待物的心境，使物我交感同化，得到客愁全减的收获。

一八、阙　题

[唐]　刘眘虚

道由白云尽，春与青溪长。

时有落花至，远随流水香。

闲门向山路，深柳读书堂。

幽映每白日，清辉照衣裳。

[提示]本诗明白如话，色彩素净，组景平淡，看似寻常无奇，但却淡而有味。把朴素的山乡景色与宁静的自然环境，融入淡泊无欲的心境之中。道尽云曲，溪驻青春，花流水香，柳深书香，闲门向山，清辉照衣，竟成了一派隐士理想的桃源风光。这种淡雅的景观适宜布置书斋、客室。白云、白日与青溪相映，青山深柳的折射，使柔和宜人的"清辉"充满书斋，这与清高的隐居读书生活十分协调。

一九、晚自朝台津至韦隐居郊园

[唐]　许浑

秋来凫雁下方塘，系马朝台步夕阳。

村径绕山松叶暗，野门临水稻花香。

云连海气琴书润，风带潮声枕簟凉。

西下磻溪犹万里，可能垂白待文王。

[提示]许浑以写水景为擅长，故有"湿浑"之称。通过"云连海气"、"风带潮声"的联想，把很远的景象也联系起来，使虚实并用、远近结合，风景的内涵就扩大了。"柴门临水稻花香"在《红楼梦》大观园的稻香村楹联中即以此为意境。末句针对韦隐士说的，以姜太公垂钓待文王来比喻。

二〇、枫桥夜泊

[唐]　张继

月落乌啼霜满天，江枫渔火对愁眠。

姑苏城外寒山寺，夜半钟声到客船。

[提示] 在异乡漂泊的诗人，在月落乌啼霜满天的时候，在江枫渔火岸边的客船上，面对这凄清冷漠的夜景，辗转难眠，偏又传来几杵寒山寺的钟声。无情的钟声更搅乱了"剪不断理还乱"的愁绪，钟声更加重了肠断天涯的沉重心情，漂泊到何方何时，那山僧神佛也未必知道，那朝欢暮乐美如天堂的姑苏城，却安顿不下诗人的一枕离情别恨。这典型的环境，沉重的心境，不眠的时候，被几杵无情夜钟一撞击，便促成了这首通感特强的千古绝唱。醒睡相对，僧俗相形，时空相映，动静相交，情景相生，形成了一种孤峭凄清的意境。

因为这首诗广为流传，脍炙人口，使本不出名的姑苏城外枫桥和寒山寺也成了中外闻名的游览胜地。此诗在日本也家传户唱，对日本的造园影响也是很深的。在中国园林里也常用钟声的音乐感来破山林的寂寞，使静中有动。如南屏晚钟、雁塔晨钟、烟寺晚钟等景名常见。

二一、黄鹤楼

［唐］　贾　岛

高槛危檐势若飞，孤云野水共依依。
青山万古长如旧，黄鹤何年去不归？
岸映西州城半出，烟生南浦树将微。
定知羽客无因见，空使含情对落晖！

[提示] 把此诗与崔颢诗比较看，在结构上基本一致，前四句都写楼与传说，颈联都写眼前景，尾联都以情结景。但贾诗前四句与崔诗反，是先写楼后写鹤。起句言楼势若黄鹤展翅欲飞，通过联想将楼观动态转化为鹤，接着衬以黄鹤的典型环境——孤云野水，"共依依"将楼、云、水联结起来，说明建筑物与大自然的协调。三句再扩展视野，将名楼与万古长青的山川相联系，赞叹其历史悠久，从空间转向时间。四句自然而然地想起仙人跨鹤的美丽传说，并化用崔诗将实景融入缥缈的遐想中去。然后转回眼前景，得出现实结论：仙人不可见，何须空含情。似自悟也似在凭吊前人。贾诗在气势神韵上不如崔诗，但其布局经营也是煞费苦心的，只是抓住传说一笔到底，未免过粘，结句也嫌少力度。前人有"郊寒岛瘦"之评，从此诗亦可见注意"推敲"的诗人，往往因拘泥于实处刻画而显得局面打不开。

二二、题崔端公园林

［唐］　卢　纶

上士爱清辉，开门向翠微。
抱琴看鹤去，枕石待云归。
野坐苔生席，高眠竹挂衣。
旧山东望远，惆怅暮花飞。

[提示] 古典园林中各种风格均受构园者主观审美意趣的影响。本诗作者写出了山居园林的自然野趣，表现自己崇尚自然的意境。末句由此及彼而引起东归旧山之情。

二三、及第后宴曲江

[唐]　刘　沧

及第新春选胜游，古园初宴曲江头。
紫毫粉壁题仙籍，柳色箫声拂御楼。
霁景露光明远岸，晚空山翠坠芳洲。
归时不省花间醉，绮陌香车似水流。

[提示] 曲江是唐代长安的著名园林，从本诗的描写中可以看出当时的盛况。曲江在当时是一座公共园林，平民亦可往游。

二四、石季伦金谷园

[唐]　许尧佐

石氏遗文在，凄凉见故园。
轻风思奏乐，衰草忆行轩。
舞榭苍苔掩，歌台落叶繁。
断云归旧壑，流水咽新源。
曲沼残烟敛，丛篁宿鸟喧。
惟余池上月，犹似对金尊。

[提示] 明代计成在《园冶》中曾写道："不羡摩诘辋川，何数季伦金谷"。可见金谷园曾在中国古典园林中名噪一时。此诗虽写故园，但从遗址中处处可见昔日的繁华景象，从对比中映衬出了原来的园林景观之美。

二五、忆平泉山居，赠沈吏部一首

[唐]　李德裕

昔闻羊叔子，茅屋在东渠。
岂不念归路，徘徊畏简书。
乃知轩冕客，自与田园疏。
殁世有遗恨，精诚何所知。
嗟予寡时用，夙志在林间。
虽抱山水癖，敢希仁智居。
清泉绕舍下，修竹荫庭除。

曲径松盖密，小池莲叶初。
从来有好鸟，近复跃鲦鱼。
少室映川陆，鸣皋对蓬庐。
张何旧寮宋，相勉在悬舆。
常恐似伯玉，瞻前惭魏舒。

［提示］全诗前半部分以羊祜有志山林而至死未遂的故事对比，希望自己能退归林下得遂夙志。后八句顺势忆写平泉别墅的园林景色，以加强归田园的欲望。结尾四句倾诉欲辞官归里又怕遭到陈子昂一样的下场，心情矛盾，彷徨不定。暴露了牛李党争已日趋激烈，欲罢不能的政治背景。从而说明了"乃知轩冕客，自与田园疏"的深刻体认。难怪白居易要称叹裴度能退居洛阳别墅是"千年落公便"了。封建时代的大臣想归田也是不易的。

二六、正月三日闲行
［唐］　白居易

黄鹂巷口莺欲语，乌鹊河头冰欲销。
绿浪东西南北水，红栏三百九十桥。
鸳鸯荡漾双双翅，杨柳交加万万条。
借问春风来早晚，只从前日到今朝。

［提示］这是诗人任苏州刺史时所写的一首姑苏早春诗，用"东西南北水""三百九十桥"写出了苏州城市的独特景观——水多、桥多，而且红栏绿波相映，十分美丽。再加上杨柳多、鸳鸯多（疑为鸭类）更使锦上添花。遗憾的是春风尚早，花事未作。值得注意的是起句和尾联写得虚虚实实，似有却无，十分有趣。起句借"黄鹂"巷名说"莺欲语"，但时无莺，而市民已在谈论春天，又像有另一种莺声。结句问讯春风几时到的？回答是"从前日到今朝"，即正月初一来的（点题）。从时序上说是有，但从河冰初解，花事未作来说又似无。

二七、奉和裴令公新成午桥庄绿野堂即事
［唐］　白居易

旧径开桃李，新池凿凤凰。
只添丞相阁，不改午桥庄。
远处尘埃少，闲中日月长。
青山为外屏，绿野是前堂。
引水多随势，栽松不趁行。
年华玩风景，春事看农桑。
花妒谢家妓，兰偷荀令香。
游丝飘酒席，瀑布溅琴床。

　　　　　　巢许终身稳，萧曹到老忙。

　　　　　　千年落公便，进退处中央。

　　［提示］"绿野堂"是常见的士大夫园居韵事的典故之一。作者为我们重现了午桥庄园林的风貌：它在旧园基础上改建而成，清理污水，开凿新池，广植桃柳，借景青山，松竹苍翠，花艳兰香，引瀑飞溅，风景十分宜人。特别提到"引水多随势，栽松不趁行"，正是午桥庄绿野堂园林的建筑特色：因地制宜而不"推翻重来"，因势利导而不强为，追求画意而不刻板对称，即所谓的自然式写意园林。作者从园主人的因地造园中反映了处事随和不矫情的风度。把园主人"玩风景"与关心"农桑"结合起来，说明裴度心悬社稷的忠厚。所以诗篇后面，作者既不主张"终身隐"，也不愿意"到老忙"，认为像裴度这样"进退"随时，才是值得士大夫羡慕的。

二八、池上篇　并序
　　　　［唐］　白居易

　　都城风土水木之胜，在东南偏。东南之胜，在履道里。里之胜，在西北隅。西闬北垣第一第，即白氏叟乐天退老之地。地方十七亩，屋室三之一，水五之一，竹九之一，而岛树桥道间之。初，乐天既为主，喜且曰："虽有台，无粟不能守也。"乃作池东粟廪。又曰："虽有子弟，无书不能训也。"乃作池北书库。又曰："虽有宾朋，无琴酒不能娱也。"乃作池西琴亭，加石樽焉。乐天罢杭州刺史时，得天竺石一、华亭鹤二以归。始作西平桥，开环池路。罢苏州刺史时，得太湖石、白莲、折腰菱、青板舫以归。又作中高桥，通三岛径。罢刑部侍郎时，有粟千斛，书一车，泊臧获之习—铿筦、磬、弦歌者指百以归。先是颍川陈孝山与酿法酒，味甚佳。博陵崔晦叔与琴，韵甚清。蜀客姜发授《秋思》，声甚淡。弘农杨贞一与青石三，方长平滑，可以坐卧。太和三年夏，乐天始得请为太子宾客，分秩于洛下，息躬于池上。凡三任所得，四人所与，泊吾不才身，今率为池中物矣。每至池风春，池月秋，水香莲开之旦，露清鹤唳之夕：拂杨石，举陈酒，援崔琴，弹姜《秋思》，颓然自适，不知其他。酒酣琴罢，又命乐童登中岛亭，合奏《霓裳·散曲》，声随风飘，或凝或散，悠扬于竹烟波月之际者久之。曲未竟，而乐天陶然已醉，睡于石上矣。睡起偶咏，非诗非赋。阿龟握笔，因题石间。视其粗成韵章，命为《池上篇》云尔。

　　　　　　十亩之宅，五亩之园。有水一池，

　　　　　　有竹千竿。勿谓土狭，勿谓地偏。

　　　　　　足以容膝，足以息肩。有堂有庭，

　　　　　　有桥有船；有书有酒，有歌有弦。

　　　　　　有叟在中，白须飘然。识分知足，

　　　　　　外无求焉。如鸟择木，姑务巢安；

　　　　　　如龟居坎，不知海宽。灵鹤怪石，

　　　　　　紫菱白莲。皆吾所好，尽在吾前。

　　　　　　时饮一杯，或吟一篇。妻孥熙熙，

　　　　　　鸡犬闲闲。优哉游哉。吾将终老乎其间。

[提示] 这是研究中国古典园林的一篇重要作品。诗前冠有较长的序言，序言先交代了白氏园的位置、大小、用地比例。然后依次说明了实现全园布局规划的时间，以及"三任所得，四人所与"，用以充实点缀园池的经过。最后记述了作者"分秩洛下，息躬池上"，旦夕优游于春风秋月，水香莲开，露清鹤唳，竹烟月波之中，饮酒弹琴，听曲吟诗，陶然自适的乐趣。唐代有许多达官贵人争相在洛阳构筑别墅以标榜风雅，但真愿隐居者甚少，而白居易却是真正退居筑园者。别人做外官大量搜集珍宝，而白居易只求石、鹤、莲、舫等园中点景物。别人造园求华丽，而白氏求简朴适意。别人居园车马喧闹，歌舞华筵，而白氏"尽日更无客"，独自抚琴听曲，饮酒赋诗，甚至"竟夕舟中坐，有时桥上眠"，真正地投入了自然怀抱。所以他不无自傲地说："洛阳冠盖自相索，谁肯来此同抽簪?"至于《池上篇》诗，只是对序的小结，表达了作者"识分知足"、"姑务巢安"，愿就园终老的高志。

二九、宿骆氏亭寄怀崔雍崔衮
[唐]　李商隐

竹坞无尘水槛清，相思迢递隔重城。
秋阴不散霜飞晚，留得枯荷听雨声。

[提示] 李商隐善于写朦胧诗，有"诗谜家"之称，而本诗却清新雅健，结句特好。《红楼梦·四十回》写林黛玉，说她不爱李义山诗，只喜欢他"留得残荷听雨声"一句。拙政园的重要景点留听阁，也以此诗结句意境命名。结句之所以隽永有味，是因为它一语双关。从景观的听觉效果看，它与夏雨茂荷的激烈喧闹不同，秋雨残荷如泣如诉、如怨如慕，别有情趣。从内在含义看，说明人或动植物，虽然衰老，也能另有作用的。

三〇、乐游原
[唐]　李商隐

向晚意不适，驱车登古原。
夕阳无限好，只是近黄昏。

[提示] 夕阳黄昏句是脍炙人口的名句，含义深远，既写出了乐游原的美妙晚景，又暗喻人生有成就的时刻也是接近暮年的时刻。当然也可以理解为作者一生沉沦，对年华迟暮的感叹。还可以理解为对濒临消逝的旧事物的惋惜。

三一、夜看扬州市
[唐]　王　建

夜市千灯照碧云，高楼红袖客纷纷。

如今不是时平日，犹自笙歌彻晓闻。

[提示] 扬州之繁华，隋唐至于鼎盛。城市景观不同于田园，"夜市千灯""高楼红袖""笙歌彻晓"而且还不是太平之日，否则其盛况更炽。这首诗抓住典型景物特征，描写了夜市的繁华热闹。

三二、江南春
[唐]　杜　牧

千里莺啼绿映红，水村山郭酒旗风。
南朝四百八十寺，多少楼台烟雨中。

[提示] 本诗从宏观着眼写整个江南春天的特色。起句用"千里"概括大面积的色块"绿映红"、"群莺乱飞"，处处村酒飘香，春风拂面，真令人陶醉。三四句集中视点到江南春的代表胜地，六朝金粉的金陵（南京）。仍以广视角的鸟瞰手法，描写那众多的烟雨楼台，寺庙园林。"多少"二字颇有沧桑之感，但仍不失江南名都气概。全诗笔力雄健而又潇洒有致。

三三、送人游吴
[唐]　杜荀鹤

君到姑苏见，人家尽枕河。
古宫闲地少，水港小桥多。
夜市卖菱藕，春船载绮罗。
遥知未眠月，乡思在渔歌。

[提示] 这是一首描写古代苏州风貌特征的好诗，有景观、风俗、特产。作者的观察全面细致，选择了富有特色的风物，描出了一幅水城风景图。

三四、半山春晚即事
[北宋]　王安石

春风取花去，酬我以清阴。
翳翳陂路静，交交园屋深。
床敷每小息，杖屦或幽寻。
惟有北山鸟，经过遗好音。

[提示] 王安石罢相后隐居金陵半山，筑有半山园，此诗描绘了园林恬静的环境，也表达了作者淡泊明志的心境。花去有清阴，一样可以怡情悦性。"清阴"造成了静、深、

幽的景观效果，颇能满足诗人的探寻。尾联从侧面写出作者与外界在思想上隔绝，并厌恶世俗对新政的无知之论，故觉得自然的鸟音特别悦耳。本诗的起句也不同凡响，用拟人手法写春风的懂事与有人情味，一反过去晚春、惜春、送春诗的眷恋春光，怨风怨雨的儿女态写法。给我们的启示是：造园布置繁花似锦的春景时，应该考虑到花谢阴成后的夏景如何继续，以免顾此失彼。对夏后有秋，秋后有冬，都要全面规划。

三五、钟山即事
[北宋] 王安石

涧水无声绕竹流，竹西花草弄春柔。
茅檐相对坐终日，一鸟不鸣山更幽。

[提示] 王安石散文雄健峭拔，诗歌遒劲清新，自成一家。写山水景物，刻画甚有功力。此诗一二句写近景：水绕竹流，花弄春柔。这种惹人怜爱的温馨小景，作者不感兴趣。三句笔锋一转，放眼钟山，便觉兴味相投，相对终日不倦。化用李白《独坐敬亭山》"相对两不厌"的意境，"体现"仁者乐山"的追求。末句用一"幽"字作结，但与王籍"鸟鸣山更幽"相反，别出新意。

三六、饮湖上初晴后雨
[北宋] 苏 轼

水光潋滟晴方好，山色空蒙雨亦奇。
欲把西湖比西子，淡妆浓抹总相宜。

[提示] 园林美与气候变化有密切的关系，在造园设计时可加以利用，欣赏时也应注意气候对园林的影响。

苏轼这首诗是对西湖风格总的评价，历来称为定论。西湖确实具有西子的阴柔之美。

三七、题西林壁
[北宋] 苏 轼

横看成岭侧成峰，远近高低各不同。
不识庐山真面目，只缘身在此山中。

[提示] 从相对角度位置与观赏的效果关系来揭示观景中出现的某种哲理。横看竖看，仰观俯察，效果大不一样，游园时也须注意从多角度去探索风景美。

三八、登快阁

[北宋] 黄庭坚

痴儿了却公家事，快阁东西倚晚晴。
落木千山天远大，澄江一道月分明。
朱弦已为佳人绝，青眼聊因美酒横。
万里归船弄长笛，此心吾与白鸥盟。

[提示] 此诗写深秋傍晚的江边景色，画面开阔，气象宏大。后四句即景抒情：无意仕途，关心诗酒，归舟弄笛于江湖之上，与白鸥结友定盟，追求"五湖烟水共忘机"的境界。真是快人快语，使快阁之名与爽快之心境十分协调。全诗一气呵成，了无挂碍，突出"快"意。

三九、滕王阁感怀

[北宋] 王安国

滕王平日好追游，高阁魏然枕碧流。
胜地几经兴废事，夕阳偏照古今愁。
城中树密千家市，天际人归一叶舟。
极目烟波吟不尽，西山重叠乱云浮。

[提示] 据吴曾《能改斋漫录》载：王安国 13 岁作此诗，郡太守张侯见而惊异，特设宴张乐于滕王阁上，以示庆贺。此诗借景抒情，把滕王阁几经兴废的历史与自己前途渺茫的现实结合起来，便觉思绪万千，如西山迷蒙缭乱的浮云一样。

四〇、山园小梅

[北宋] 林 逋

众芳摇落独暄妍，占尽风情向小园。
疏影横斜水清浅，暗香浮动月黄昏。
霜禽欲下先偷眼，粉蝶如知合断魂。
幸有微吟可相狎，不须檀板共金樽。

[提示] 本诗咏白梅，起句写梅凌霜傲雪的高贵品质，二句写梅花独领园林风骚，颔联从梅的景观写姿态身影和香气，颈联从侧面虚写霜禽粉蝶来反衬梅花的花色和香气，尾联从人与梅的关系上写赏梅咏梅的方式方法。

以往的咏梅诗多是从梅的品性、色相、香气等方面着眼，本诗特别刻画了梅花的姿态景观，提出了疏、横、斜的审美要求，为后世画梅、养梅（特别是盆景）、赏梅从形式美的角度提供了初步标准。颔联成为咏梅名句，主要是通过姿影、香气和淡雅的背景如水、月，以及朦胧的黄昏时候，写出了梅花美的神韵。疏影横斜，暗香浮动，清溪照水，淡月笼枝，饶有林下风韵。以后"疏影"、"暗香"又被姜白石谱为词牌名，遂成了梅花的代称。评论这一联名句的也不少：如《寒厅诗话》引南唐江为"竹影横斜水清浅，桂香浮动月黄昏"诗句说："林君复（逋）改二字为'疏影'、'暗香'以咏梅，遂成千古绝调，所谓点铁成金也。"黄庭坚说："虽取古人陈言入翰墨，如灵丹一粒，点铁成金也。"

四一、观书有感
［南宋］　朱　熹

半亩方塘一鉴开，天光云影共徘徊。
问渠哪得清如许？为有源头活水来。

［提示］起句以鉴镜喻小塘之清澈，二句以借景（仰借）写小塘的光影变幻景观，三句以设问方式提出"清如许"来探究水质美的原因，舍末求本，结句以源有活水来作结论。全诗以小见大，以景喻理，深含哲理和禅机。无论知识、人事、事物都要不断学习更新，吐故纳新，新陈代谢，革故鼎新，才能永葆青春活力，发展兴旺。本诗对园林的理水也有指导意义，若只顾"无水不成园"，而忽视"源头活水"的规划，则小塘大池将成死水一潭，借景全失矣。

四二、游山西村
［南宋］　陆　游

莫笑农家腊酒浑，丰年留客足鸡豚。
山重水复疑无路，柳暗花明又一村。
箫鼓追随春社近，衣冠简朴古风存。
从今若许闲乘月，拄杖无时夜叩门。

［提示］颔联两句为千古名句。也是中国古典园林布景的"诀窍"之一，东方园林艺术崇尚曲折含蓄，擅用障景手法，能使游赏者的情感随境界不同而跌宕起伏，游兴大增。另外，这两句诗文还表达了某种深邃的人生哲理。

四三、题临安邸
［南宋］　林　升

山外青山楼外楼，西湖歌舞几时休？
暖风熏得游人醉，直把杭州作汴州。

［提示］南宋的京城临安比汴京虽更繁华，但亡国的危机日益迫近，林升的诗含蓄地提出了警告和谴责。这首诗好在不直说却胜过了直说。现西湖有"楼外楼"、"山外山"

酒楼，可见诗语的感人之深。

四四、晓出净慈寺送林子方
[南宋] 杨万里

毕竟西湖六月中，风光不与四时同。
接天莲叶无穷碧，映日荷花别样红。

[提示] 这是对西湖六月景色的评价，园林中将某些花木大面积集中栽植，产生强烈的色彩对比，观赏效果突出。

四五、游园不值
[南宋] 叶绍翁

应怜屐齿印苍苔，小扣柴扉久不开。
春色满园关不住，一枝红杏出墙来。

[提示] 粉墙遮隔，红杏探头，墙头小景宜人。以"一枝红杏"体现"满园春色"，以局部体现整体，是中国传统美学观点。园林中在粉墙里边植花木，让枝干斜出，别有情趣。

四六、随 园
[清] 袁 枚

买得青山号小仓，一丘一壑自平章。
梅花绕屋香成海，修竹排云绿过墙。
嵌壁玻璃添世界，张灯星斗落池塘。
上公误听园林好，来画庐鸿旧草堂。

[提示] 这是一首随园景观实录诗，随园是作者亲手规划的，梅花和竹子是主要植物景观。作者还巧妙地在墙壁上嵌玻璃来扩大景观，是具有创造性的。由于随园布置精美，竟引起了朝廷的注意，派人去图写园景供皇家造园参考。

四七、即 目
[清] 林则徐

万笏尖中路渐成，远看如削近还平。
不知身与诸天接，却讶云从下界生。
飞瀑正拖千嶂雨，斜阳先放一峰晴。
眼前直觉群山小，罗列儿孙未得名。

［提示］这首诗是写云贵高原上旅途中所见的山地特异风光。抓住山高山多，道路崎岖，时雨时晴等自然特征来写，显得壮观有气概。特别是颈联警策，用一"拖"一"放"写出了气候变化无常的动观景象。

四八、忆秦娥 箫声咽
［唐］ 李 白

箫声咽，秦娥梦断秦楼月。秦楼月，年年柳色，灞陵伤别。
乐游原上清秋节，咸阳古道音尘绝。音尘绝，西风残照，汉家陵阙。

［提示］从秦娥借题，从伤别发挥，以景结情，含蓄蕴藉，寄寓颇深。表面写儿女别情，实写作者与唐王朝的冷漠关系。《人间词话》说：太白纯以气象胜。"西风残照，汉家陵阙"，寥寥八字，遂关千古登临之口。

四九、望海潮
［北宋］ 柳 永

东南形胜，三吴都会，钱塘自古繁华。烟柳画桥，风帘翠幕，参差十万人家。云树绕堤沙，怒涛卷霜雪，天堑无涯。市列珠玑，户盈罗绮，竞豪奢。
重湖叠巘清嘉，有三秋桂子，十里荷花。羌管弄晴，菱歌泛夜，嬉嬉钓叟莲娃。千骑拥高牙，乘醉听箫鼓，吟赏烟霞。异日图将好景，归去凤池夸。

［提示］这首词用辞赋的铺陈夸张手法描绘了北宋钱塘的繁荣富庶的市井，美丽欢乐的湖光山色和游人。《鹤林玉露》说：此词流播，金主亮闻歌，遂起投鞭渡江之志。首句以"自古繁华"领起，历写户口之多，市井之富，商业之发达，湖山之美，歌舞之盛。最后归结到赠词之意。层次分明，章法严谨，为长调范例。

五〇、水调歌头
［北宋］ 苏 轼

丙辰中秋，欢饮达旦，大醉，作此篇，兼怀子由。
明月几时有？把酒问青天。不知天上宫阙、今夕是何年？我欲乘风归去，又恐琼楼玉宇，高处不胜寒。起舞弄清影，何似在人间！
转朱阁，低绮户，照无眠。不应有恨、何事长向别时圆？人有悲欢离合，月有阴晴圆缺，此事古难全。但愿人长久，千里共婵娟。

［提示］苏轼此词，反映了他出世与入世的矛盾心情。"存在与选择"又一次显示了永恒的主题性。表面上他虽作了答案，但不过聊以自慰，并没有真正解决。此词空灵蕴

藉，向称中秋词之绝唱。前阕以异想的天问方式领起，从有关月亮的传说发挥想象，恐不胜寒，欲飞还敛。隐含对朝廷冷酷无情的失望。后阕转写人间：富贵之家亦有月下不眠者，月是无情物，不应有恨，但为何老在离别时圆？这又一问说明人间天上都一样有恨，以此自解自慰，最后以旷达语结束。后阕着眼于"难全"二字。

五一、沁园春 带湖新居将成
[南宋] 辛弃疾

三径初成，鹤怨猿惊，稼轩未来。甚云山自许，平生意气；衣冠人笑，抵死尘埃。意倦须还，身闲贵早，岂为莼羹鲈脍哉？秋江上，看惊弦雁避，骇浪船回。

东冈更葺茅斋，好都把轩窗临水开。要小舟行钓，先应种柳；疏篱护竹，莫碍观梅。秋菊堪餐，春兰可佩，留待先生手自栽。沉吟久，怕君恩未许，此意徘徊。

[提示] 这是辛弃疾准备辞官归隐带湖别墅，但又怕朝廷不许，思想陷入矛盾而写的词。词的下阕提出了可贵的园林规划设计意见，它要求茅斋建在较高的东岗上，而且轩窗要面湖临水。沿湖多种柳，以便小舟行钓。竹子要用疏篱围着，不让它遮住了梅花。菊、兰等高雅的花草要自己亲手栽植。

五二、水调歌头 鸥盟
[南宋] 辛弃疾

带湖吾甚爱，千丈翠奁开。先生杖屦无事，一日走千回。凡我同盟鸥鹭，今日既盟之后，来往莫相猜。白鹤在何处？尝试与偕来。

破青萍，排翠藻，立苍苔。窥鱼笑汝痴计，不解举吾杯。废沼荒丘畴昔，明月清风此夜，人世几欢哀。东岸绿阴少，杨柳更须栽。

[提示] 这是辛弃疾归隐带湖后借物言志，与鱼鸟结友的词，表达了他投身大自然后的愉悦情趣。词中透露了他强烈的园林意识，他一日走千回赏园不倦。经过一番苦心经营，原是一片废沼荒丘的带湖，变成了美丽的园林，而且还要继续完善它，东岸绿荫少，还要多种杨柳。

五三、扬州慢
[南宋] 姜夔

淳熙丙申至日，余过维扬。夜雪初霁，荠麦弥望。入其城，则四顾萧条，寒水自碧，暮色渐起，戍角悲吟。余怀怆然，感慨今昔，因自度此曲。千岩老人以为有《黍离》之悲也。

淮左名都，竹西佳处，解鞍少驻初程。过春风十里，尽荠麦青青。自胡马窥江去后，废池乔木，犹厌言兵。渐黄昏、清角吹寒，都在空城。

杜郎俊赏，算而今重到须惊。纵豆蔻词工，青楼梦好，难赋深情。二十四桥仍在，波心荡，冷月无声。念桥边红药，年年知为谁生？

［提示］此词写于金兵第二次大规模南侵后的第16年，遭到战火破坏的名城扬州仍然景物萧条，难以恢复，诗人感慨不已而赋。上阕通过今昔对比，以"荠麦青青"、"废池乔木"、"清角吹寒"、"黄昏空城"等画面，写出了扬州总的残破情景。"犹厌言兵"一句写人民反对侵略战争，痛恨战乱，希望和平的心愿。下阕则通过对诗人杜牧在扬州游赏的回忆，从"豆蔻词"、"青楼梦"、"二十四桥"、"月"、"红药"等文学内涵，来抒写扬州的清凄意境。"波心荡冷月无声"一句极为清空，借水与月的无声，表达了凄凉吊古之思。

写水中之月更多倒影、朦胧之趣。造园中也多以"近水楼台先得月"为景，如平湖秋月、三潭印月，于湖中或水边曲折布置亭榭，尽量使台榭接近水面。

五四、消　息　度雁门关
［清］　朱彝尊

千里重关，凭谁踏遍，雁衔芦处？乱水潺潺，层霄冰雪，鸟道连勾注。画角吹愁，黄沙拂面，犹有行人来去。问长途、斜阳瘦马，又穿入，离亭树。

猿臂将军，鸦儿节度，说尽英雄难据。窃国真王，论功醉尉，世事都如许！有限春衣，无多山店，醉酒徒成虚语！垂杨老，东风不管，寸丝烟絮。

［提示］这首词写出了古雁门关的险要和荒凉，并借用史实来叹息世道的不公。雁门关是长城线上的名胜古迹，是历代兵家必争之地，有许多英雄传说，作者只选取两件事来写。在写景上有虚有实，显出穷边重关要塞的气氛。

五五、浣溪沙　红桥
［清］　王士祯

北郭清溪一带流，红桥风物眼中秋，绿杨城郭是扬州。
西望雷塘何处是？香魂零落使人愁，淡烟芳草旧迷楼。

［提示］据王士祯《红桥记》可知所写是扬州瘦西湖风光。隋炀帝游幸时叫江都，留下许多名胜，现已泯灭。扬州别称"绿杨城郭"即源于此词。

五六、水调歌头
［清］　张惠言

长镵白木柄，劚破一庭寒。三枝两枝生绿，位置小窗前。要使花颜四面，和著草心千朵，向我十分妍。何必兰与菊，生意总欣然。

晓来风，夜来雨，晚来烟。是他酿就春色，又断送流年。便欲诛茅江上，只恐空林衰草，憔悴不堪怜。歌罢且更酌，与子绕花间。

[提示] 这是写的热爱绿色生命的观点。他认为不一定要栽名花，不管是野花还是草，"生意"总能叫人高兴。因而对江边的空林衰草也不忍随便破坏。

五七、蝶恋花·晚景
[清] 郑 燮

一片青山临古渡，山外晴霞，漠漠收残雨。流水远天波似乳，断烟飞上斜阳去。
徒倚高楼无一语，燕不归来，没个商量处。鸦噪暮云城堞古，月痕淡入黄昏雾。

[提示] 这是从楼上远眺山外晚晴之景：山外放霞，远水乳白，残雨已收，烟飞斜阳，鸦噪暮城，月隐薄雾。园林的楼是远借、仰观、俯察的得景建筑。

五八、[越调] 天净沙　秋思
[元] 马致远

枯藤老树昏鸦，小桥流水人家，古道西风瘦马。夕阳西下，断肠人在天涯。

[提示] 这是元曲写景名作，曾被称为"秋思之祖"。作者把秋天傍晚几种特有景物组成多层次画面，来烘托"人在天涯"的彷徨、凄凉愁绪。"小桥流水"已成为形容中国风景园林特色的习语。园林造景很注意选择景物表达意境。

五九、[中吕] 山坡羊　潼关怀古
[元] 张养浩

峰峦如聚，波涛如怒，山河表里潼关路。望西都，意踌躇。伤心秦汉经行处，宫阙万间都做了土。兴，百姓苦；亡，百姓苦。

[提示] "聚"、"怒"两字把潼关的峰峦、波涛（黄河）写得气势雄伟，突出了形势的险要。并结合有代表性的秦汉历史兴亡过程，指出了受罪的总是人民。

六○、昆明西山太华寺
[清] 李 湖

漫云有画有诗，即放胆如何落笔？
借问是月是海，且忘机试一凭栏。

[提示] 上联说太华寺风景美，即使有王摩诘的才情，放胆用诗画来表现其美，也觉

难以下笔。下联写草海月光水色，水月交辉不可分，令人忘却尘世机心。

六一、昆明大观楼长联
［清］　孙　髯

　　五百里滇池奔来眼底，披襟岸帻，喜茫茫空阔无边。看东骧神骏，西翥灵仪，北走蜿蜒，南翔缟素。高人韵士，何妨选胜登临。趁蟹屿螺洲，梳裹就风鬟雾鬓；更苹天苇地，点缀些翠羽丹霞。莫孤负：四围香稻，万顷晴沙，九夏芙蓉，三春杨柳。

　　数千年往事注到心头，把酒凌虚，叹滚滚英雄谁在？想汉习楼船，唐标铁柱，宋挥玉斧，元跨革囊。伟烈丰功，费尽移山心力。尽珠帘画栋，卷不及暮雨朝云；便断碣残碑，都付与苍烟落照。只赢得：几杵疏钟，半江渔火，两行秋雁，一枕清霜。

　　［提示］这是著名的写景长联。作者抓住滇池景物的特征，从大处落笔，用既形象又概括的艺术语言，将叙事、写景、抒情、议论融于一体，纵论古今历史规律，具体展现了"大观"的深度。上联写景，一景一图画，字无虚设；下联叙事，紧扣汉唐宋元四代滇史。全联先扬后抑，上喜下叹。昔时一派大好风光，只留下眼前的荒凉凄清，令人凭吊感叹。全联 180 字，"浑灏流转，化去堆垛之迹，实为仅见"（见《昆明县志》）。而且对仗整齐，平仄协调，意境深远，豪放跌宕，"虽一纵一横，其气足以举之"（见梁章钜《楹联丛话》），因而被誉为"古今第一长联"。

　　后云贵总督阮元认为孙髯长联"以正统之汉唐宋元伟烈丰功总归一空为主，岂不骎骎乎说到我朝"。为了"扶正而消逆"，便篡改为："五百里滇池奔来眼底，凭栏向远，喜茫茫波浪无边。有东骧金马，西翥碧鸡，北倚盘龙（江），南驯宝象（河）。高人韵士，惜抛流水光阴。趁蟹屿螺洲，衬将起苍崖翠壁；更苹天苇地，早收回薄雾残霞。莫辜负：四围香稻，万顷鸥沙，九夏芙蓉，三春杨柳。　数千年往事注到心头，把酒凌虚，叹滚滚英雄谁在？想汉习楼船，唐标铁柱，宋挥玉斧，元跨革囊。爨长（古代统治云南的爨氏）煍酋（统治南诏国的煍氏），费尽移山气力。尽珠帘画栋，卷不及暮雨朝云；便薜碣苔碑，都付与荒烟落照。只赢得：几杵疏钟，半江渔火，两行鸿雁，一片沧桑。"两相比较，大异其趣，索然无味。滇中人士不予接受。（据《滇中琐记》）

六二、贵阳南明河翠微阁
［清］　朱　篔

　　　　常倚曲阑贪看水；
　　　　不安四壁怕遮山。

　　［提示］临水建曲栏，借景多开窗，便于游人观赏近水遥山。此联经常被园林爱好者引用，说明园林中的得景建筑，应多从观赏周围的景观考虑，注意门窗的设计。

六三、四川新都宝光寺
何元普

世外人法无定法，然后知非法法也；
天下事了犹未了，何妨以不了了之。

[提示] 这是一副语意双关，寓意深刻的名联。"法"指佛法，也泛指一切方法、技法等。在艺术领域，既有法又无法，既要遵循一定规律，又要敢于打破陈规，独辟蹊径。造园也如此，要把继承和创新结合起来。但初学必须循法以入，实践经验丰富之后再求创新。

六四、成都杜甫草堂诗史堂
佚 名

水石适幽居，想溪外微吟，翠竹白沙依草阁；
楼台开暮景，结花间小队，野梅官柳接春城。

[提示] 杜甫草堂的楹联颇多，但多从杜甫的人品诗品上落笔，此联却以写景为主，见景思人而再现诗人寓蜀的吟赏生活，缩短了诗圣与游人的距离，愈觉亲切。

六五、长沙曲园
佚 名

几曲阑干文结构；
一园花木画精神。

[提示] 联语提出"画精神"，这是造园的关键，必须使园林具有诗情画意，才有意境，才耐看。

六六、岳阳楼
[清] 何绍基

一楼何奇！杜少陵五言绝唱，范希文两字关情，滕子京百废俱兴，吕纯阳三过必醉。诗耶？儒耶？吏耶？仙耶？前不见古人，使我怆然涕下！
诸君试看：洞庭湖南极潇湘，扬子江北通巫峡，巴陵山西来爽气，岳州城东道崖疆。潴者，流者，峙者，镇者，此中有真意，问谁领会得来？

[提示] 上联从有关岳阳楼的史实与传说着眼，用诗圣的诗，儒臣的文，良吏的政绩，神仙的传说，来烘托岳阳楼之"奇"，并从而引起对古人的向往。下联从岳阳楼周围的宏观景观入手，以洞庭湖之宽广，扬子江之长远，巴陵山之雄崎，岳州城之重镇，来进一步渲染岳阳楼之"奇"。并指出江湖吞吐于此，山、城峙镇于此，有"造化所钟"的真意。

全联一纵一横，铺陈淋漓，颇有机杼。

六七、黄冈东坡雪堂

〔宋〕 苏 轼

台榭如富贵，时至则有；
草木似名节，久而后成。

〔提示〕作者把造园和富贵联系起来，具有切实的经济观点，但又归结到时运的济与不济，就未免虚妄。又把花木比诸名节，时间越久越有价值，十分切当。深刻地说明园林树木的培植要经过长期的养护才能达到设计目的。

六八、襄阳隆中

佚 名

沧海日，赤城霞，峨眉雪，巫峡云，洞庭月，彭蠡烟，潇湘雨，广陵涛，庐山瀑布，合宇宙奇观，绘吾斋壁；
少陵诗，摩诘画，左传文，马迁史，薛涛笺，右军帖，南华经，相如赋，屈子离骚，收古今绝艺，置我山窗。

〔提示〕气候与天象构成气象景观，风景二字，原意即指刮风与日照。用以代表自然景观，大约始于六朝。我国绘画、诗词、造园与风景区规划，离不开晴岚、夜雨、夕照、晚钟、秋月、春晓、风荷、残雪等题目，如本联中列举的九项自然奇景，有六项是气象景观。气象景观有光影、温度、色彩、音响等不断变化的特色。能使静态的地貌、植物、建筑等产生无穷的动态变化。一天二十四时，一年二十四节，阴晴圆缺，朝晖夕阴，时令景物虽不断重复但光景日新，百看不厌。诗人画家吟风弄月的意境也往往由此而生。本联作者想把宇宙奇观与古今绝艺聚集一庐，供其朝夕欣赏，表现了强烈的爱慕。并且有选择地列举了九项具有代表性的奇观与绝艺，也是世有定评，大家公认的。

六九、武昌黄鹤楼

〔清〕 符秉忠

爽气西来，云雾扫开天地撼；
大江东去，波涛洗尽古今愁。

〔提示〕本联文笔精练，气势雄浑，以西来、东去、天地、古今等词对仗联属，宛如长江一泻千里，波澜壮阔。一反乡关之思，旅况之愁。

146

七〇、江西南昌百花洲

佚　名

枫叶荻花秋瑟瑟；
闲云潭影日悠悠。

[提示] 用集句手法写出百花洲的深秋意境。暗以九江琵琶亭，南昌滕王阁及其诗文意境来陪衬百花洲的环境景观位置。枫荻瑟瑟，云水悠悠，动静交织，清丽淡远，是一种"遥感"式的借景效果。此联或说是清阮元集句。

七一、扬州西园新月楼

佚　名

蝶衔红蕊蜂衔粉；
露似珍珠月似弓。

[提示] 本联用集句手法写出园中花繁蝶舞，露浓月淡的香艳景色，与其他素雅的联语大异其趣。商贾富家园与文人才子园是有差别的。

七二、扬州平山堂

[清]　伊秉绶

几堆江上画图山，繁华自昔。试看奢如大业，令人讪笑，令人悲凉。应有些逸兴雅怀，才领得廿四桥头箫声月色。
一派竹西歌吹路，传诵于今。必须才似庐陵，方可遨游，方可啸咏。切莫把秾花浊酒，便当作六一翁后余韵流风。

[提示] 上联讥讽隋炀帝奢靡亡国，不配占有扬州的风月；下联赞扬欧阳修才情大，为扬州园林的鉴赏作出过贡献。此联表达了作者高尚的游赏观：认为赏园不能以秾花浊酒的艳赏，代替逸兴雅怀的清赏，必须通过遨游啸咏，才能体会到园林美的真意。

七三、镇江焦山书屋

[清]　郑燮

室雅何须大；
花香不在多。

[提示] "雅"和"香"是质，"大"和"多"是量。室不雅，花不香，虽大虽多亦不足贵，这是园林建筑和花木配置必须考虑的要点。文人画要多书卷气，文人园也要多书

卷气。此联暗示古代文人孤芳自赏的情趣。

七四、金陵藩署瞻园

〔明〕 钱谦益

大江东去，浪淘尽千古英雄。问楼外青山，山外白云，何处是唐宫汉阙？
小苑春回，莺唤起一庭佳丽。看池边绿树，树边红雨，此间有舜日尧天。

〔提示〕这是副脍炙人口的江南名联。上联借苏轼《念奴娇·赤壁怀古》词写长江气概，用问句感叹兴亡陈迹已杳，苍凉悲壮。下联转笔写眼前园景生意欣然，得过且过，暂求闲适之乐。"工丽中别有一种英爽之气"（赵翼）。有人说上联意怀明朝，下联颂扬清朝，以纠上联之失。实则"舜日尧天"在"此间"才"有"，亦是极大的讽刺，只巧在一语双关耳。

七五、上海豫园得月楼

〔清〕 陶澍

楼高但任云飞过；
池小能将月送来。

〔提示〕上联用一"任"字写出楼不碍月的亲昵关系，达到"好云无处不遮楼"的诗境；下联用一"送"字写出小池的功能，能为楼中人送来一片水中月。高不碍云，小能送月，正合"近水楼台先得月"的造景手法。

七六、苏州狮子林门联

佚 名

吴会名园此第一；
云林画本旧无双。

〔提示〕联语以画论园，既是真境又是画境，揭示了中国园林与中国山水画互为蓝本的密切关系。

七七、苏州沧浪亭

〔清〕 梁章钜

清风明月本无价；
近水遥山皆有情。

［提示］"园林巧于因借，精在体宜。"本联写沧浪亭因借风月山水，扩大有限的园林空间而达到无限的景观效果。

七八、苏州网师园
佚　名

风风雨雨，暖暖寒寒，处处寻寻觅觅；
莺莺燕燕，花花叶叶，卿卿暮暮朝朝。

［提示］此联全用叠字，上联写秋景凋零，犹寻寻觅觅，眷恋不已。下联写春景明媚，竟朝朝暮暮，赏爱不休。

类似这样的全叠字联，在杭州西湖孤山上（今中山公园），题额"西湖天下景"的景亭上，还有一副。尖新巧制，用回文体，顺读倒读都自然流利，平仄协调，文字平中求奇，可雅俗共赏：

水水山山，处处明明秀秀；
晴晴雨雨，时时好好奇奇。

又据梁章钜《楹联丛话》载：西湖孤山下跨虹桥西，旧有花神庙，中祀湖山之神，旁列十二月花神，也有一副叠字联：

翠翠红红，处处莺莺燕燕；
风风雨雨，年年暮暮朝朝。

这类叠字联，重在形式美，但又要有意脉可寻，不能任意堆砌。词语的色彩、肥瘦、典故、平仄十分讲究，而且不宜过长。

七九、杭州灵隐寺
［元］　赵孟𫖯

龙涧风回，万壑松涛连海气；
鹫峰云敛，千年桂月印湖光。

［提示］联语跳出寺观、佛法的局限，从寺外的风光着眼，以宏大久远的景物景观来烘托灵隐寺得天独厚的风景位置。

八〇、济南大明湖小沧浪
［清］　刘凤诰

四面荷花三面柳；
一城山色半城湖。

［提示］上联写小沧浪近景，突出荷花杨柳的香艳翠柔景色。下联写济南城，全城被

千佛山色笼罩，半城为大明湖所浸渍。全联用四个数字说明了远近景观特色。

八一、河北通州河楼

　　〔清〕　程德润

高处不胜寒，溯沙鸟风帆，七十二沽丁字水；
夕阳无限好，对燕云蓟树，百千万叠米家山。

　　〔提示〕全联紧贴通州河楼的特别景色。上联写水，俯视北运河上人工开凿的丁字水，沙鸟风帆，悠然自在。下联写山，遥望北运河外自然重叠的米点皴青山，燕山蓟树，苍然浑成。联语巧摘古人诗词语，不露痕迹。

八二、北京静宜园来青轩

　　〔明〕　朱翊钧

恐坏云根开地窄；
爱看山色放墙低。

　　〔提示〕联语表达了对大自然的爱怜深情。要求造园者在开地建筑、围墙护院的时候，不要破坏周围的自然景物景观，不要阻挡借景远眺的视线。

八三、北京北海邻山书屋

　　佚　名

境因径曲诗情远；
山为林稀画帧开。

　　〔提示〕园径宜曲不宜直，径曲而境深，境深而诗情远。园林种树要疏密得宜，不遮挡可以入画的远景为宜。

八四、北京居庸关

　　佚　名

万壑烟岚春雨后；
千峰苍翠夕阳中。

　　〔提示〕联语指出居庸关的山谷景色在春雨之后，夕阳之中是最美的。"雨后复斜阳，关山阵阵苍"就是这种意境。令人想起"万壑有声含晚籁，数峰无语立斜阳"的名句。

八五、甘肃兰州节署

［清］　左宗棠

地有百区皆近水；
室无一面不当山。

［提示］上联说兰州紧靠黄河，下联说节署四面有山。在西北来说"近水"、"当山"是很好的环境，也概括了城市建设与山光水色结合的优越性。

八六、归去来兮辞

［东晋］　陶潜

归去来兮！田园将芜胡不归？既自以心为形役，奚惆怅而独悲？悟已往之不谏，知来者之可追。实迷途其未远，觉今是而昨非。舟遥遥以轻飏，风飘飘而吹衣。问征夫以前路，恨晨光之熹微。

乃瞻衡宇，载欣载奔。僮仆欢迎，稚子候门。三径就荒，松菊犹存。携幼入室，有酒盈樽。引壶觞以自酌，眄庭柯以怡颜。倚南窗以寄傲，审容膝之易安。园日涉以成趣，门虽设而常关。策扶老以流憩，时矫首而遐观。云无心以出岫，鸟倦飞而知还。景翳翳以将入，抚孤松而盘桓。归去来兮，请息交以绝游。世与我而相违，复驾言兮焉求！悦亲戚之情话，乐琴书以消忧。农人告余以春及，将有事于西畴。或命巾车，或棹孤舟。既窈窕以寻壑，亦崎岖而经丘。木欣欣以向荣，泉涓涓而始流。羡万物之得时，感吾生之行休！

已矣乎，寓形宇内复几时，曷不委心任去留，胡为乎遑遑欲何之？富贵非吾愿，帝乡不可期。怀良辰以孤往，或植杖而耘耔。登东皋以舒啸，临清流而赋诗。聊乘化以归尽，乐夫天命复奚疑。

［提示］陶渊明的人格和屈原前后辉映，他的诗和文章都表现了愤世嫉俗，退隐归田，追求自由自然的思想，成为之后千余年文人、画家、造园家模仿传承的典范。如诗文中，书画中常以人境庐、东篱、南山、夕佳、真意、桃源、武陵、归去来、三径、南窗寄傲、东皋舒啸等作为题目或意境，或景名。在南北园林名胜中至今仍常见"夕佳亭"、"真意轩"、"小桃源"、"武陵春色"、"寄啸山庄"等建筑命名，以及表现田园村居的不同造景。中国造园学不断重复退隐归田的主题，完全符合艺术反映生活的规律。"倦飞知还"、"乐夫天命"、"容膝易安"等哲学观、人生观对中国文化思想有很深刻的影响。

八七、答谢中书书

［南朝梁］　陶弘景

山川之美，古来共谈。高峰入云，清流见底。两岸石壁，五色交辉。青林翠竹，四时俱备。晓雾将歇，猿鸟乱鸣；夕日欲颓，沉鳞竞跃。实是欲界之仙都。自康乐以来，未复有能与其奇者。

［提示］用 68 字高度概括了不同空间、时间中的山川美景。峰高、水清、壁丽、竹木长青，是山水风景的基本要素。再加上晓雾、夕日等天象变化，猿鸟沉鳞等动物活动，并凑合在一定的时间里，那真是人间仙境了。首句总领全文，从侧面告诉我们：中国传统的园林意识，讲究独特的空间感受和宇宙情怀。

八八、与宋元思书

［南朝梁］　吴　均

风烟俱净，天山共色。从流飘荡，任意东西。自富阳至桐庐，一百许里，奇山异水，天下独绝。水皆缥碧，千丈见底。游鱼细石，直视无碍。急湍甚箭，猛浪若奔。夹岸高山，皆生寒树，负势竞上，互相轩邈；争高直指，千百成峰。泉水激石，泠泠作响。好鸟相鸣，嘤嘤成韵。蝉则千转不穷，猿则百叫无绝。鸢飞戾天者，望峰息心；经纶世务者，窥谷忘返。横柯上蔽，在昼犹昏，疏条交映，有时见日。

［提示］富春江的山水风景美颇负盛名，本文仅用 144 字就形神兼备地写出了那"一百许里"的"奇"和"异"。先写水质：色清如缥碧；洁净，千丈见底。再写水形：动态变化，有惊无险。后写山，林茂树寒。写山势之错落如攀登竞争，以动驭静，便见神韵。然后从整体转入细部描写：泉石有声、啼鸟成韵、蝉嘶猿啸、响曳林间，自然界充满了生气。最后以静态幽趣结束，使为之激动的读者舒一口气。其中特别以"息心"、"忘返"来提示：山水风景的自然美，对人们具有潜移默化的导善力量。与上文相比，一略一详，一简练一夸张，各有千秋。是六朝骈文小品中写景的名作。

八九、小园赋

［北魏］　庚　信

若夫一枝之上，巢父得安巢之所；一壶之中，壶公有容身之地。况乎管宁藜床，虽穿而可坐；嵇康锻灶，既烟而堪眠。岂必连阁洞房，南阳樊重之第；绿青锁，西汉王根之宅。余有数亩敝庐，寂寞人外，聊以拟伏腊，聊以避风雨。虽复晏婴近市，不求朝夕之利；潘岳面城，且适闲居之乐。况乃黄鹤戒露，非有意于轮轩；爱居避风，本无情于钟鼓。陆机则兄弟同居，韩康则舅甥不别，蜗角蚊睫，又足相容者也。

尔乃窟室徘徊，聊同凿坯。桐间露落，柳下风来。琴号珠柱，书名玉杯。有棠梨而无馆，足酸枣而无台。犹得敧侧八九丈，纵横数十步；榆柳三两行，梨桃百余树。拔蒙密兮见窗，行敧斜兮得路。蝉有翳兮不惊，雉无罗兮何惧？草树混淆，枝格相交。山为篑覆，地有堂坳。藏狸并窟，乳鹊重巢。连珠细菌，长柄寒匏。可以疗饥，可以栖迟，崎岖兮狭室，穿漏兮茅茨。檐直倚而妨帽，户平行而碍眉。坐帐无鹤，支床有龟。鸟多闲暇，花随四时。心则历陵枯木，发则睢阳乱丝。非夏日而可畏，异秋天而可悲。

一寸二寸之鱼，三竿两竿之竹。云气荫于丛著，金精养于秋菊。枣酸梨酢，桃楉李薁。落叶半床，狂花满屋。名为野人之家，是谓愚公之谷。试偃息于茂林，乃久羡于抽簪。虽有门而长闭，实无水而恒沉。三春负锄相识，五月披裘见寻。问葛洪之药性，访京房之卜林。草无忘忧之意，花无长乐之心。鸟何事而逐酒，鱼何情而听琴？

加以寒暑异令，乖违德性。崔骃以不乐损年，吴质以长愁养病。镇宅神以䃥石，厌山精而照镜。屡动庄舄之吟，几行魏颗之命。薄晚闲闺，老幼相携；蓬头王霸之子，椎髻梁鸿之妻。燋麦两瓮，寒菜一畦。风骚骚而树急，天惨惨而云低。聚空仓而雀噪，惊懒妇而蝉嘶。

昔草滥于吹嘘，籍文言之庆余。门有通德，家承赐书。或陪玄武之观，时参凤凰之墟。观受釐于宣室，赋长杨于直庐。遂乃山崩川竭，冰碎瓦裂，大盗潜移，长离永灭。摧直辔于三危，碎平途于九折。荆轲有寒水之悲，苏武有秋风之别。关山则风月凄怆，陇水则肝肠寸断。龟言此地之寒，鹤讶今年之雪。百灵兮倏忽，光华兮已晚。不雪雁门之踦，先念鸿陆之远。非淮海兮可变，非金丹兮能转。不暴骨于龙门，终低头于马坂。谅天造兮昧昧，嗟生民兮浑浑！

[提示] 作者出使西魏被强留北朝，虽先后得到西魏和北周的优待，身居高位，但内心却十分矛盾，浓厚的乡关之思和羁宦北国的悲愤感情交织，因而发为哀怨之辞。《小园赋》是表达这种矛盾心情的代表作，前半从小园落想，颇有陶渊明《归园田居》的志趣。渊明归田园是实写，作者归小园是虚拟，渊明归田确见出樊笼返自然的喜悦，而作者归小园却表现出枯寂悲愁情绪，想超脱现实而"寂寞人外"。文章后半写家国之思，哀叹侯景之乱所造成的危难分崩局面，致使羁留难归，遂有关山陇水之痛，而且意识到这种分离形势已不可逆转，从而更加重了欲归不得的苦闷心情。中国园林发展到两晋南北朝时期已经相当可观，除了南北宫苑之外，已出现了一批以石崇金谷园为代表的贵族富豪园林和寺庙园林。如《洛阳伽蓝记》中提到的"五宅"、"怀宅"、"怿宅"等都颇为有名。就是"仪同三司"的庾信府邸也一定有华丽的亭园。但他所追求的理想的小园却是简朴敝陋矮小的草庐。他认为只有这样的小园才能与大自然接近，与山水花鸟结邻，才能自由自在地生活而消遣世虑。这种山林野趣景观，在后来的许多园林中都占有一定位置。本文与《归去来兮辞》风格迥异，用典多，辞藻华，影响了淡泊求隐的气氛。

九〇、滕王阁序
[唐] 王 勃

豫章故郡，洪都新府。星分翼轸，地接衡庐。襟三江而带五湖，控蛮荆而引瓯越。物华天宝，龙光射牛斗之墟；人杰地灵，徐孺下陈蕃之榻。雄州雾列，俊采星驰。台隍枕夷夏之交，宾主尽东南之美。都督阎公之雅望，棨戟遥临；宇文新州之懿范，襜帷暂驻。十旬休假，胜友如云；千里逢迎，高朋满座。腾蛟起凤，孟学士之词宗；紫电青霜，王将军之武库。家君作宰，路出名区；童子何知，躬逢胜饯。

时维九月，序属三秋。潦水尽而寒潭清，烟光凝而暮山紫。俨骖騑于上路，访风景于崇阿。临帝子之长洲，得天人之旧馆。层峦耸翠，上出重霄；飞阁流丹，下临无地。鹤汀凫渚，穷岛屿之萦回；桂殿兰宫，即冈峦之体势。

披绣闼，俯雕甍。山原旷其盈视，川泽纡其骇瞩。闾阎扑地，钟鸣鼎食之家；舸舰弥津，青雀黄龙之舳。云销雨霁，彩彻区明。落霞与孤鹜齐飞，秋水共长天一色。渔舟唱晚，响穷彭蠡之滨；雁阵惊寒，声断衡阳之浦。

遥襟甫畅，逸兴遄飞。爽籁发而清风生，纤歌凝而白云遏。睢园绿竹，气凌彭泽之樽；邺水朱华，光照临川之笔。四美具，二难并。穷睇眄于中天，极娱游于暇日。天高地迥，觉宇宙之无穷；兴尽悲来，识盈虚之有数。望长安于日下，目吴会于云间。地势极而南溟深，天柱高而北辰远。关山难越，谁悲失路之人；萍水相逢，尽是他乡之客。怀帝阍而不见，奉宣室以何年？

嗟乎！时运不齐，命途多舛。冯唐易老，李广难封。屈贾谊于长沙，非无圣主；窜梁鸿于海曲，岂乏明时？所赖君子见机，达人知命。老当益壮，宁移白首之心；穷且益坚，不坠青云之志。酌贪泉而觉爽，处涸辙以犹欢。北海虽赊，扶摇可接；东隅已逝，桑榆非晚。孟尝高洁，空余报国之情；阮籍猖狂，岂效穷途之哭！

勃，三尺微命，一介书生。无路请缨，等终军之弱冠；有怀投笔，慕宗悫之长风。舍簪笏于百龄，奉晨昏于万里。非谢家之宝树，接孟氏之芳邻。他日趋庭，叨陪鲤对；今兹捧袂，喜托龙门。杨意不逢，抚凌云而自惜；钟期既遇，奏流水以何惭？

呜呼！胜地不常，盛筵难再。兰亭已矣，梓泽丘墟。临别赠言，幸承恩于伟饯；登高作赋，是所望于群公。敢竭鄙怀，恭疏短引。一言均赋，四韵俱成。请洒潘江，各倾陆海云尔。

[提示] 滕王阁是江南三大名楼之一，文因阁传，阁因文显，文、阁千古。作者描绘了滕王阁的风景，记述了宴会的盛况，并抒发了自己怀才不遇的感慨。语句整齐，对仗工整，词采华丽，用事切当，结构严谨，文气畅达，音韵铿锵，是广为传诵的骈文名篇。开篇层层铺垫，从郡治沿革、天星分野、地理形势、物华文化、人物冠盖，说到自己躬逢胜饯之因。又从时序季节，山水风光、名胜古迹烘托足够之后才点题到主景滕王阁。接着重点刻画了楼阁之高，彩绘之丽，规划布置之得体。又登阁远眺写出视野之开阔，环境之美，市井之富庶，商旅之兴旺。又从仰观写出了景象之明丽。还从听觉上写出了近唱远和的天籁人籁。宏观之美，淋漓尽致。然后又写阁中的盛会场面，以"兴尽悲来"转写个人怀抱，既怨命运多舛，又表安贫知命，婉转抒发矛盾心情。最后归结到作序套话。本文以"赋"为主兼用"比"、"兴"，铺张扬厉，波澜壮阔，堪称典范。其中"落霞孤鹜"句，据《困学记闻》卷十七称，是从庾信的《马射赋》"落花与芝盖齐飞，杨柳共春旗一色"脱胎，真所谓"灵丹一粒，点铁成金"矣。本文一气回环，用典极富而又不牵强造作，足证他临文不为卖弄才学，而为抒写真情实感。他提到"兰亭已矣"，可见与王羲之感慨相同，只是一感受深沉，一壮心未已罢了。

九一、山水诀·山水论
[唐] 王 维

主峰最宜高耸，客山须是奔趋。迴抱处僧舍可安，水陆边人家可置。……悬崖险峻之间，好安怪木；峭壁嶙岩之处，莫可通途。远岫与云容相接，遥天共水色交光。山钩锁处，沿流最出其中；路接危时，栈道可安于此。平地楼台，偏宜高柳映人家；名山寺观，

154

雅称奇杉衬楼阁。远景烟笼，深岩云锁。酒旗则当路高悬，客帆宜随水低挂。远山须要低排，近树惟宜拔迸。

凡画山水，意在笔先。丈山尺树，寸马分人。……山腰云塞，石壁泉塞，楼台树塞，道路人塞。石看三面，路看两头，树看顶领，水看风脚。……平夷顶尖者巅，峭峻相连者岭。有穴者岫，峭壁者崖。悬石者岩，形圆者峦，路通者川。两山夹道，名为壑也；两山夹水，名为涧也。似岭而高者，名为陵也；极目而平者，名为坂也。……观者先看气象，后辨清浊。定宾主之朝揖，列群峰之威仪。……山腰掩抱，寺舍可安；断岸坡堤，小桥可置。有路处则林木，岸绝处则古渡，水断处则烟树，水阔处则征帆，林密处则居舍。临岩古木，根断而缠藤；临流石岸，欹奇而水痕。凡画林木，远者疏平，近者高平；有叶者枝嫩柔，无叶者枝硬劲。松皮如鳞，柏皮缠身。……

雨霁则云收天碧，薄雾霏微，山添翠润，日近斜晖。早景则千山欲晓，雾霭微微，朦胧残月，月色昏迷。晚景则山衔红日，帆卷江渚，路行人急，半掩柴扉。春景则雾锁烟笼，长烟引素，水如蓝染，山色渐青。夏景则古木蔽天，绿水无波，穿云瀑布，近水幽亭。秋景则天如水色，簇簇幽林，雁鸿秋水，芦岛沙汀。冬景则借地为雪，樵者负薪，渔舟倚岸，水浅沙平。凡画山水，须按四时。或曰烟笼雾锁，或曰楚岫云归，或曰秋天晓霁，或曰古塚断碑，或曰洞庭春色，或曰路芜人迷，如此之类，谓之画题。

山头不得一样，树头不得一般。山藉树而为衣，树藉山而为骨。树不可繁，要见山之秀丽；山不可乱，须显树之精神，能如此者，可谓名手之画山水也。

[提示] 王维是一个负盛名的诗人，又是一个有才气的画家。晚年退居终南山下，自己经营了一座"蓝田（或叫辋川）别墅"过隐士生活。他曾深依禅宗，有时竟以"谈玄终日以为乐"，因此在他的艺术作品中，也就渗透着一定的佛学思想。他画的《辋川图》据说"山谷郁郁盘盘，云水飞动"，而且有"意出尘外"的构思。他的创作把艺术中的诗与画加以融化，故苏轼评他："味摩诘之诗，诗中有画；观摩诘之画，画中有诗。"诗画的有机结合，是中国画的传统，也是中国画的特色。

从上面两篇传为王维所著的绘画理论中，可以看出中国早期的山水风景画，不是对具体景物景观的写生，而是对典型形象的写意。它对中国风景园林的规划设计具有重要意义，尤其对中国古典园林的掇山理水有指导意义。这两篇绘画理论，主要是对山水风景画的创作技法总结。是为达到艺术审美的需要。作者列举了霁景、早景、晚景及春夏秋冬四时景，分别说明要达到那种特定的具有典型意义的景象，必须组合某些景物形象，才能产生预定的效果。这对风景园林的景观组织，具有现实意义。

九二、陋室铭

[唐] 刘禹锡

山不在高，有仙则名。水不在深，有龙则灵。斯是陋室，惟吾德馨。苔痕上阶绿，草色入帘青。谈笑有鸿儒，往来无白丁。可以调素琴，阅金经。无丝竹之乱耳，无案牍之劳形。南阳诸葛庐，西蜀子云亭。孔子云："何陋之有？"

[提示] 过去中国穷，中国文人也穷，而又要安贫乐道，便出现了一种贫穷哲学：以穷为荣，以穷自傲，穷中作乐。如大贤颜回住在陋巷里，一箪食，一瓢饮，生活极其清苦。孔子赞叹："人不堪其忧，回也不改其乐，贤哉回也！"孔子认为君子"固穷"，又认为"贫而无谄"、"未若贫而乐"。以后"穷且益坚"、"贫贱不移"都成了高尚德行。提倡穷、陋其实是对统治者挥霍奢侈的反对，因此自杜甫、白居易建草堂之后，许多庭园里也建草堂、草庐、茅庵之类，有的不是草屋也要取名为"草堂"以表安贫乐贫之志。刘禹锡为自己的陋室作铭，也是发挥乐贫之意，以"惟吾德馨"为本，分写陋中之景清新，陋中之友高尚，陋中之事闲雅，陋中之境清静。并以扬子云的读书亭、诸葛亮的躬耕庐作比况，以孔子的话自慰，表达了清高固穷，孤芳自赏，不与世俗同流合污的安贫志趣。文中提出"山不在高，有仙则名；水不在深，有龙则灵"的哲理，对风景园林是有启迪的。说明园不在大，不在奢，只要主题意境高雅，也会出名。另外也说明保护好园中的文物古迹、名木名树，对提高园林风景区的知名度是重要的。

九三、阿房宫赋
[唐] 杜 牧

六王毕，四海一。蜀山兀，阿房出。覆压三百余里，隔离天日。骊山北构而西折，直走咸阳。二川溶溶，流入宫墙。五步一楼，十步一阁；廊腰缦回，檐牙高啄；各抱地势，钩心斗角。盘盘焉，囷囷焉，蜂房水涡，矗不知其几千万落。长桥卧波，未云何龙？复道行空，不霁何虹？高低冥迷，不知西东。歌台暖响，春光融融；舞殿冷袖，风雨凄凄。一日之内，一宫之间，而气候不齐。

妃嫔媵嫱，王子皇孙，辞楼下殿，辇来于秦。朝歌夜弦，为秦宫人。明星荧荧，开妆镜也；绿云扰扰，梳晓鬟也；渭流涨腻，弃脂水也；烟斜雾横，焚椒兰也。雷霆乍惊，宫车过也；辘辘远听，杳不知其所之也。一肌一容，尽态极妍，缦立远视，而望幸焉；有不得见者三十六年。燕赵之收藏，韩魏之经营，齐楚之精英，几世几年，剽掠其人，倚叠如山；一旦不能有，输来其间，鼎铛玉石，金块珠砾，弃掷逦迤，秦人视之，亦不甚惜。

嗟乎！一人之心，千万人之心也。秦爱纷奢，人亦念其家。奈何取之尽锱铢，用之如泥沙？使负栋之柱，多于南亩之农夫；架梁之椽，多于机上之工女；钉头磷磷，多于在庾之粟粒；瓦缝参差，多于周身之帛缕；直栏横槛，多于九土之城郭；管弦呕哑，多于市人之言语。使天下之人，不敢言而敢怒。独夫之心，日益骄固。戍卒叫，函谷举，楚人一炬，可怜焦土！

呜呼！灭六国者六国也，非秦也。族秦者秦也，非天下也。嗟乎！使六国各爱其人，则足以拒秦；使秦复爱六国之人，则递三世可至万世而为君，谁得而族灭也？秦人不暇自哀，而后人哀之；后人哀之而不鉴之，亦使后人而复哀后人也。

[提示] 杜牧这篇赋虽与阿房宫时代有近千年的时间差，但作者得到的传说资料，想必还不少，他以清新的辞藻，绚丽的画面，把秦代阿房宫这一宏伟的古建筑，形象地再现在读者眼前。首先说明秦统一六国之后，拥有天下财力物力才出现了建阿房宫的壮举。接着描绘了阿房宫规模之大，占地之广，用材之多，楼阁之密集，结构之奇巧，并以长桥复

道衔接联系，融为一体。美丽的宫室高低错落回环，令人冥迷不辨西东（隋炀帝的迷楼也许是依此构思而建）。同时，作者还写了阿房宫中妃嫔宫女之多，歌舞之盛，宝藏之富，生活之奢靡，以及车驾往来之威仪，宫妃得幸之艰难。然后又用对比手法补充透露了阿房宫耗资之巨大，建筑之豪华，弦歌不绝，耗尽民财民力。最后以奢靡腐败自取灭亡之理，告诫后人引以为鉴。

本文为今天欣赏和修缮古建筑开阔了眼界。皇家园林现存的古建筑，大体上也具有赋中所描写的"廊腰缦回"、"檐牙高啄"、"钩心斗角"的艺术特点。从建筑发展史看，阿房宫借鉴于楚宫。其依山傍水而建的宏大气势，从赋中都可以看出来。可惜被楚军焚烧成焦土，说大火三月不绝，也可见宫殿确实不小。

九四、园　说
[明]　计　成

凡结林园，无分村郭。地偏为胜，开林择剪蓬蒿；景到随机，在涧共修兰芷。径缘三益，业拟千秋。园墙隐约于萝间，架屋蜿蜒于木末。山楼凭远，纵目皆然；竹坞寻幽，醉心即是。轩楹高爽，窗户虚邻；纳千顷之汪洋，收四时之烂熳。梧阴匝地，槐荫当庭；插柳沿堤，栽梅绕屋。结茅竹里，浚一派之长源；障锦山屏，列千寻之耸翠。虽由人作，宛自天开。

刹宇隐环窗，仿佛片图小李；岩峦堆劈石，参差半壁大痴。萧寺可以卜邻，梵音到耳；远峰偏宜借景，秀色堪餐。紫气青霞，鹤声送来枕上；白苹红蓼，鸥盟同结矶边。看山上个篮舆，问水拖条柄杖。斜飞堞雉，横跨长虹。不羡摩诘辋川，何数季伦金谷。

一湾仅于消夏，百亩岂为藏春？养鹿堪游，种鱼可捕。凉亭浮白，冰调竹树风声；暖阁偎红，雪煮炉铛涛沸。渴吻消尽，烦顿开除。

夜雨芭蕉，似杂鲛人之泣泪；晓风杨柳，若翻蛮女之纤腰。移竹当窗，分梨为园。溶溶月色，瑟瑟风声。静扰一榻琴书，动涵半轮秋水。清气觉来几席，凡尘顿远襟怀。窗牖无拘，随宜合用；栏杆信画，因境而成。制式新番，裁除旧套；大观不足，小筑允宜。

[提示]　计成的《园冶》一书，是我国最早的园林建筑专著，其中的《园说》是一篇有影响的园林论著。作者运用了许多优美的文学典故和辞藻，表达出对造园立意和手法的主张，要求一花一木，一泉一石都饱含情意。文中提出了许多价值很高的造园观点。但本文采取了骈文的写作形式，使理论的表述受到一定限制，必须结合实践去仔细体会。

九五、借　景
[明]　计　成

第园筑之主，犹须什九，而用匠什一何也？园林巧于因借，精在体宜，愈非匠作可为，亦非主人所能自主者，须求得人，当要节用。因者，随基势高下，体形之端正，碍木删桠，泉流石注，互相借资，宜亭斯亭，宜榭斯榭。不妨偏径，顿置婉转，斯谓精而合宜者也。借者，园虽列内外，得景则无拘远近，晴峦耸秀，绀宇凌空，极目所至，俗则屏之，嘉则收之，不分町疃，尽为烟景，斯所谓巧而得体者也。

构园无格，借景有因。切要四时，何关八宅？林皋延竚，相缘竹树萧森；城市喧卑，必择居邻闲逸。高原极望，远岫环屏。堂开淑气侵入，门引春流到泽。嫣红艳紫，欣逢花里神仙；乐圣称贤，足并山中宰相。《闲居》曾赋，"芳草"应怜；扫径护兰芽，分香幽室；卷帘邀燕子，闻剪轻风。片片飞花，丝丝眼柳，寒生料峭，高架秋千，兴适清偏，怡情丘壑。顿开尘外想，拟入画中行。林阴初出莺歌，山曲忽闻樵唱。风生林樾，境入羲皇，幽人即韵于松寮，逸士弹琴于篁里。红衣新浴，碧玉轻敲，看竹溪湾，观鱼濠上。山容蔼蔼，行云故落凭栏；水面鳞鳞，爽气觉来欹枕。南轩寄傲，北墉虚阴，半窗碧隐蕉桐，环堵翠延萝薜。俯流玩月，坐石品泉。芰衣不耐凉新，池荷香绾；梧叶忽惊秋落，虫草鸣幽。湖平无际之浮光，山媚可餐之秀色。寓目一行白鹭，醉颜几阵丹枫。眺远高台，搔首青天那可问；凭虚敞阁，举杯明月自相邀。冉冉天香，悠悠桂子，但觉篱残菊晚，应探岭暖梅先。少系杖头，招携邻曲，恍来临月美人，却卧雪庐高士。云冥黯黯，木叶萧萧，风鸦几树夕阳，寒雁数声残月。书窗梦醒，孤影遥吟，锦幛偎红，六花呈瑞。樽兴若过刻曲，扫烹果胜党家。冷韵堪赓，清名可并，花殊不谢，景摘偏新。因借无由，触情俱是。

夫借景，林园之最要者也。如远借、邻借、仰借、俯借、应时而借，然物情所逗，目寄心期，似意在笔先，庶几描写之尽哉！

[提示] 造园借景不始于计成，但计成的《园冶》正式总结提出了"借景"一法，强调了它的重要性。从而把随意性的借景，发展到有目的有计划的借景，引起了更多造园者的重视和研究，推动了园林艺术的进一步提高。本文首先提出了"巧于因借"达到"体宜"，在造园中的重要地位。认为这种"因借"艺术，"非匠作可为，亦非主人所能"，必须请求懂得造园艺术的人来规划设计。接着阐明了"因"和"借"的方法和目的。以"合宜"与"得体"作为因借的检验标准，其中提到"互相借资"、"无拘远近"、"极目所至"、"嘉则收之"是后来造园家所遵循的。文章然后提出"构园无格，借景有因，要切四时"的观点。要求造园家要达到"兴适清偏，贻情丘壑。顿开尘外想，拟入画中行"的精神境界。接着从春夏秋冬四时的景观特色，联系中国文化的逸兴韵事背景，描绘了许多可供借景参考的诗情画意，说明"借景无由，触情俱是"的道理。文章最后提示了借景的多种方式，强调必须"意在笔先"，时刻处于"目寄心期"的主动地位，一旦被"物情所逗"，便能因借相生，得到"精而合宜"、"巧而得体"的艺术效果。

九六、远 阁
[明] 祁彪佳

阁以"远"名，非第因目力之所及也，盖吾阁可以尽越中诸山水，而合诸山水不足以尽吾阁，则吾之阁始尊而踞于园之上。阁宜雪，宜月，宜雨。银海澜回，玉峰高并。澄晖弄景，俄看濯魂冰壶；微雨欲来，共沱空蒙山色，此吾阁之胜概也。

然而态以远生，意以远韵。飞流夹巇，远则媚景争奇；霞蔚之蒸，远则孤标秀出。万家灯火，以远故尽入楼台；千叠溪山，以远故都归帘幕。

若夫村烟乍起，渔火遥明，蓼汀唱"欸乃"之歌，沏浪听"眩睨"之语，此远中之所孕含也。纵观瀛峤，碧落苍茫；极目胥江，洪潮激射。乾坤直同一指，日月有似双丸，此远中之所变幻也。览古迹依然，禹碑鹄峙；叹霸图已矣，越殿乌啼。飞盖西园，空怆斜阳衰草；回舻兰渚，尚存修竹茂林。此又远中之所吞吐，而一以魂消，一以壮怀者也。盖至此而江山风物始备大观，觉一壑一丘，皆成小致矣。

[提示] 本文说明阁以"远"名的含义，并从"远"字生发开去，从目力能及之远，到目力不能及之远；从眼前的远到历史上的远；从形态上的远到意念上的远，写得淋漓尽致。作者不满足远阁本身在雪、月、雨中的美，而要追求极远、无限远、想象的远中之美。这是一篇描写远观审美的好文章，不但取景典型，写景生动，而且语言对偶整齐，音乐感强。

九七、钴鉧潭记
[唐] 柳宗元

钴鉧潭，在西山西。其始盖冉水自南奔注，抵山石，屈折东流。其颠委势峻，荡击益暴，啮其涯，故旁广而中深，毕至石乃止。流沫成轮，然后徐行。其清而平者且十亩余，有树环焉，有泉悬焉。

其上有居者，以余之亟游也，一旦款门来告曰："不胜官租私券之委积，既芟山而更居，愿以潭上田贸财以缓祸。"

予乐而如其言。则崇其台，延其槛，行其泉于高者坠之潭，有声潀然。尤与中秋观月为宜，于以见天之高，气之迥。孰使予乐居夷而忘故土者，非兹潭也欤？

[提示] 这是柳宗元著名的"永州八记"之一。为开发园林，考察山水风景提供了范例。他善于从平淡中发现奇异，他找出了水潭的成因，说明了地形的特征。他善于利用已有条件，加以改造，成为新的园林。如："崇其台，延其槛，行其泉于高者坠之潭，有声潀然。"因势利导，费力不大便造成了新的有声的动态景观。并指出了最佳的游赏时间是中秋观月，能见到天高气迥的爽朗景色。其中还揭露了统治者的剥削压迫，使旧园主人不得不贱价出售后逃入深山去开荒生活。

九八、钴鉧潭西小丘记
[唐] 柳宗元

得西山后八日，寻山口西北道二百步，又得钴鉧潭。潭西二十五步，当湍而浚者为鱼梁。梁之上有丘焉，生竹树，其石之突怒偃蹇、负土而出、争为奇状者，殆不可数。其嵚然相累而下者，若牛马之饮于溪；其冲然角列而上者，若熊罴之登于山。

丘之小，不能一亩，可以笼而有之。问其主，曰："唐氏之弃地，货而不售。"问其价，曰："止四百。"余怜而售之。李深源，元克己时同游，皆大喜，出自意外。即更取器用，铲刈秽草，伐去恶木，烈火而焚之。

嘉木立，美竹露，奇石显。由其中以望，则山之高，云之浮，溪之流，鸟兽之遨游，举熙熙然回巧献技，以效兹丘之下。枕席而卧，则清冷之状与目谋，瀯瀯之声与耳谋，悠然而虚者与神谋，渊然而静者与心谋。不匝旬而得异地者二，虽古好事之士，或未能至焉。

噫！以兹丘之胜，致之沣、镐、鄂、杜，则贵游之士争买者，日增千金而愈不可得。今弃是州也，农夫渔父过而陋之。贾四百，连岁不能售。而我与深源、克己独喜得之。是其果有遭乎？书于石，所以贺兹丘之遭也。

[提示] 这篇散文对群石的描写采用了化静为动，寓情于景的手法，甚为精彩。群石奇形怪状，千姿百态而又各占地势，对园林叠石的建造构思很有启发。至于刘秽草，伐恶木后，"嘉木立，美竹露，奇石显"，则是改造自然，美化环境的艺术再现。文中描写的"悠然而虚者与神谋，渊然而静者与心谋"，则可以说是对园林美自然美欣赏的最高境界了。最后，以小丘的价廉，景异而连岁不售的遭遇，借题抒发自己长期被谪，怀才不遇的怨愤。

九九、小石潭记
[唐] 柳宗元

从小丘西行百二十步，隔篁竹，闻水声，如鸣佩环，心乐之。伐竹取道，下见小潭，水尤清冽。全石以为底，近岸，卷石底以出，为坻为屿，为嵁为岩。青树翠蔓，蒙络摇缀，参差披拂。潭中，鱼可百许头，皆若空游无所依。日光下澈，影布石上，怡然不动。俶尔远逝，往来翕忽，似与游者相乐。

潭西南而望，斗折蛇行，明灭可见。其岸势犬牙差互，不可知其源。坐潭上，四面竹树环合，寂寥无人，凄神寒骨，悄怆幽邃。以其境过清，不可久居，乃记之而去。

同游者：吴武陵，龚古，余弟宗玄；隶而从者，崔氏二小生，曰恕己，曰奉壹。

[提示] 本文描述了一幅悄怆幽邃，令人凄神寒骨的幽寂水景，造成这种环境的因素是：山间僻处，四面竹树环合，全石为潭底，潭水尤清冽，青树翠蔓蒙络摇缀，忽静忽动的鱼群。虽写的是自然景观，但可供造景借鉴。

一○○、永州龙兴寺东丘记
[唐] 柳宗元

游之适，大率有二：旷如也，奥如也，如斯而已。其地之陵阻峭，出幽郁，寥廓悠长，则于旷宜；抵丘垤，伏灌莽，迫遽迴合，则于奥宜。因其旷，虽增以崇台延阁，回环日星，临瞰风雨，不可病其敞也；因其奥，虽增以茂树荟石，穹若洞谷，蓊若林麓，不可病其邃也。

今所谓东丘者，奥之宜者也。其始龛之外弃地，余得而合焉，以属于堂之北陲。凡坳洼坻岸之状，无废其故。屏以密竹，联以曲梁，桂桧松杉楩枬之植，几三百本，嘉卉美石，又经纬之。俛入绿缛，幽荫荟蔚，步武错迁，不知所出。温风不烁，清气自至，水亭匽室，曲有奥趣。然而至焉者，往往以邃为病。

噫！龙兴，永之佳寺也。登高殿可以望南极，辟大门可以瞰湘流，若是其旷也。而是小丘，又将披而攘之，则吾所谓游有二者，无乃阙焉而丧其地之宜乎？丘之幽幽，可以处休。丘之宵宵，可以观妙。溽暑遁去，兹丘之下。大和不迁，兹丘之巅。奥乎兹丘，孰从我游？余无召公之德，惧剪伐之及也，故书以祈后之君子。

[提示] 作者从园林空间的角度审美立论。认为风景园林景观具有旷、奥两大格局，同时举出宜旷宜奥的不同环境条件，并进而提出如何因地制宜布置旷景、奥景的具体措施。他认为地旷则宜旷，地奥则宜奥，要因势利导地运用园林艺术手段去加强深化这种旷或奥的景象，突出各自的特色。不可因为太旷而敞，或太奥而邃，就认为是"病"。这种强调创造景观特色要达到极致的观点是值得研究的。

作者还以他因地制宜将东丘改造成为"步武错迁不知所出"、"曲有奥趣"的奥景，作为实例来证明他的理论的正确。最后还说明不仅因为东丘宜奥而故为奥景，也因为龙兴寺前过旷，必须以奥补救，达到游能两适。这种平衡全局的整体意识是很可贵的。

一〇一、石钟山记
[北宋] 苏 轼

《水经》云："彭蠡之口，有石钟山焉。"郦元以为："下临深潭，微风鼓浪，水石相搏，声如洪钟。"是说也，人常疑之。今以钟、磬置水中，虽大风浪不能鸣也，而况石乎？至唐李渤始访其遗踪，得双石于潭上，扣而聆之，南声函胡，北音清越，枹止响腾，余韵徐歇，自以为得之矣。然是说也，余尤疑之。石之铿然有声者，所在皆是也，而此独以钟名，何哉？

元丰七年六月丁丑，余自齐安舟行适临汝，而长子迈将赴饶之德兴尉，送之至湖口，因得观所谓石钟者。寺僧使小童持斧，于乱石间择其一二扣之，硿硿焉，余固笑而不信也。至莫夜月明，独与迈乘小舟至绝壁下。大石侧立千尺，如猛兽奇鬼，森然欲搏人，而山上栖鹘，闻人声亦惊起，磔磔云霄间。又有若老人咳且笑于山谷中者，或曰："此鹳鹤也。"余方心动欲还，而大声发于水上，噌吰如钟鼓不绝，舟人大恐。徐而察之，则山下皆石穴罅，不知其浅深，微波入焉，涵淡澎湃而为此也。舟回至两山间，将入港口，有大石当中流，可坐百人，空中而多窍，与风水相吞吐，有窾坎镗鞳之声，与向之噌吰者相应，如乐作焉。因笑谓迈曰："汝识之乎？噌吰者，周景王之无射也；窾坎镗鞳者，魏庄子之歌钟也。古之人不余欺也。"

事不目见耳闻而臆断其有无，可乎？郦元之所见闻，殆与余同，而言之不详；士大夫终不肯以小舟夜泊绝壁之下，故莫能知，而渔工水师虽知而不能言，此世所以不传也。而陋者乃以斧斤考击而求之，自以为得其实。余是以记之，盖叹郦元之简，而笑李渤之陋也。

[提示] 在这篇游记里，作者以身临其境的实际考察，辨明了石钟山命名的缘由，从而得出凡事必须目见耳闻，不可主观臆断的结论。作为园林工作者、爱好者，对祖国的名胜古迹甚为关心，负有保护、考查、研究的责任。特别是对待那些富有传奇色彩的名胜古迹，不可轻易放过，亲自考察很有必要。考察后能如实作出文字记载供后人研究更为有益。本文作者以生动的比喻，形象的拟人，贴切的象声词对所见所闻特别是夜临深潭下一

段作了绘声绘色的描写，使读者如临其境，如闻其声，而且巧妙地把形象描写与理性分析完全融合起来。与一般的枯燥说理大不一样。

一○二、后赤壁赋

［北宋］ 苏 轼

是岁十月之望，步自雪堂，将归于临皋。二客从予，过黄泥之坂。霜露既降，木叶尽脱。人影在地，仰见明月，顾而乐之，行歌相答。已而叹曰："有客无酒，有酒无肴，月白风清，如此良夜何？"客曰："今者薄暮，举网得鱼，巨口细鳞，状似松江之鲈。顾安所得酒乎？"归而谋诸妇。妇曰："我有斗酒，藏之久矣，以待子不时之须。"

于是携酒与鱼，复游于赤壁之下。江流有声，断岸千尺，山高月小，水落石出。曾日月之几何，而江山不可复识矣！

予乃摄衣而上，履巉岩，披蒙茸，踞虎豹，登虬龙；攀栖鹘之危巢，俯冯夷之幽宫。盖二客不能从焉。划然长啸，草木震动，山鸣谷应，风起水涌。予亦悄然而悲，肃然而恐，凛乎其不可留也。返而登舟，放乎中流，听其所止而休焉。时夜将半，四顾寂寥。适有孤鹤，横江东来，翅如车轮，玄裳缟衣，戛然长鸣，掠予舟而西也。

须臾客去，予亦就睡。梦一道士，羽衣蹁跹，过临皋之下，揖予而言曰："赤壁之游乐乎？"问其姓名，俛而不答。"呜呼噫嘻，我知之矣！畴昔之夜，飞鸣而过我者，非子也耶？"道士顾笑，予亦惊寤。开户视之，不见其处。

［提示］本文与《前赤壁赋》都是苏轼贬谪黄州所作。前篇重在议论抒情，表达襟怀旷达，不计得失。本篇以记游为主，写景大笔勾画，寒江、夜月、绝壁、草木皆有初冬萧索之意。写飞登与梦境颇见豪纵飘逸之风采：作者与客归临皋，过黄泥坂，玩月踏歌，忽而思酒消良夜，得酒又忽游赤壁，又忽登高长啸，又忽放舟中流，忽又见巨鹤掠舟，忽又梦见道士，忽又惊悟于家中。写得迷离恍惚，笔随兴飞，颇具浪漫色彩。作者在转入虚境之前，触景伤怀地说："曾日月之几何，而江山不可复识矣！"一种命途多舛，人生易老之情跃然纸上。为了摆脱这种苦闷，便以佛家"出世"与老庄"避世"的思想来驱使自己登高长啸，放舟随流，目寓孤鹤，梦思羽化而超然物外。虚虚实实，似醉似梦，奇幻飞动，寓意颇深。前后赤壁赋的艺术境界很高，历来为人所推崇。

一○三、入蜀记 （节选）

［南宋］ 陆 游

八月一日，过烽火矶。南朝自武昌至京口，列置烽燧，此山当是其一也。自舟中望山，突兀而已。及抛江过其下，嵌岩窦穴，怪奇万状，色泽莹润，亦与他石迥异。又有一石，不附山，杰然特起，高百余尺，丹藤翠蔓，罗络其上，如宝装屏风。是日风静，舟行颇迟，又深秋潦缩，故得尽见杜老所谓"幸有舟楫迟，得尽所历妙"也。

过澎浪矶，小孤山，二山东西相望。小孤属舒州宿松县，有戍兵。凡江中独山如金山、焦山、落星之类，皆名天下，然峭拔秀丽，皆不可与小孤比。自数十里外望之，碧峰巉然孤起，上干云霄，已非他山可拟，愈近愈秀，冬夏晴雨，姿态万变，信造化之尤物也。但祠宇极为荒残，若稍饰以楼观亭榭，与江山相发挥，自当高出金山之上矣。庙在山之西麓，额曰"惠济"，神曰"安济夫人"。绍兴初，张魏公自湖湘还，尝加营葺，有碑载其事。又有别祠在澎浪矶，属江州彭泽县，三面临江，倒影水中，亦占一山之胜。舟过矶，虽无风，亦浪涌，盖以此得名也。昔人诗有"舟中估客莫漫狂，小姑前年嫁彭郎"之句，传者因谓小孤庙有彭郎像，澎浪庙有小姑像，实不然也。

晚泊沙夹，距小孤一里。微雨。复以小艇游庙中，南望彭泽、都昌诸山，烟雨空濛，鸥鹭灭没，极登临之胜，徙倚久之而归。方立庙门，有俊鹘搏水禽，掠江东南去，甚可壮也。庙祝云："山有栖鹘甚多。"

二日早，行未二十里，忽风云腾涌，急系缆。俄复开霁，遂行。泛彭蠡口，四望无际，乃知太白"开帆入天镜"之句为妙。始见庐山及大孤。大孤状类西梁，虽不可拟小孤之秀丽，然小孤之旁颇有沙洲葭苇，大孤则四际渺弥皆大江，望之如浮水面，亦一奇也。

江自湖口分一支为南江。盖江西路也。江水浑浊，每汲用，皆以杏仁澄之，过夕乃可饮。南江则极清澈，合处如引绳，不相乱。

晚抵江州，州治德化县，即唐之浔阳县，柴桑、栗里，皆其地也。南唐为奉化军节度，今为定江军。岸土赤而壁立，东坡先生所谓"舟人指点岸如颒"者也。泊湓浦，水亦甚清，不与江水乱。

自七月二十六日至是，首尾才六日，其间一日阻风不行，实以四日半，溯流行七百里云。

[提示] 日记体游记散文是耳闻目睹，无所不写。该篇文笔清俏，写景记游遵循旅游的时间和行踪进行，读后给人线索明朗，层次清楚之感，收到了"散而不乱"的效果。文中写景，善于抓住景物的特点，写烽火矶突出"奇"，写小孤山突出"秀"，写大孤山突出"壮"。

写烽火矶，作者抓住"怪奇万状，与他石迥异"之特点。

写小孤山时以金山作对比，突出了"峭拔秀丽"。并从江中望山和山中望江两方面来描绘。作者从风景园林美的角度提出了"若稍饰以楼观亭榭，与江山相发挥，自当高出金山之上"的看法，可见自然与人文必须相互作用，才能使景观更美。

写大孤山的壮丽奇观时，以小孤山的秀丽来对比映衬，先抑后扬地点出小孤山水际周围不及大孤山壮阔的短处。

一〇四、游峨眉山记 (节选)

[南宋] 范成大

乙未，大霁。……过新店、八十四盘、娑罗平。娑罗者其木叶如海桐，又似杨梅，花红白色，春夏间开，惟此山有之。初登山半即见之，至此满山皆是。大抵大峨之上，凡草木禽虫悉非世间所有。昔固传闻，今亲验之。余来以季夏，数日前雪大降，木叶犹有雪渍斓斑之迹。草木之异，有如八仙而深紫，有如牵牛而大数倍，有如蓼而浅青。闻春时异花尤多，但是时山寒，人鲜能识之。草叶之异者，亦不可胜数。山高多风，木不能长，枝悉下垂。古苔如乱发，鬖鬖挂木上，垂至地，长数丈。又有塔松、状似杉而叶圆细，亦不能高，重重偃蹇如浮图，至山顶尤多。又断无鸟雀，盖山高，飞不能上。

自娑罗平过思佛亭、软草平、洗脚溪，遂极峰顶光相寺，亦板屋数十间，无人居，中间有普贤小殿。以卯初登山，至此已申后。初衣暑绤，渐高渐寒。到八十四盘，则骤寒。比及山顶，亟挟纩两重，又加毳衲驼茸之裘，尽衣笥中所藏，系重巾，蹑毡靴，犹凛栗不自持，则炽炭拥炉危坐。山顶有泉，煮米不成饭，但碎如砂粒。万古冰雪之汁不能熟物，余前知之，自山下携水一缶来，才自足也。

移顷，冒寒登天仙桥，至光明岩，炷香。小殿上木皮盖之，王瞻叔参政尝易以瓦，为雪霜所薄，一年辄碎。后复以木皮易之，翻可支二三年。人云佛现悉以午，今已申后，不若归舍，明日复来。逡巡，忽云出岩下傍谷中，即雷洞山也。云行勃勃如队仗，既当岩则少驻。云头现大圆光，杂色之晕数重。倚立相对，中有水墨影，若仙圣跨象者。一碗茶顷，光没，而其旁复现一光如前，有顷亦没。云中复有金光两道，横射岩腹，人亦谓之"小现"。日暮，云物皆散，四山寂然。乙夜灯出，岩下遍满，弥望以千百计。夜寒甚，不可久立。

丙申，复登岩眺望。岩后岷山万重；少北则瓦屋山，在雅州；少南则大瓦屋，近南诏，形状宛然瓦屋一间也。小瓦屋亦有光相，谓之"辟支佛现"。此诸山之后即西域雪山，崔嵬刻削，凡数十百峰。初日照之，雪色洞明，如烂银晃耀曙光中。此雪自古至今未尝消也。山绵延入天竺诸蕃，相去不知几千里，望之但如在几案间。瑰奇胜绝之观，真冠平生矣。

复诣岩殿致祷，俄氛雾四起，混然一白。僧云："银色世界也。"有顷，大雨倾注，氛雾辟易。僧云："洗岩雨也，佛将大现。"兜罗绵云复布岩下，纷郁而上，将至岩数丈，辄止，云平如玉地。时雨点有余飞。俯视岩腹，有大圆光偃卧平云之上，外晕三重，每重有青黄红绿之色。光之正中，虚明凝湛，观者各自见其形现于虚明之处，毫厘无隐，一如对镜，举手动足，影皆随形，而不见旁人。僧云："摄身光也。"此光既没，前山风起云驰。风云之间，复出大圆相光，横亘数山，尽诸异色，合集成采，峰峦草木皆鲜妍绚茜，不可正视。云雾既散而此光独明，人谓之"清现"。凡佛光欲现，必先布云，所谓兜罗绵世界。光相依云而出，其不依云则谓之"清现"，极难得。食顷，光渐移，过山而西。左顾雷洞山上，复出一光，如前而差小。须臾，亦飞行过山外，至平野间转徙，得得与岩正相值，色状俱变，遂为金桥，大略如吴江垂虹，而两圮各有紫云捧之。凡自午至未云物净尽，谓之"收岩"。独金桥现至酉后始没。

[提示] 本文第一段描写高寒山顶的奇花异草，第二段描写山上下的冷热温差之大，第三段描写偶值佛光小现和看佛灯的情形，第四段描写眺望峨眉西北南远近高峰雪岭的情形，第五段描写佛光大现、清现、金桥等光相的情形。

峨眉金顶的佛光是极难看到的自然奇观，作者居然看到了许多，而且作了生动具体的记录，使我们也间接地一饱眼福。峨眉山上的气候之奇，草木之奇，光相之奇是独特的，作者抓住特点以诗人的眼光和手法写得栩栩如生，具有可信的科学性。

一〇五、吴兴山水清远图记

[元] 赵孟頫

昔人有言："吴兴山水清远"，非夫悠然独往有会于心者，不以为知言。

南来之水出天目之阳，至城南三里而近，汇为玉湖，汪汪且百顷。玉湖之上有山，童童状若车盖者，曰车盖山。由车盖而西，山益高，曰道场。自此以往，奔腾相属，弗可胜图矣。其北小山坦迤，曰岘山，山多石，草木疏瘦如牛毛。诸山皆与水际，路逶其麓，远望唯见草树缘之而已。中湖巨石如积，陂陀磊魂，葭苇丛焉，不以水盈缩为高卑，故曰浮玉。浮玉之南，两小峰参差，曰上下钓鱼山。又南长山，曰长超。越湖而东与车盖对峙者，曰上下河口山。又东四小山，横视则散布不属，纵视则联若鳞比，曰沈长、曰西余、曰蜀山、曰乌山。又东北，曰毗山。远树微茫，中突，若覆釜。玉湖之水，北流入于城中，合苕水于城东北，又北东入于震泽。

春秋佳日，小舟溯流城南，众山环周，如翠玉砾削空浮水上，与船低昂。洞庭诸山苍然可见，是其最清远处耶。

[提示] 作者从"清远"着眼来图写吴兴山水的特色。宋郭熙提出高远、深远、平远的"三远"透视法，后来韩拙又提出了阔远、迷远、幽远，成为"六远"论。这里赵孟頫标举"清远"又别有特色。远而清，故洞庭诸山苍然可见。"三远"、"六远"之类也是园林艺术常见的布局组景手法。

作者以画家的眼光，以"到处云山是吾师"的态度来观察吴兴山水，就能抓住特色，选择素材，有层次有角度地准确描绘出来，对景物的命名能作出恰当的理解，对景物的组合能从多角度观察，这些，对赏园造园都是有裨益的。

一〇六、天目游记 (选一)

[明] 袁宏道

天目幽邃奇古不可言。由庄至巅，可二十余里。

凡山，深僻者多荒凉，峭削者鲜迂曲；貌古则鲜妍不足，骨大则玲珑绝少；以至山高水乏，石峻毛枯，凡此皆山之病。

天目盈山皆壑，飞流淙淙，若万匹缟，一绝也。石色苍润，石骨奥巧，石径曲折，石壁竦峭，二绝也。虽幽谷悬岩，庵宇皆精，三绝也。余耳不喜雷，而天目雷声甚小，听之若婴儿声，四绝也。晓起看云，在绝壑下，白净如绵，奔腾如浪，尽大地作琉璃海，诸山尖出云上若萍，五绝也。然云变态最不常，其观奇甚，非山居久者，不能悉其形状。山树大者几四十围，松形如盖，高不逾数尺，一株值万余钱，六绝也。头茶之香者，远胜龙井；笋味类绍兴破塘，而清远过之，七绝也。余谓大江之南，修真栖隐之地，无逾此者，便有出缠结室之想矣。

宿幻住之次日晨起看云，巳后登绝顶，晚宿高峰死关。次日，由活埋庵寻旧路而下。数日晴霁甚，山僧以为异，下山率相贺。山中僧四百余人，执礼甚恭，争以饭相劝。临行，诸僧进曰："荒山僻小，不足当巨目，奈何？"余曰："天目山某等亦有些子分，山僧不劳过谦，某亦不敢面誉。"因大笑而别。

[提示] 作者用概括评论的形式总结了天目山的七绝，通过七绝体现出天目山的幽邃奇古，这种鉴赏性的游记能力，要有高深的园林美学理论修养和游赏的丰富经验作指导，还要有旷达的情怀和高雅的文化素养作基础才能得心应手，文情并茂地发挥。

一〇七、游黄山日记（节选）
[明] 徐宏祖

初四日。十五里至汤口。五里至汤寺，浴于汤池。扶杖望朱砂庵而登。十里上黄泥冈。向时云里诸峰，渐渐透出，亦渐渐落吾杖底。转入石门，越天都之胁而下，则天都、莲花二顶，俱秀出天半。路旁一歧东上，乃昔所未至者，遂前趋直上，几达天都侧。复北上，行石罅中，石峰片片夹起，路宛转石间，塞者凿之，陡者级之，断者架木通之，悬者植梯接之。下瞰峭壑阴森，枫松相间，五色纷披，灿若图绣。因念黄山当生平奇览，而有奇若此，前未一探，兹游快且愧矣！

时夫仆俱阻险行后，余亦停弗上；乃一路奇景，不觉引余独往。既登峰头，一庵翼然，为文殊院，亦余昔年欲登未登者。左天都，右莲花，背倚玉屏风，两峰秀色，俱可手掌。四顾奇峰错列，众壑纵横，真黄山绝胜处！非再至，焉知其奇若此？遇游僧澄源至，兴甚勇。时已过午。奴辈适至，立庵前，指点两峰。庵僧谓："天都虽近而无路，莲花可登而路遥。只宜近盼天都，明日登莲顶。"余不从，决意游天都。挟澄源、奴子，仍下峡路。至天都侧，从流石蛇行而上，攀草牵棘，石块丛起则历块，石崖侧削则援崖，每至手足无可着处，澄源必先登垂接。每念上既如此，下何以堪？终亦不顾。历险数次，遂达峰顶。惟一石顶壁起，犹数十丈。澄源寻视其侧，得级，挟予以登。万峰无不下伏，独莲花与抗耳。时浓雾半作半止，每一阵至，则对面不见。眺莲花诸峰，多在雾中。独上天都，予至其前，则雾徙于后；予越其右，则雾出于左。其松犹有曲挺纵横者；柏虽大干如臂，无不平贴石上，如苔藓然。山高风巨，雾气去来无定。下盼诸峰，时出为碧峤，时没为银海；再眺山下，则日光晶晶，别一区宇也。日渐暮，遂前其足，手向后据地，坐而下脱；至险绝处，澄源并肩手相接。度险，下至山坳，暝色已合。复从峡度栈以上，止文殊院。

[提示] 这篇游记以游踪为线索，以历险上天都峰为重点，以探奇访胜为目的，生动如实地描绘了著名黄山的奇峰、奇松、云海等奇观。对路线、里程、地名、人物都作了翔实记载。在历险上天都峰时，他不畏艰险，勇于攀登，终于看到了前所未见的绝胜。真所谓"无限风光在险峰"。要做到"看个究竟"的真正游赏，是一件很有乐趣但很艰辛的事。

一〇八、登泰山记
[清] 姚鼐

泰山之阳，汶水西流；其阴，济水东流，阳谷皆入汶，阴谷皆入济。当其南北分者，古长城也。最高日观峰，在长城南十五里。

余以乾隆三十九年十二月，自京师乘风雪，历齐河、长清，穿泰山西北谷，越长城之限，至于泰安。是月丁未，与知府朱孝纯子颍由南麓登。四十五里，道皆砌石为磴，其级七千有余。泰山正南面有三谷。中谷绕泰安城下，郦道元所谓环水也。余始循以入，道少半，越中岭，复循西谷，遂至其巅。古时登山，循东谷入，道有天门。东谷者，古谓之天门溪水，余所不至也。今所经中岭及山巅，崖限当道者，世皆谓之天门云。道中迷雾冰滑，磴几不可登。及既上，苍山负雪，明烛天南。望晚日照城郭，汶水、徂徕如画，而半山居雾若带然。

戊申晦，五鼓，与子颍坐日观亭，待日出。大风扬积雪击面。亭东自足下皆云漫，稍见云中白若樗蒱数十立者，山也。极天云一线异色，须臾成五采。日上，正赤如丹，下有红光，动摇承之。或曰："此东海也。"回视日观以西峰，或得日，或否，绛皓驳色，而皆若偻。

亭西有岱祠，又有碧霞元君祠。皇帝行宫在碧霞元君祠东。是日，观道中石刻，自唐显庆以来，其远古刻尽漫失。僻不当道者，皆不及往。

山多石，少土，石苍黑色，多平方，少圆。少杂树，多松，生石罅，皆平顶。冰雪，无瀑水，无鸟兽音迹。至日观，数里内无树，而雪与人膝齐。桐城姚鼐记。

[提示] 日出是泰山最瑰丽的独特景色，作者用极精练的文字把日将出，日正出，日已出的景象和周围景观联系起来，曲折跌宕而又层次分明地描绘了出来。文前还以晚日照城郭作映衬铺垫，使观日出更具吸引力。本文写的是雪中登泰山，突出雪景之美，更显红日之丽。同时写隆冬严寒中冒风雪登泰山，也反映了泰山在作者心上的地位之高，吸引力之大，以及作者勇于攀登的傲雪凌霜精神。从篇首"自京师乘风雪"到"道中迷雾冰滑"，"苍山负雪"，到"雪与人膝齐"，处处显现了雪里泰山的森严。在交代登山路线时，非常清楚地勾勒出了泰山以三谷、二水为轮廓的整体形状，是一段很简洁的导游说明文字。同时还用闲笔对"天门"石刻、山石、植物等作了具体说明。

一〇九、说京师翠微山

[清] 龚自珍

翠微山者，有籍于朝，有闻于朝，忽然慕小，感慨慕高，隐者之所居也。

山高可六七里，近京之山，此为高矣。不绝高，不敢绝高，以俯临京师也。不居正北，居西北，为伞盖，不为枕障也。出阜城门三十五里，不敢远京师也。

僧寺八九架其上，构其半，庐其趾，不使人无攀跻之阶，无喘息之憩；不孤巉，近人情也。

与香山静宜园，相络相互，不触不背，不以不列于三山为怼也。与西山亦离亦合，不欲为主峰，又耻附西山也。

草木有江东之玉兰，有苹婆，有巨松柏，杂华靡靡芬腴。石皆黝润，亦有文采也。名之曰翠微，亦典雅，亦偕于俗，不以僻险名其平生也。

最高处曰宝珠洞，山趾曰三山庵。三山何有？有三巨石离立也。山之蓋有泉，曰龙泉，澄澄然渟其间，其甃之也中矩。泉之上有四松焉，松之皮白，皆百尺。松之下，泉之上，为僧庐焉，名之曰龙泉寺。名与京师宣武城南之寺同，不避同也。

寺有藏经一分，礼经以礼文佛，不，则野矣。寺有刻石者，其言清和，康熙朝文士之言也。寺八九，何以特言龙泉？龙泉迟焉。余皆显露，无龙泉，则不得为隐矣。

余极不忘龙泉也。不忘龙泉，尤不忘松。昔者余游苏州之邓尉山，有四松焉，形偃神飞，白昼若雷雨；四松之蔽可十亩。平生至是，见八松矣。邓尉之松放，翠微之松肃；邓尉之松古之逸，翠微之松古之直；邓尉之松，殆不知天地为何物；翠微之松，天地间不可无是松者也。

[提示] 本文以"说"的形式展开，巧妙地运用了拟人和对比的手法，把一个本无知无闻的翠微山写得生动活泼，景致有别。作者先从翠微山的地理位置及与三山的相互关系上，写出了其不即不离、不卑不亢的隐士风格。并从其植物配置和名胜古迹上突出了翠微山的特有景色。文章的最后以邓尉四柏和翠微四松作比，盛赞了翠微山松柏的刚直品格，使读者对翠微山产生了游赏兴趣。

一一〇、草堂记
[唐] 白居易

匡庐奇秀、甲天下山，山北峰曰香炉峰，北寺曰遗爱寺。介峰寺间，其境胜绝，又甲庐山。元和十一年秋，太原人白乐天见而爱之，若远行客过故乡，恋恋不能去。因面峰腋寺，作为草堂。明年春，草堂成，三间两柱，二室四牖，广袤丰杀，一称心力。洞北户，来阴风，防徂暑也；敞南甍，纳阳日，虞祁寒也；木、斲而已，不加丹；墙、圬而已，不加白；砌阶用石，幂窗用纸，竹帘纻帏，率称是焉。堂中设木榻四，素屏二，漆琴一张，儒道佛书各三两卷。

乐天既来为主，仰观山，俯听泉，旁睨竹树云石，自辰及酉，应接不暇。俄而物诱气随，外适内和，一宿体宁，再宿心恬，三宿后颓然嗒然，不知其然而然。自问其故，答曰：是居也，前有平地，轮广十丈；中有平台，半平地；台南有方池，倍平台。环池多山竹野卉，池中生白莲、白鱼。又南，抵石涧，夹涧有古松老杉，大仅十人围，高不知几百尺，修柯戛云，低枝拂潭，如幢竖，如盖张，如龙蛇走。松下多灌丛，萝茑叶蔓，骈织承翳，日月光不到地，盛夏风气如八九月时。下铺白石为出入道。堂北五步，据层崖，积石嵌空垤堄，杂木异草盖覆其上，绿荫蒙蒙，朱实离离，不识其名，四时一色。又有飞泉，植茗就以烹燀，好事者见，可以永日。堂东有瀑布水，悬三尺，泻阶隅，落石渠，昏晓如练色，夜中如环佩琴筑声。堂西倚北崖右趾，以剖竹架空，引崖上泉，脉分线悬，自檐注砌，累累如贯珠，霏微如雨露，滴沥飘洒，随风远去。其四旁耳目杖屦可及者：春有锦绣谷花，夏有石门涧云，秋有虎溪月，冬有炉峰雪。阴晴显晦，昏旦含吐，千变万状，不可殚纪，缕缕而言，故云"甲庐山"者。

噫！凡人丰一屋，华一箦，而起居其间，尚不免有骄稳之态；今我为是物主，物至致知，各以类至，又安得不外适内和，体宁心恬哉？昔永、远、宗、雷辈十八人，同入此山，老死不返，去我千载，我知其心，以是哉！矧予自思：从幼迨老，若白屋，若朱门，凡所止，虽一日二日，辄覆篑土为台，聚拳石为山，环斗水为池，其喜山水病癖如此。一旦褰剥，来佐江郡。郡守以优容而抚我，庐山以灵胜待我，是天与我时，地与我所，卒获所好，又何以求焉！尚以冗员所羁，余累未尽，或往或来，未遑宁处。待予异时弟妹婚嫁毕，司马岁秩满，出处行止得以自遂，则必左手引妻子，右手抱琴书，终老于斯，以成就我平生之志。清泉白石，实闻此言。时三月二十七日始居新堂，四月九日与河南元集虚、范阳张允中、南阳张深之、东西二林寺长老凑、朗、满、晦、坚等凡二十有二人，具斋施茶果以落之，因为《草堂记》。

[提示]《草堂记》是一篇较早的比较完整地记述一座文人士大夫园林的建造经过的文章。文章首先介绍草堂的选址意图及结构陈设的简朴、实用、称心。接着以草堂为核心由近及远比较详细地介绍了周围环境的自然清妙的景物景观，说明"其境胜绝，甲庐山"的评语不虚。并指出风景园林对人能产生"物诱气随，外适内和"的潜化作用。最后说明自己素有山水癖好，幸贬江州而卒获所好，并矢志他日能终老于斯。借以发泄对现实外不适内不和的不满情绪。

文章也典型地反映了中国造园意境中"自然朴质、淡泊宁静、超然世外、独善其身、儒道佛兼用⋯⋯"的思想，值得研读。

一一一、愚溪诗序
[唐] 柳宗元

灌水之阳有溪焉，东流入于潇水。或曰："冉氏尝居也，故姓是溪为冉溪。"或曰："可以染也，名之以其能，故谓之染溪。"余以愚触罪，谪潇水上。爱是溪，入二三里，得其尤绝者，家焉。古有愚公谷，今予家是溪，而名莫能定。士之居者犹龂龂然，不可以不更也，故更之为愚溪。

愚溪之上，买小丘为愚丘。自愚丘东北行六十步，得泉焉，又买居之为愚泉。愚泉凡六穴，皆出山下平地，盖上出也。合流屈曲而南，为愚沟。遂负土累石，塞其隘为愚池。愚池之东为愚堂。其南为愚亭。池之中为愚岛。嘉木异石错置，皆山水之奇者，以予故，咸以愚辱焉。

夫水，智者乐也。今是溪独见辱于愚，何哉？盖其流甚下，不可以灌溉。又峻急多坻石，大舟不可入也。幽邃浅狭，蛟龙不屑，不能兴云雨，无以利世，而适类于予，然则虽辱而愚之，可也。

宁武子"邦无道则愚"，智而为愚者也；颜子"终日不违如愚"，睿而为愚者也；皆不得为真愚。今予遭有道，而违于理，悖于事，故凡为愚者，莫我若也。夫然，则天下莫能争是溪，余得专而名焉。

溪虽莫利于世，而善鉴万类，清莹秀澈，锵鸣金石，能使愚者喜笑眷慕，乐而不能去也。余虽不合于俗，亦颇以文墨自慰，漱涤万物，牢笼百态，而无所避之。以愚辞歌愚溪，则茫然而不违，昏然而同归。超鸿蒙，混希夷，寂寥而莫我知也。于是作《八愚诗》，纪于溪石上。

[提示]作者以简明的语言，准确的方位对愚溪的环境作了一番描述。在以"步"为

准的小范围里，作者亲自布置出一幅有溪、有丘、有泉、有池、有岛、有堂、有亭的园林小景。在山林野趣的幽静之中，清澈透明，秀美澄净的溪水又以铿锵"金石"之声来增添韵致。

一一二、艮岳记

[北宋] 赵 佶

京师天下之本。昔之王者，申画畿疆，相方视址，考山川之所会，占阴阳之所和，据天下之上游，以会同六合，临观八极。故周人宅宇于岐山之阳，而又卜涧水之西。秦临函谷二崤之关，有百二之险。汉人因之，又表以太华终南之山，带以黄河清渭之川，宰制四海。然周以龙兴，卜年八百。秦以虎视，失于二世。汉德弗嗣，中分二京，何则？在德不在险也。

昔我艺祖，拨乱造邦，削平五季。方是时，周京市邑千门万肆不改，弃之而弗顾。汉室提封五方，阻山浮渭，屹然尚在也，舍之而弗都。于宅斯原，在浚之郊，通达大川，平皋千里，此维与宅。故今都邑广野平陆，当八达之冲，无崇山峻岭襟带于左右，又无洪流巨浸浩荡汹涌，经纬于四疆。因旧贯之居，不以袭险为屏。且使后世子孙世世修德，为万世不拔之基。垂二百年于兹，祖宗功德，民心固于泰华；社稷流长，过于三江五湖之远，足以跨周轶汉，盖所特者德，而非险也。然文王之囿方七十里，其作灵台则庶民子来，其作灵沼则于牣鱼跃。高上金阙则玉京之山，神霄大帝亦下游广爱，而海上有蓬莱三岛，则帝王所都，仙圣所宅，非形胜不居也。传曰："为山九仞，功亏一篑。"是山可为，功不可书。

于是太尉梁师成董其事。师成博雅忠荩，思精志巧，多才可属。乃分官列职：曰雍、曰琮、曰琳，各任其事。遂以图材付之，按图度地，庀徒僝工，累土积石，畚锸之役不劳，斧斤之声不鸣。役洞庭、湖口、丝溪、仇池之深渊，与泗滨、林虑、灵璧、芙蓉之诸山，取瑰奇特异瑶琨之石。即姑苏、武林、明越之址，荆楚、江湘、南粤之野，移枇杷、橙柚、橘柑、椰栝、荔枝之木，金蛾、玉羞、虎耳、凤尾、素馨、渠郍、茉莉、含笑之草。不以土地之殊，风气之异，悉生成长养于雕栏曲槛，而穿石出罅，岗连阜属，东西相望，前后相续。左山而右水，后谿而旁陇，连绵弥满，吞山怀谷。

其东则高峰峙立，其下则植梅以万数，绿萼承跌，芬芳馥郁，结构山根号"绿萼华堂"。又旁有"承岚昆云"之亭。有屋外方内圆如半月，是名书馆。又有八仙馆，屋圆如规。又有紫石之岩，析真之磴，揽秀之轩，龙吟之堂。清林秀出其南，则寿山嵯峨，两峰并峙列障如屏。瀑布下入雁池，池水清泚涟漪，凫雁浮泳水面，栖息石间，不可胜计，其上亭曰"噰噰"。北直绛霄楼，峰峦崛起，千叠万复，不知其几千里，而方广无数十里。

其西则参术、杞菊、黄精、芎藭被山弥坞，中号药寮。又禾、麻、菽、麦、黍、豆、秔秫，筑室若农家，故名西庄。上有亭曰巢云，高出峰岫，下视群岭若在掌上。自南徂北，行岗脊两石间，绵亘数里，与东山相望。水出石口，喷薄飞注若兽面，名之曰：白龙沜、濯龙峡、蟠秀、练光、跨云亭、罗汉岩。又西半山间，楼曰倚翠。青松蔽密布于前后，号万松岭。上下设两关。出关下平地有大方沼，中有两洲：东为芦渚，亭曰浮阳；西有梅渚，亭曰云浪。沼水西流为凤池，东出为雁池。中分二馆：东曰流碧，西曰环山。馆有阁曰巢凤，堂曰三秀，以奉九华玉真安妃圣像。

东池后结栋山下曰挥云厅。复由磴道盘行萦曲扪石而上，既而山绝路隔，继之以木栈。栈倚石排空，周环曲折，有蜀道之难。跻攀至介亭最高，诸山前列，巨石凡三丈许，号排衙。巧怪斩岩，藤萝蔓衍，若龙若凤，不可殚穷。"麓云半山"居右，"极目萧森"居左。北俯景龙江，长波远岸弥十余里。其上流注山间，西行潺湲为漱玉轩。又行石间为炼丹凝真观、圜山亭。下视水际，见高阳酒肆、清斯阁。北岸万竹苍翠蓊郁，仰不见日月。有胜筠庵、蹑云台、萧闲馆、飞岑亭，无杂花异木，四面皆竹也。又支流为山庄、为回溪，自山蹊石罅寨条下平陆。中立而四顾，则岩峡洞穴，亭阁楼观，乔木茂草，或高或下，或远或近，一出一入，一荣一凋，四向周匝。徘徊而仰顾，若在重山大壑幽谷深岩之底，而不知京邑空旷坦荡而平夷也。又不知郛郭寰会纷华而填委也。真天造地设，神谋化力，非人所能为者。此举其梗概焉。

及夫时序之景物，朝昏之变态也：若夫土膏起脉，农祥晨正，万类胥动，和风在条，宿冻分沾，泳渌水之新陂，被石际之宿草。红苞翠萼，争笑并开于烟暝；新莺归燕，呢喃百转于木末。攀柯弄蕊，藉石临流，使人情舒体堕，而忘料峭之味。及云峰四起，烈日照耀，红桃绿李，半垂间出于密叶。芙蕖菡萏，菁蓼芳苓，摇茎弄芳，倚靡于川湄。蒲茹荇藻，茭菱苇芦，沿岸而溯流。青苔绿藓，落英坠实，飘岩而铺砌。披清风之广莫，荫繁木之余阴。清虚爽垲，使人有物外之兴，而忘扇箑之劳。及一叶初惊，蓐收调辛。燕翩翩而辞巢，蝉寂寞而无声。白露既下，草木摇落，天高气清，霞散云薄。逍遥徜徉，坐堂伏槛，旷然自怡，无萧瑟沉寥之悲。及朔风凛冽，寒云暗幕，万物凋疏，禽鸟缩憭。层冰峨峨，飞雪飘舞而青松独秀于高巅，香梅含华于冻雾。离榭拥幕，体道复命，无岁律云暮之叹。此四时朝昏之景殊，而所乐之趣无穷也。

朕万机之余，徐步一到，不知崇高富贵之荣，而腾山赴壑，穷深探险。绿叶朱苞，华阁飞暨，玩心惬志，与神合契，遂忘尘俗之缤纷，而飘然有凌云之志，终可乐也。及陈清夜之醮，奏梵呗之音，而烟云起于岩窦，火炬焕于半空。环珮杂遝，下临于修途狭径；迅雷掣电，震动于庭轩户牖。既而车舆冠冕，往来交错，尝甘味酸，览香酌醴，而遗沥坠核，纷积床下。俄顷挥霍，腾飞乘云，沉然无声。夫天不人不因，人不天不成，信矣！朕履万乘之尊，居九重之奥，而有山间林下之逸。澡溉肺腑，发明耳目，恍然如见玉京广爱之旧。而东南万里，天台、雁荡、凤凰、庐阜之奇伟；二川、三峡、云梦之旷荡。四方之远且异，徒各擅其一美，未若此山并包罗列，又兼其绝胜，飒爽溟涬，参诸造化，若开辟之素有。虽人为之山，顾岂小哉！

山在国之艮，故名之曰："艮岳"。则是山与泰华嵩衡等同固，作配无极。壬寅岁正月朔日记。

［提示］这篇文章无论从布局的结构严整，文笔的骈散有致，语气的高视雍容，辞藻的博雅华赡，都足以说明是宋徽宗赵佶所作，可见他除了擅长文学、书画、音乐、艺术外，对造园艺术的兴趣和修养也是很高的。

本文首先从历代帝王重视选择京都地址说起，明示了赵宋奠都汴京的意义，进而引用文王灵台灵沼之作，帝王仙圣非形胜不居，作为兴建艮岳的理论依据。

接着从工程组织的庞大，花石搜集的丰富，堆山叠石的奇奥，造池理水的曲折，亭阁楼观的多样，松竹梅花的茂密，到药寮农庄的广大，蜀道云栈的险阻，重山大壑的真实等，写出了北宋的艮岳占地广、工程大、设计巧、景点多、风景美，堪称皇家园林之最。足证当时是中国造园史上的一个高峰。

然后生动地描写了对艮岳四时景观的游览欣赏，以及艮岳四时景观给人的种种美感。由于赵佶后来崇奉神道，后面又特写了人神合契，最后指出艮岳的功能是使他"居九重之奥"，"而有山间林下之逸"。他夸耀艮岳包罗了天下名山胜水之绝胜，虽人为之，"若开辟之素有"，足见艮岳这个城市山林的造园艺术何等精湛，工程质量何等高超！

一一三、王氏拙政园记（节选）
［明］　文征明

槐雨先生王君敬止所居在郡城东北，界齐、娄门之间。居多隙地，有积水亘其中，稍加浚治，环以林木，为重屋其阳，曰梦隐楼；为堂其阴，曰若墅堂。堂之前为繁香坞，其后为倚玉轩。轩北直"梦隐"，绝水为梁，曰小飞虹。逾小飞虹而北，循水西行，岸多木芙蓉，曰芙蓉隈。又西，中流为榭，曰小沧浪亭。亭之南，翳径修竹，径竹而西，出于水滋，有石可坐，可俯而濯，曰志清处。

至是水折而北，滉漾渺淼，望若湖泊。夹岸皆佳木，其西多柳，曰柳隈。东岸积土为台，曰意远台。台之下植石为矶，可坐而渔，曰钓䂬。遵"钓䂬"而北，地益迥，林木益深，水益清澈。水尽别疏小沼，植莲其中，曰水花池。池上美竹千挺，可以追凉，中为亭，曰净深。循"净深"而东，柑桔数十本，亭曰"待霜"。又东，出"梦隐楼"之后，长松数植，风至泠然有声，曰听松风处。

自此绕出"梦隐"之前，古木疏篁，可以憩息，曰怡颜处。又前，循水而东，果林弥望，曰来禽囿。囿尽，缚四桧为幄，曰得真亭。亭之后为珍李坂，其前为玫瑰柴，又前为蔷薇径。至是水折而南，夹岸植桃，曰桃花沜。沜之南为湘筠坞，又南，古槐一株，敷荫数弓，曰槐幄。其下跨水为杠，逾杠而东，篁竹阴翳，榆槐蔽亏，有亭翼然而临水上者，槐雨亭也。亭之后为尔耳轩，左为芭蕉槛。

凡诸亭槛台榭，皆因水为面势。自"桃花沜"而南，水流渐细，至是伏流而南，逾百武，出于别圃丛竹之间，是为竹涧。竹涧之东，江梅百株，花时香雪烂然，望如瑶林玉树，曰瑶圃。圃中有亭曰嘉实亭，泉曰玉泉。凡为堂一，楼一，为亭六，轩槛池台坞之属二十有三，总三十有一，名曰"拙政园"。

王君之言曰："昔潘岳氏仕宦不达，故筑室种树，灌园鬻蔬，曰：'此亦拙者之为政也。'余自筮仕抵今，凡四十年，同时之人，或起家八坐，登三事，而吾仅以一郡倅老退林下，其为政殆有拙于岳者，园所以识也。"虽然，君于岳则有间矣。君以进士高科仕为名法从，直躬殉道，非久被斥。其后旋起旋废，迄摈不复，其为人岂龌龊自守，视时浮沉者哉！岳虽谩为"闲居"之言，而谄事时人，至于望尘而拜，乾没势权，终罹咎祸。考其平生，盖终其身未尝暂去官守而即其"闲居"之乐也。

［提示］本文详细地介绍了拙政园的景点布局，把景点的位置方向、景观、相互关系、景物名称等都交代得很清楚，为今天的拙政园研究提供了可贵的历史资料。最后以对比方

式赞扬了园主人。本文是以水为线索来介绍的，拙政园也是以水为脉络而展开布局的，"因水为面势"是一般水局布景的规律。

一一四、题尔遐园居序
〔明〕 张鼐

缁衣化于京尘，非尘能化人也。地不择其偏，交不绝其靡，精神五脏，皆为劳薪。能于此中得自在者，其惟简远者乎？

尔遐以治行入官柱下，卜居西城之隅。数椽不饰，虚庭寥旷。绿树成林，绮蔬盈圃。红蓼植于前除，黄花栽于篱下。亭延西爽，山气日佳。户对层城，云物不变。钩帘缓步，开卷放歌。花影近人，琴声相悦。灌畦汲井，锄地栽兰，场圃之间，别有余适。或野寺梵钟，清声入座；或西邻砧杵，哀响彻云。图书润泽，琴尊潇洒，陶然丘壑，亦复冠簪觞咏之娱，素交是叶。尔遐尝言："高林受日，宽庭受月。短墙受山，花夜受酒，闲日受书，云烟草树受诗句。"余谓非尔遐清适，不能受此六种。

然余尝笑人眼目不天，辄浪谈泉石，桎梏簪裾，彼实无所自树乃尔。夫能自树者，寄澹于浓，处繁以静，如污泥红莲，不相染而相为用。但得一种清虚简远，则浓繁之地，皆我用得，马头尘宁复能溷我？尔遐读书高朗，寡交游，能自贵重。而以其僻地静日，观事理，涤志气，以大其蓄而施之于用，谁谓园居非事业耶？然尔遐临民，卓然清净，中州人比之为刘襄城、卓太傅，则今日之园居，其又以六月息者，而九万里风斯在下，吾益信京尘之未必不能息人也。

〔提示〕作者认为尔遐入京作柱下史小官，居闹市却能安于小园陋室，"如污泥红莲，不相染而相为用"，称赞他"能于此中得自在者，其惟简远者乎"。简朴高远是古代文人士大夫追求的修养标准，只有思想境界高的人才热爱自然，亲近自然，才能于平淡中见真趣。尔遐发觉"高林受日，宽庭受月，短墙受山，花夜受酒，闲日受书，云烟草树受诗句"，对园林艺术很有参考价值。

一一五、游歙西徐氏园记
〔明〕 王灼

歙西徐氏有园，曰"就园"，方广可数十亩，其西北隅凿地为方池，引溪水入焉。池之四周皆累以危石，池上横石为桥，以通往来。由池而西为亭，再西翼然而出者为楼。池之南端，临以虚堂。堂半出水上，前有横阑可俯；堂背为渠，溪水所从入池者也。循渠折而东行，皆长廊。中累层石为台，台高二寻，其上正平，可罗坐十余人，旁植梅桧竹柏石楠甚众，台下逶迤环以复壁。北复构堂三楹，堂之右侧与前池通。由堂左折，循墙入重门，中敞以广庭，前缭以曲榭，繁葩翳生，而牡丹数十百本，环匝栏楯，花时犹绝盛。由庭东入，其间重阿曲房，周回复壁，窅然而深，洞然而明。墙阴古桂，交柯连阴，风动影碧，浮映衣袂。园之外田塍相错，烟墟远村历历如画。而环歙百余里中，天都、云门、灵、金、黄、罗诸峰，浮青散紫，皆在几席。盖池亭之胜，东西数州之地未有若斯园者。

余馆于歙数年，尝一至焉。戊申六月，复集同人来游于此，时天雨新霁，水汩汩循渠流。予与二三子解衣击壶，俯绿阴，藉盘石，乘风乎高台，祓除乎清流，欢喜淋漓，诙嘲谈谑，及日已入，犹不欲归。园者皆瞪目相顾，嗟愕怪骇。

既归，二三子各适其适，顾吾独悲园之朽蠹颓坏，已异于始至，则继此而游，木之蠹，石之泐，其又可问耶？因为之记。同游者三人：严州胡熙陈禹范，常州赵彬泛如，张一鸣皋文。

[提示] 介绍布局曲折有致，结构复杂精巧的庭园，必须把握好该园的总体布局，依方位有顺序地写，才能使读者了解庭园。本文分三个部分介绍"就园"：一是地点、面积、庭与池的关系和池的形状构筑；二是以池为中心，分别介绍周围的园林建筑；三是以庭为中心，介绍前后的布置，最后还介绍了园外的远近景观。

本文后段有删节。

一一六、海　淀
[明]　刘　侗　于奕正

水所聚曰淀。高梁桥西北十里，平地出泉焉，澎澎四去，潆潆草木泽之，洞洞罄折以参伍，为十余奠潴。北曰北海淀，南曰南海淀。或曰：巴沟水也。水田龟坼，沟塍册册，远树绿以青青，远风无闻而有色。巴沟自青龙桥东南入于淀。淀南五里，丹陵沜。沜南，陂者六。达白石桥，与高梁水并。沜而西，广可舟矣，武清侯李皇亲园之。方十里，正中，抱海堂。堂北亭，置"清雅"二字，明肃太后手书也。亭一望牡丹，石间之，芍药间之，濒于水则已。飞桥而汀，桥下金鲫，长者尺五，锦片片花影中，惊则火流，饵则霞起。汀而北，一望又荷蕖，望尽而山，剑芒螺矗，巧诡于山，假山也。维假山，则又自然真山也。山水之际，高楼斯起，楼之上斯台，平看香山，俯看玉泉，两高斯亲，峙若承睫。园中水程十数里，舟莫或不达；屿石百座，槛莫或不周。灵壁、太湖、锦川百计，乔木千计，竹万计，花亿万计，阴莫或不接。园东西相直，米太仆勺园，百亩耳，望之等深，步焉则等远。入路，柳数行，乱石数垛。路而南，陂焉。陂上，桥高于屋，桥上，望园一方，皆水也。水皆莲，莲皆以白。堂楼亭榭，数可八九，进可得四，覆者皆柳也。肃者皆松，列者皆槐，笋者皆石及竹。水之，使不得径也。栈而阁道之，使不得舟也。堂室无通户，左右无兼径，阶必以渠，取道必渠之外廊。其取道也，板而槛，七之。树根槎枒，二之。砌上下折，一之。客从桥上指，了了也。下桥而北，园始门焉。入门，客懵然矣。意所畅，穷目。目所畅，穷趾。朝光在树，疑中疑夕，东西迷也。最后一堂，忽启北窗，稻畦千顷，急视，幸日乃未曛。福清叶公台山，过海淀，曰："李园壮丽，米园曲折。米园不俗，李园不酸。"西园之北，有桥，曰娄兜桥，一曰西勾。

[提示] 本文主要记叙了李园和米园。从文中可见明代王侯贵宅的园林修治是如何的讲究。李园规模大，山石多而自然，飞桥、楼台，平看香山，俯看玉泉。借景而造，别有风格。花木之多以千计、万计、亿万计。米园迂回曲折，以水"使不得径"，"以栈而阁

道之，使不得舟"，使游者有扑朔迷离之感，加上启北窗"稻畦千顷"，真如福清叶公台山所评价："李园壮丽，米园曲折。米园不俗，李园不酸。"可惜两园已被八国联军烧毁，我们只能见之于书，却不能览之于景了。

一一七、《寓山注》序
[明]　祁彪佳

予家梅子真高士里，固山阴道上也。方干一岛，贺监半曲，惟予所恣取。顾独予家旁小山，若有夙缘者，其名曰"寓"。往予童稚时，季超、止祥两兄以斗粟易之。剔石栽松，躬荷畚锸，手足为之胼胝。予时亦同挐小艇，或捧土作婴儿戏。迨后余二十年，松渐高，石亦渐古，季超兄辄弃去，事宗乘；止祥兄且构柯园为菟裘矣。舍山之阳建麦浪大师塔，余则委置于丛篁灌莽中。予自引疾南归，偶一过之，于二十年前情事，若有感触焉者。于是卜筑之兴，遂勃不可遏，此开园之始末也。

卜筑之初，仅欲三、五楹而止。客有指点之者，某可亭，某可榭，予听之漠然，以为意不及此；及于徘徊数回，不觉问客之言，耿耿胸次。某亭、某榭，果有不可无者。前役未罢，辄于胸怀所及，不觉领异拔新，迫之而出。每至路穷径险，则极虑穷思，形诸梦寐，便有别辟之境地，若为天开，以故兴愈鼓，趣亦愈浓，朝而出，暮而归，偶有家冗，皆于烛下了之，枕上望晨光乍吐，即呼奚奴驾舟，三里之遥，恨不促之于跬步。祁寒盛暑，体粟汗浃，不以为苦，虽遇大风雨，舟未尝一日不出。摸索床头金尽，略有懊丧意，及于抵山盘旋，则购石庀材，犹怪其少。以故两年以来，橐中如洗。予亦病而愈，愈而复病，此开园之痴癖也。

园尽有山之三面，其下平田十余亩，水石半之，室庐与花木半之。为堂者二，为亭者三，为廊者四，为台与阁者二，为堤者三。其他轩与斋类，而幽敞各极其致；居与庵类，而纤广不一其形；室与山房类，而高下分标共胜；与夫为桥、为榭、为径、为峰，参差点缀，委折波澜。大抵虚者实之，实者虚之；聚者散之，散者聚之；险者夷之，夷者险之。如良医之治病，攻补互投；如良将之治兵，奇正并用；如名手作画，不使一笔不灵；如名流作文，不使一语不韵。此开园之营构也。

园开于乙亥之仲冬，至丙子孟春，草堂告成，斋与轩亦已就绪。迨于中夏，经营复始，榭先之，阁继之，迄山房而役以竣。自此则山之顶趾镂刻殆遍。惟是泊舟登岸，一径未通，意犹不慊也。于是疏凿之工复始，于十一月，自冬历丁丑之春，凡一百余日，曲池穿牖，飞沼拂几，绿映朱栏，丹流翠壑，乃可以称园矣。而予农圃之兴尚殷，于是终之以丰庄与幽圃，盖已在孟夏之十有三日矣。若八求楼、溪山草阁、抱瓮小憩，则以其暇偶一为之，不可以时日计。此开园之岁月也。

至于园以外山川之丽，古称万壑千岩；园以内花木之繁，不止七松、五柳。四时之景，都堪泛月迎风；三径之中，自可呼云醉雪。此在韵人纵目，云客宅心，予亦不暇缕述之矣。

[提示] 本文详细记述了寓山园修建的起始经过。从客劝其建亭榭"听之漠然"到"耿耿于怀"、"极虑穷思"、"趣亦愈浓"到"意犹不慊"；从"仅欲三、五楹而止"到

"山之顶趾镂刻殆遍"。道出了作者对园林艺术的执著追求，一发不可遏止，直到满意为止。于此可见古代文人私家园林的营构，集设计施工管理于一身，很费精神。亦可窥见作者初无总体规划，只是因地制宜地逐步展开。有如苏轼作文："大略如行云流水，初无定质。但常行于所当行，常止于所不可不止，文理自然，姿态横生。"现今规划与施工截然分开，两不相谋，故难达到设计意图。因为艺术创造还有个灵感即兴问题，岂能于规矩绳墨中求之？值得研究。

在一气呵成中作者也获得了许多实践经验。对建筑样式相近的，注意在"幽敞"、"纡广"、"高下"等方面求得变化。点景建筑则力求参差委折而有波澜。作者以医道、兵法指导调控，以作画作文来经纬布局，希望创造出笔笔皆灵，语语有韵的艺术效果，这对今天的园林设计仍有指导意义。

一一八、瘦西湖记游
[清] 沈 复

癸卯春，余从思斋先生就维扬之聘，始见金、焦面目。金山宜远观，焦山宜近视，惜余往来其间未尝登眺。

渡江而北，渔洋所谓"绿杨城郭是扬州"一语，已活现矣。平山堂离城约三四里，行其途有八九里。虽全是人工，而奇思幻想点缀天然，即阆苑瑶池，琼楼玉宇，谅不过此。其妙处在十余家之园亭合而为一，联络至山，气势俱贯。其最难位置处，出城入景，有一里许紧沿城郭。夫城缀于旷远重山间，方可入画，园林有此，蠢笨绝伦。而观其或亭或台，或墙或石，或竹或树，半隐半露间，使游人不觉其触目，此非胸有丘壑者断难下手。

城尽，以虹园为首，折而向北，有石梁曰虹桥。不知园以桥名乎？桥以园名乎？荡舟过，曰长堤春柳。此景不缀城脚而缀于此，更见布置之妙。再折而西，垒土立庙，曰小金山。有此一挡便觉气势紧凑，亦非俗笔。闻此地本沙土，屡筑不成，用木排若干层垒加土，费数万金乃成。若非商家，乌能如是？过此有胜概楼，年年观竞渡于此。河面较宽，南北跨一莲花桥。桥门通八面，桥面设五亭，扬人呼为"四盘一暖锅"。此思穷力竭为之，不甚可取。桥南有莲心寺，寺中突起喇嘛白塔，金顶缨络高矗云霄，殿角红墙松柏掩映，钟磬时闻，此天下亭园所未有者。过桥见三层高阁，画栋飞檐，五彩绚烂，垒以太湖石，团以白石栏，名曰五云多处，如作文中间之大结构也。

过此为蜀冈朝旭，平坦无奇，且属附会。将及山，河面渐束，堆土已植树，作四五曲，似已山穷水尽，而忽豁然开朗，平山之万松林已列于前矣。平山堂为欧阳文忠公所书。所谓淮东第五泉，真者在假山石洞中，不过一井耳，味与天泉同；其荷亭中之六孔铁井栏者，乃系假设，水不堪饮。

九峰园另在南门幽静处，别饶天趣，余以为诸园之冠。康山未到，不识如何。此皆言其大概，其工巧处，精美处，不能尽述，大约宜艳妆美人目之，不可作浣纱溪上观也。余适恭逢南巡盛典，各工告竣，敬演点缀，因得畅其大观，亦人生难遇者也。

[提示] 本篇记叙乾隆盛世时扬州瘦西湖的总体胜概，在记叙中有许多精到的评论，值得研究园林艺术者借鉴。作者用整体观点去看当时私家园林群集的瘦西湖，认为"妙处

在十余家之园亭合而为一，联络至山，气势俱贯"。这是建设风景区及大型风景园林时必须注意的。作者对出城入景的一里城墙脚的处理大加赞赏，对小金山的一挡，对莲性寺的白塔，对五云多处的一结，对平山堂前水道作四五曲的处理等，都作了艺术上的肯定。对小金山垒土耗资之巨大，对五亭桥的设计的批评，对淮东第五泉的考查都言出有据，言之有理。

一一九、愚园记 (节选)

[清] 邓嘉缉

凤凰台西隙地数十亩，榛芜蔽塞，瓦砾纵横，兵燹以来，宵无人迹。旧为明中山徐王西园，煦斋太守乐其幽旷，货而有之。又以市产与崇善堂易其余之闲地。因高就下，度地面势，有宫室台榭坡池之胜，林泉花石鱼鸟之美，规模宏敞，郁为巨观。一时宴游，于是焉萃，信乎人物之盛，甲于会城者矣。

门东向，临鸣羊街，后倚花露岗，明元时，有胜园，顾文庄之所筑也。门以内，枅栌节梲，髤漆雕绘，南北相向，爽垲之屋数重，奉太夫人居养子内，且以安其家室焉。屋之西，为别园，主人名之曰愚，石埭陈先生虎臣颜其额。

自是入园绕廊，北绕而西，锓石曰：寄安。主人自书之，嵌于壁。又透迤西上，稍拓为栏，曰分荫轩。置几案数事，游客得以少憩。凿壁为门，阖之，以示境之不可穷。转而南下，至于无隐精舍，而南屋三楹，后为澡浴之室。庭中植桂，列序其名，以谂游者，且质之主人，以为何如？

光绪四年十二月记。　　　　　　　　（本文有节录）

[提示] 南京的愚园在晚清很有名气，规模宏敞，蔚为巨观，惜已不存。但从本文的记述中仍可窥见其布局的大概：园前门景区以长廊曲折引入无隐精舍。内园景区以春晖堂前水池为中心，西边一组假山石和人工瀑布；东边一组石洞曲道，紧凑奇奥。外园景区以水石居清塘大水面为中心，绕塘有琴房小筑、竹坞、课耕草堂、长堤、延青阁、小丘春睡轩、水榭等互相对景，以自然山水为主，显得开朗秀野。观其疏密相间，浓淡有法，而联络曲折有致，确实经营布置极为讲究，非寻常园子所能及。

一二○、黄冈竹楼记

[北宋] 王禹偁

黄冈之地多竹，大者如椽，竹工破之，刳去其节，用代陶瓦，比屋皆然，以其价廉而工省也。

子城西北隅，雉堞圮毁，榛莽荒秽，因作小楼二间，与月波楼通。远吞山光，平挹江濑，幽阒辽夐，不可具状。夏宜急雨，有瀑布声；冬宜密雪，有碎玉声。宜鼓琴，琴调虚畅；宜咏诗，诗韵清绝；宜围棋，子声丁丁然；宜投壶，矢声铮铮然：皆竹楼之所助也。

公退之暇，披鹤氅衣，戴华阳巾，手执《周易》一卷，焚香默坐，消遣世虑。江山之外，第见风帆沙鸟，云烟竹树而已。待其酒力醒，茶烟歇，送夕阳，迎素月，亦谪居之胜概也。

彼齐云、落星，高则高矣！井干、丽谯，华则华矣！止于贮妓女，藏歌舞，非骚人之事，吾所不取。

吾闻竹工云："竹之为瓦，仅十稔，若重覆之，得二十稔。"吾以至道乙未岁，自翰林出滁上；丙申，移广陵；丁酉，又入西掖；戊戌岁除日，有齐安之命，己亥闰三月到郡。四年之间，奔走不暇，未知明年又在何处？岂惧竹楼之易朽乎？幸后之人与我同志，嗣而葺之，庶斯楼之不朽也。

咸平二年八月十五日记。

[提示] 黄冈竹楼的设计，体现了抱素守朴，淡泊宁静的立意，是颇具特色的园林建筑范例。作者着意描述了在竹楼上观景、休憩、娱乐等活动，而且特意从音响听觉上着眼，写出了竹楼上的急雨、密雪、鼓琴、咏诗、围棋、投壶等独具特色的音韵效果。体现了高人雅士们的生活方式，也是大多数文人造园所追求的效果。另外在就地取材，因地制宜建造竹楼上，也是值得称道的。

一二一、岳阳楼记
［北宋］ 范仲淹

庆历四年春，滕子京谪守巴陵郡。越明年，政通人和，百废具兴。乃重修岳阳楼，增其旧制，刻唐贤今人诗赋于其上，属予作文以记之。

予观夫巴陵胜状，在洞庭一湖。衔远山，吞长江，浩浩汤汤，横无际涯；朝晖夕阴，气象万千；此则岳阳楼之大观也，前人之述备矣。然则北通巫峡，南极潇湘，迁客骚人，多会于此，览物之情，得无异乎？

若夫霪雨霏霏，连月不开，阴风怒号，浊浪排空；日星隐曜，山岳潜形；商旅不行，樯倾楫摧；薄暮冥冥，虎啸猿啼。登斯楼也，则有去国怀乡，忧谗畏讥，满目萧然，感极而悲者矣。

至若春和景明，波澜不惊，上下天光，一碧万顷；沙鸥翔集，锦鳞游泳；岸芷汀兰，郁郁青青。而或长烟一空，皓月千里，浮光跃金，静影沉璧；渔歌互答，此乐何极！登斯楼也，则有心旷神怡，宠辱偕忘，把酒临风，其喜洋洋者矣。

嗟夫！予尝求古仁人之心，或异二者之为，何哉？不以物喜，不以己悲；居庙堂之高则忧其民；处江湖之远，则忧其君：是进亦忧，退亦忧。然则何时而乐耶？其必曰"先天下之忧而忧，后天下之乐而乐"欤？噫！微斯人，吾谁与归？

时六年九月十五日。

[提示] 在江南三大名楼中，岳阳楼最靠近西南蛮荒地。古之迁客骚人被贬谪流放者，到此是最后一大驿站，登临者多，感怀悲叹者亦多。面对苍茫浩渺的洞庭湖，更反衬出失望或绝望的灰暗前途。而范仲淹的胸怀却不一样：他也承认客观的壮丽风景对人的主观情志会产生巨大影响，或见阴雨连月而悲，或见春和景明而喜。但他认为古仁人之心是"不以物喜，不以己悲"的，必须坚持信念，做到所谓"富贵不淫贫贱乐，男儿到此是豪

雄"。如果是士大夫，还应做到"先天下之忧而忧，后天下之乐而乐"。从园林角度看，作者说明了同一景观在不同的时间，不同的气候，不同的感情色彩下，会产生不同的审美效果。故王国维提出了"以我观物"与"以物观物"的创作方法。

一二二、沧浪亭记
[北宋]　苏舜钦

予以罪废，无所归。扁舟南游，旅于吴中。始僦舍以处，时盛夏蒸燠，土居皆褊狭，不能出气，思得高爽虚辟之地，以舒所怀，不可得也。

一日，过郡学，东顾草树郁然，崇阜广水，不类乎城中。并水得微径于杂花修竹之间，东趋数百步，有弃地，纵广合五六十寻，三向皆水也。杠之南，其地益阔，旁无民居，左右皆林木相亏蔽。访诸旧老，云："钱氏有国，近戚孙承佑之池馆也。"坳隆胜势，遗意尚存。予爱而徘徊，遂以钱四万得之，构亭北碕，号"沧浪"焉。前竹后水，水之阳又竹，无穷极。澄川翠干，光影会合于轩户之间，尤与风月为相宜。

予时榜小舟，幅巾以往，至则洒然忘其归。觞而浩歌，踞而仰啸，野老不至，鱼鸟共乐。形骸既适则神不烦，观听无邪则道以明。返思向之汩汩荣辱之场，日与锱铢利害相磨戛，隔此真趣，不亦鄙哉！

噫！人固动物耳。情横于内而性伏，必外寓于物而后遣。寓久则溺，以为当然，非胜是而易之，则悲而不开。惟仕宦溺人为至深。古之才哲君子，有一失而至于死者多矣，是未知所以自胜之道。予既废而获斯境，安于冲旷，不与众驱，因之复能见乎内外失得之源。沃然有得，笑闵万古，尚未能忘其所寓目，用是以为胜焉。

[提示] 作者遭废黜而南游吴中，始得吴越时之废弃旧池馆，因买而建沧浪亭。常独游其中以排遣世虑，从而使身心得到解脱，复能见乎内外失得之源。其实，这也是封建时代文人的共同感受和一致的认识。因此，无论是真心或假意，文人园林莫不以此主题为标榜。苏氏及其沧浪亭又堪称典型。"沧浪"之命名，也充分地体现了这一点；以种竹和借景为主的造园手法，又确证了这一点。因此，沧浪亭成为千古名园。

一二三、览翠亭记
[北宋]　梅尧臣

郡城非要冲，无劳送还往；官局非冗委，无文书迫切。山商征材，巨木腐积，区区规规，褰不为宴处久矣。始是，太守邵公于后园池旁作亭，春日使州民游遨，予命之曰"共乐"。其后别乘黄君于灵济崖上作亭会饮，予命之曰"重梅"。今节度推官李君亦于廨舍南城头作亭，以观山川，以集嘉宾，予命之曰："览翠"。

夫临高远视，心意之快也；晴澄雨昏，峰岭之态也。心意快而笑歌发，峰岭明而气象归。其近则草树之烟绵，溪水之澄鲜，御鳞翩来，的的有光；扫黛侍侧，妩妩发秀。有趣若此，乐亦由人。何则？景虽常存，人不常暇。暇不计其事简，计其善决；乐不计其得时，计其善适。能处是而览者，岂不暇不适者哉？吾不信也。

[提示] 本文前半叙述览翠亭建亭之始末，后半把写景、抒情、议论融为一体，表述了自己对欣赏山水风景的审美经验。他认为人是欣赏山水的主体，山水景观是常在的，主要看人是否有暇去欣赏，而暇不暇不是以事繁事简来决定，而是靠善决，提高工作效率去赢得暇时。至于赏景时的乐趣多少，也不取决于自然景观的时序，主要靠自己善适。只要心情放开，快意自然会因景而生，不论在什么时间去赏景，都会感到快乐。这就叫"乐亦由人"。作者虽然强调主观要"善适"，但也说了"峰岭明而气象归"，也描绘了景物的"有趣"。并没否认客观景物对主观的移情作用。

一二四、红桥游记
[清] 王士禛

出镇淮门，循小秦淮折而北，陂岸起伏多态，竹木蓊郁，清流映带。人家多因水为园，亭榭溪塘，幽窈而明瑟，颇尽四时之美。拿小艇，循河西北行，林木尽处，有桥宛然，如垂虹下饮于涧；又如丽人靓妆祓服，流照明镜中，所谓红桥也。

游人登平山堂，率至法海寺，舍舟而陆径，必出红桥下。桥四面皆人家荷塘，六七月间，菡萏作花，香闻数里，青帘白舫，络绎如织，良谓胜游矣。予数往来北郭，必过红桥，顾而乐之。

登桥四望，忽复徘徊感叹。当哀乐之交乘于中，往往不能自喻其故。王谢冶城之语，景晏牛山之悲，今之视昔，亦有怨耶！壬寅季夏之望，与箨庵、茶村、伯玑诸子，倚歌而和之。箨庵继成一章，予以属和。

嗟乎！丝竹陶写，何必中年？山水清音，自成佳话。予与诸子聚散不恒，良会未易遘，而红桥之名，或反因诸子而得传于后世，增怀古凭吊者之徘徊感叹如予今日，未可知者。

[提示] 王士禛是清代著名的诗人和诗论家，他标举"神韵说"，以此品评古今诗，己所作诗词亦以"神韵"为归依。这篇红桥记与前面所选的红桥诗，可作为他的"神韵"代表作看。他把情、景相遇的瞬间感触，用清新雅淡的笔调，通过略貌重神的熔裁，表现出物我交融，于淡泊中见深致的意境。本文前半写景，后半抒情。写景时不是细致刻画红桥之形，而是展述红桥周围之景，用"万绿丛中一点红"的手法来衬托红桥。写到红桥时，只用垂虹饮涧、靓妆照镜的联想来描绘红桥的灵动神态。后边抒情略似《兰亭集序》：右军临文嗟悼，阮亭临景感叹，都"不能喻之于怀"。右军说："后之视今，亦犹今之视昔，悲夫！"阮亭说："今之视昔，亦有怨耶！"右军希望"后之览者，亦将有感于斯文。"阮亭希望桥名因人而传，"增怀古凭吊者之徘徊感叹如予今日"。作者把"山水清音"佳话放在"丝竹陶写"之上，是他抒情的核心。

一二五、峡江寺飞泉亭记
[清] 袁枚

余年来观瀑屡矣，至峡江寺而意难决舍，则飞泉一亭为之也。

凡人之情，其目悦，其体不适，势不能久留。天台之瀑离寺百步；雁荡瀑旁无寺；他若匡庐，若罗浮，若青田之石门，瀑未尝不奇，而游者皆暴日中，踞危岩，不得从容以观。如倾盖交，虽欢易别。

惟粤东峡山，高不过里许，而磴级纡曲，古松张覆，骄阳不炙。过石桥，有三奇树，鼎足立，忽至半空凝结为一。凡树皆根合而枝分，此独根分而枝合，奇已！

登山大半，飞瀑雷震，从空而下。瀑旁有室，即飞泉亭也。纵横丈余，八窗明净，闭窗瀑闻，开窗瀑至。人可坐，可卧，可箕踞，可偃仰，可放笔砚，可瀹茗置饮。以人之逸，待水之劳，取九天银河置几席间作玩，当时建此亭者其仙乎！

僧澄波善奕，余命霞裳与之对枰，于是水声、棋声、松声、鸟声、参错并奏。顷之，又有曳杖声从云中来者，则老僧怀远，抱诗集尺许，来索余序。于是吟咏之声又复大作，天籁人籁，合同而化。不图观瀑之娱，一至于斯，亭之功大矣！

坐久日落，不得已下山。宿带玉堂，正对南山，云树蓊郁，中隔长江，风帆往来，妙无一人肯泊岸来此寺者。僧告余曰："峡江寺俗名飞来寺。"余笑曰："寺何能飞？惟他日余之魂梦或飞来耳！"僧曰："无征不信，公爱之，何不记之？"余曰："诺。"已，遂述数行，一以自存，一以与僧。

[提示] 园林建筑的主要功能，或是为了点景，或是为了得景，或是既点景又得景。本文作者从多次观赏瀑布中得到一个体会，认为峡江寺建飞泉亭供游人观赏休憩，是一件了不起的创举，对其大加赞赏。可见园林建筑不能随意布置，必须注意从游人休憩观景的需要角度，多加考虑。

一二六、兰亭集序
[东晋]　　王羲之

永和九年，岁在癸丑，暮春之初，会于会稽山阴之兰亭，修禊事也。群贤毕至，少长咸集。此地有崇山峻岭，茂林修竹，又有清流激湍，映带左右。引以为流觞曲水，列坐其次，虽无丝竹管弦之盛，一觞一咏，亦足以畅叙幽情。是日也，天朗气清，惠风和畅，仰观宇宙之大，俯察品类之盛，所以游目骋怀，足以极视听之娱，信可乐也。

夫人之相与，俯仰一世，或取诸怀抱，晤言一室之内；或因寄所托，放浪形骸之外。虽取舍万殊，静躁不同，当其欣于所遇，暂得于己，快然自足，曾不知老之将至。及其所之既倦，情随事迁，感慨系之矣。向之所欣，俯仰之间，已为陈迹，犹不能不以之兴怀。况修短随化，终期于尽。古人云："死生亦大矣。"岂不痛哉！

每览昔人兴感之由，若合一契，未尝不临文嗟悼，不能喻之于怀。固知一死生为虚诞，齐彭殇为妄作。后之视今，亦犹今之视昔。悲夫！故列叙时人，录其所述。虽世殊事异，所以兴怀，其致一也。后之览者，亦将有感于斯文。

[提示] 王羲之是我国书法史上最早的大师之一，人称书圣；《兰亭集序》是我国文学史和书法史上都极为著名的杰作；对于王羲之的生平和《兰亭集序》书法作品，历史上留下了许多传奇式的佳话。因此，王羲之这个名字，不仅为文人墨客所知，就是在平民百

姓中，也已家喻户晓。

五胡乱华，晋室南迁，战祸不断，社会动荡，就连士族也处于惶惶不可终日的环境里。于是，谈玄与佞佛成为一代风尚。文人们对宇宙、人生、文艺有了新的觉悟，对束缚人性的虚伪礼教产生了怀疑，向往和追求一种清高超俗，飘然世外的生活。但现实毕竟是逃避不了的，于是就有陶潜的乌托邦，陶弘景这样的山中宰相，谢灵运一类的山水诗人……《兰亭集序》就是在这种时代背景下产生的不朽作品。它们的影响极其深远，尤其在中国古代文学、绘画、书法与造园艺术中，几乎成为经久不衰的题材与主题。在造园中，隐喻桃源、五柳、兰渚、流杯的景名触目皆是，无处不有；夕佳亭、见山楼、真意轩、武陵深处、曲水兰香、流杯亭这一类景名已到了过滥的程度。最令人印象深刻的有两件事：一是热爱书法的乾隆皇帝在圆明园特地造了一个八柱兰亭，八根柱子上分别刻着历代知名书家摹写王羲之的兰亭序以及柳公权的兰亭诗，亭中石碑正面刻曲水流觞图，背面刻乾隆手书兰亭诗；一是建于20世纪80年代的北京香山饭店主要庭园中央也是一块曲水流觞的石雕。可以认为，这已经不只是中国造园艺术的一个传统，而且已成为中华民族文化特征中一个重要因子。和陶渊明的作品一样，《兰亭集序》是我们深刻理解中国古代造园艺术意境美的重要教材。

一二七、桃花源记

[东晋]　陶渊明

晋太元中，武陵人捕鱼为业。缘溪行，忘路之远近。忽逢桃花林，夹岸数百步，中无杂树，芳草鲜美，落英缤纷。渔人甚异之，复前行，欲穷其林。

林尽水源，便得一山。山有小口，仿佛若有光。便舍船，从口入。初极狭，才通人，复行数十步，豁然开朗。土地平旷，屋舍俨然，有良田美池桑竹之属。阡陌交通，鸡犬相闻。其中往来种作，男女衣着，悉如外人。黄发垂髫，并怡然自乐。

见渔人，乃大惊，问所从来。具答之。便要还家，设酒杀鸡作食。村中闻有此人，咸来问讯。自云先世避秦时乱，率妻子邑人来此绝境，不复出焉，遂与外人间隔。问今是何世，乃不知有汉，无论魏晋。此人一一为具言，所闻皆叹惋。余人各复延至其家，皆出酒食。停数日，辞去。此中人语云："不足为外人道也。"

既出，得其船，便扶向路，处处志之。及郡下，诣太守，说如此。太守即遣人随其往。寻向所志，遂迷，不复得路。

南阳刘子骥，高尚士也。闻之，欣然规往。未果，寻病终。后遂无问津者。

[提示] 陶渊明是我国文学史上屈指可数的伟大诗人之一。他的《归去来辞》、《五柳先生传》、《桃花源记》和不少诗作，贯穿了田园隐居，与世隔离的思想，具体化了老子关于小国寡民，返璞归真的乌托邦政治社会观，它那古朴淳厚的真挚感情，具有永恒的魅力；因此，陶渊明的作品和他的一生，便成为后世文艺、政治、社会以至生活方式的一种理想模式。它对中华民族文化心理特征的形成，具有极其广泛而深远的影响。

纵观中华文化史，儒道互补是主线、主流。形象而具体地讲，它反映了封建时期在朝当权派与在野隐逸派又斗争又合作的矛盾统一。然而，正是这种斗争的需要才产生了像屈原、陶潜、王维、李白、杜甫、苏轼这些伟大的诗人，以及群星灿烂的杰出文艺大师们（且不说思想家、政治家）。中国造园艺术从大势上也反映了儒道的分野：皇家园林、衙署园林、坛庙园林属儒家体系，私宅园林、佛寺园林、道观园林属道家体系（笔者按：从宗教角度看，佛道有所区别；从对社会文化影响上看，"空"与"无"实异源同流，一般均认为是世外思想；而且特别在"玄"与"禅"的出现上，佛道融合已是大势所趋）。而陶潜由于对政治腐败和官场污浊的极度反感毅然挂冠《归去》，回到他的五柳树下，东篱菊畔，沉醉于他的桃源梦境，怡悦于他简朴清静的乡野村居，歌唱牧童的天真纯朴，赞美大自然的优美清新。他的一生和他的作品，成为后人心目中隐逸高士和田园诗章的最高典型，完美范例。

再看全部中国造园史，自陶潜乡居开始，经王维的辋川、苏子美的沧浪之后，文人写意园便在艺术上超过了皇家园林而居于主导地位。宋徽宗造艮岳，不但从江南运来无数太湖石，而且模仿江南私家宅园的造园手法。清代康熙、乾隆数下江南，对江南风景园林流连不舍，难以忘怀，命随行画师——图记，然后在皇苑和离宫中大量摹写仿造，有的甚至连名字也不改。文人写意园的主导地位，从此便成为绝对优势。而文人园的主题思想，毫无例外地以隐逸出世为旨归，从明清两代江南宅园的园名可见一斑。他们号"渔"称"樵"，装"愚"作"拙"（如网师园、片石山房、愚园、拙政园），都表达了同样的价值观和人生趣味。如果说明朝以前皇家园林偏重于学习文人园的手法和外形，那么，到了清朝康、乾二帝，便一变而兼取其立意思想，于是，在皇苑中便出现了武陵春色、洞天深处、别有洞天、坐石临流、淡泊宁静、映水兰香、北远山村、松鹤斋、曲水荷香、山高水长、月色江声、香远益清、澄观斋、知鱼矶、沧浪屿、宁静斋、夕佳楼、邵窝、兰亭（且不说宗教建筑大量进入皇苑，如排云殿、佛香阁、北海白塔及寺等）这样一些田园隐逸和道家色彩浓厚的景名，标志着造园立意上的深刻变化。也许就是这种变化，导致自康、乾以来，有清一代皇帝园居成风。这不能不成为中国风景园林史中的一个耐人寻味，引人深思的事实。于此，我们再来读陶渊明的著作，了解它在中国园林中无所不在、持久不衰的影响，才能全面深刻地洞悉中国文人写意园的灵魂。

一二八、太湖石记

[唐] 白居易

古之达人，皆有所嗜：玄晏先生嗜书，嵇中散嗜琴，靖节先生嗜酒，今丞相奇章公嗜石。石无文、无声、无臭、无味，与三物不同，而公嗜之，何也？众皆怪之，吾独知之。昔故友李生名约有言云："苟适吾志，其用则多。"诚哉是言，适意而已；公之所嗜可知之矣。公以司徒保厘河洛，治家无珍产，奉身无长物，惟东城置一第，南郭营一墅，精葺宫宇，慎择宾客，性不苟合，居常寡徒，游息之时，与石为伍。

石有族聚，太湖为甲，罗浮天竺之徒次焉。今公之所嗜者甲也。先是公之僚吏多镇守江湖，知公之心惟石是好。乃钩深致远，献瑰纳奇，四五年间，累累而至。公于此物独不谦让，东第南墅，列而置之。富哉石乎，厥状非一：有盘拗秀出如灵丘鲜云者，有端俨挺立如真官神人者，有缜润削成如圭瓒者，有廉棱锐刿如剑戟者。又有如虬如凤，若跧若动，将翔将踊；如鬼如兽，若行若骤，将攫将斗者。

风烈雨晦之夕，洞穴开颏，若欲云歕雷，嶷嶷然有可望而畏之者；烟霁景丽之旦，岩墿霭霏，若拂岚扑黛，蔼蔼然有可狎而玩之者。昏旦之交，名状不可。撮要而言，则三山五岳，百洞千壑，覼缕簇缩，尽在其中。百仞一拳，千里一瞬，坐而得之，此所以为公适意之用也。

会昌三年五月丁丑记。

[提示] 从白居易的这篇《太湖石记》里，可以窥见唐代的文人士大夫们玩石之风已有一定规模，从孤赏石到罗列群石，到堆山叠石，从此一直发展下去，到北宋徽宗赵佶造艮岳，大兴"花石纲"，从各地搜集奇花异石，形成第一个玩石高潮。明清两代则愈演愈烈，达到无园不叠石，或无石不成园的程度。对石的欣赏也从本文奇章公的"与石为伍"，到北宋的米元章拜石呼兄，总结出了漏、透、皱、瘦、清、顽、丑等审美标准。本文可能算最早记述太湖石被文人士大夫认识、搜集、欣赏的文章。作者对太湖石的千姿百态自然美，作了细致生动的描绘，并把天候变化对湖石自然美的影响，通过联想写得淋漓尽致。这为欣赏湖石提供了难得的范例。

一二九、爱莲说
[北宋]　周敦颐

水陆草木之花，可爱者甚蕃。晋陶渊明独爱菊；自李唐来，世人甚爱牡丹；予独爱莲之出淤泥而不染，濯清涟而不妖，中通外直，不蔓不枝，香远益清，亭亭净植，可远观而不可亵玩焉。

予谓菊，花之隐逸者也；牡丹，花之富贵者也；莲，花之君子者也。噫！菊之爱，陶后鲜有闻；莲之爱，同予者何人？牡丹之爱，宜乎众矣！

[提示] 以物比德，是中华文化史中源远流长的传统。自孔子说过"岁寒，而后知松柏之后凋也"之后，这一传统就逐步扩大加深其在意识形态中的影响。屈原颂桔尚兰，陶潜爱菊种柳，白居易《养竹记》，周敦颐《爱莲说》，以及文人墨客们多不胜举的这一类表现，积淀成为深沉的民族集体意识，极大地影响着文化艺术和日常生活领域，甚至有"梅妻鹤子"，"宁可食无肉，不可居无竹"等接近于变态的极端言行，生活在伦理中心主义，以重人伦、成教化为高尚的古代文人们，为了表现自我的高风亮节，将以物比德这个传统不厌其烦地在诗文绘画中作为题材和主题，四君子、岁寒三友已成为万古常新的创作对象。这一现象自然要强烈地渗透到造园艺术中来，成为中国园林艺术的鲜明特色之一。比较一下中国园林与西方园林花草树木配置之差别，特别是在品种选择与造型手法上的极大不同，也许更有助于我们加深对这一现象的理解。用近代西方"移情论"美学来解释，赞美对象实质就是歌颂自己。中国古代的高人逸士，为了表现其愤世嫉俗，孤芳自赏的内心激情，除了在诗画中托物言志，借景抒情之外，更为安全惬意的办法就是修造一个宅园，在造园中贯彻他以物比德的理想，然后优游于这个一壶天地中，在啸傲狂吟中暂时忘却尘世的烦恼。中国现代学者将古代私家宅园定性为"文人写意山水园"，是非常准确地抓住了它的主要特点。如果说文人写意水墨山水画大致萌芽于王维，而成长于北宋苏轼的

倡导，到明代董其昌而臻于成熟，则文人写意山水园可谓大致与之同步。周敦颐《爱莲说》一文提出了"出淤泥而不染"的人格标准，迎合了高人逸士们洁身自好，孤芳自赏的心情。因其行文流畅，遣词精练，说理清晰，主题突出，而成为千古不易的名文。与《陋室铭》有异曲同工之效果。诚然，周氏是理学大师，表面上是打着儒家招牌的。但外儒内道，本来就是文人们的共识，甚至兼儒、道、佛于一身，也是许多文人的共性。所以，自爱莲一说之后，专画莲花的作品已自成一科。在园林中，莲的主题更是相沿成风，我国现存最大最负盛名的宅园拙政园主景为远香堂，绝不是偶然的。除了以水为中心的造园手法外，其象征隐喻的深意，就是取自《爱莲说》"香远益清"这句名言。

一三〇、林泉高致（摘录）

［北宋］　郭　熙

山水有可行者，有可望者，有可游者，有可居者……但可行可望，不如可居可游之为得。

真山水之川谷，远望之以取其势，近看之以取其质。真山水之云气，四时不同：春融怡，夏蓊郁，秋疏薄，冬黯淡。尽见其大象，而不为斩刻之形，则云气之态度活矣。真山水之烟岚，四时不同：春山艳冶而如笑，夏山苍翠而如滴，秋山明净而如妆，冬山惨淡而如睡。画见其大意，而不为刻画之迹，则烟岚之景象正矣……春山烟云连绵，人欣欣；夏山嘉木繁阴，人坦坦；秋山明净摇落，人肃肃；冬山昏霾翳塞，人寂寂。看此画令人生此意，如真在此山中，此画之景外意也……意外妙也。

东南之山多奇秀……西北之山多浑厚……嵩山多好溪，华山多好峰，衡山多好别岫，黄山多好列岫，泰山特好主峰。天台、武夷、庐、霍、雁荡、岷、峨、巫峡、天坛、王屋、林虑、武当，皆天下名山。

仁者乐山，宜如白乐天草堂图，山居之意裕足也。智者乐水，宜如王摩诘辋川图，水中之乐饶给也。

山，大物也。其形欲耸拔，欲偃蹇，欲轩豁，欲箕踞，欲盘礴，欲浑厚，欲雄豪，欲精神，欲严重，欲顾盼，欲朝揖，欲上有盖，欲下有乘，欲前有据，欲后有倚，欲上瞰而若临观，欲下游而若指麾，此山之大体也。

水，活物也，其形欲深静，欲柔滑，欲汪洋，欲回环，欲肥腻，欲喷薄，欲激射，欲多泉，欲远流，欲瀑布插天，欲溅扑入地，欲渔钓怡怡，欲草木欣欣，欲挟烟云而秀媚，欲照溪谷而光辉，此水之活体也。

山以水为血脉，以草木为毛发，以烟云为神彩。故山得水而活，得草木而华，得烟云而秀媚。水以山为面，以亭榭为眉目，以渔钓为精神。故水得山而媚，得亭榭而明快，得渔钓而旷落，此山水之布置也。

山无烟云，如春无花草。山无云则不秀，无水则不媚，无道路则不活，无林木则不生，无深远则浅，无平远则近，无高远则下。山有三远：自山下而仰山巅，谓之高远；自山前而窥山后，谓之深远；自近山而望远山，谓之平远。高远之色清明，深远之色重晦，平远之色有明有晦。高远之势突兀，深远之意重叠，平远之意冲融。

山欲高，尽出之则不高，烟霞锁其腰则高矣。水欲远，尽出之则不远，掩映断其派，则远矣。

［提示］郭熙主张画山水者，必须对各地山川胜景饱览饫看，才能"胸贮五岳"。他提出了许多有关山水创作的新问题：如"远望之以取其势，近看之以取其质"，"山形步步移"，"山形面面看"，这些观点不仅对传统山水画的审美和创作有影响，而且对风景园林的审美和创作也是有指导意义的。他对表现方法提出了"高远"、"深远"、"平远"的"三远"透视法，不仅关系山水画的表现形式，而且给山水画家以及造园家提出了可以充分发挥表现的具体方法。因为用"三远"透视法，可以不受造型艺术在空间方面的局限，造园则主要靠借景来发挥。他提到的四时山容"如笑"、"如滴"、"如妆"、"如睡"，对造园的堆山影响很大。如扬州个园的四季假山，便是据此而布置的。他对山性与山态，水性与水态，以及山与水的相互依存关系，都有很独到的见解。同时对山水间的景物点缀及其相辅相成的作用也论述周到，不仅是画论，也是造园论。

一三一、文与可画筼筜谷偃竹记

［北宋］　苏　轼

竹之始生，一寸之萌耳，而节叶具焉。自蜩腹蛇蚹，以至于剑拔十寻者，生而有之也。今画者乃节节而为之，叶叶而累之，岂复有竹乎？故画竹必先得成竹于胸中，执笔熟视，乃见其所欲画者，急起从之，振笔直遂，以追其所见，如兔起鹘落，少纵则逝矣。与可之教予如此。予不能然也，而心识其所以然。夫既心识其所以然，而不能然者，内外不一，心手不相应，不学之过也。故凡有见于中，而操之不熟者，平居自视了然，而临事忽焉丧之，岂独竹乎？

子由为《墨竹赋》以遗与可曰："庖丁，解牛者也，而养生者取之；轮扁，斫轮者也，而读书者与之。今夫夫子之托于斯竹也，而予以为有道者则非耶？"子由未尝画也，故得其意而已。若余者，岂独得其意，并得其法。

与可画竹，初不自贵重。四方之人，持缣素而请者，足相蹑于其门。与可厌之，投诸地而骂曰："吾将以为袜！"士大夫传之，以为口实。及与可自洋州还，而余为徐州。与可以书遗余曰："近语士大夫：吾墨竹一派，近在彭城，可往求之。袜材当萃于子矣。"书尾复写一诗，其略云："拟将一段鹅溪绢，扫取寒梢万尺长。"予谓与可："竹长万尺，当用绢二百五十匹，知公倦于笔砚，愿得此绢而已！"与可无以答，则曰："吾言妄矣！世岂有万尺竹哉？"余因而实之，答其诗曰："世间亦有千寻竹，月落庭空影许长。"与可笑曰："苏子辩矣，然二百五十匹绢，吾将买田而归老焉！"因以所画筼筜谷偃竹遗予曰："此竹数尺耳，而有万尺之势。"筼筜谷在洋州，与可尝令予作洋州三十咏，《筼筜谷》其一也。予诗云："汉川修竹贱如蓬，斤斧何曾赦箨龙，料得清贫馋太守，渭滨千亩在胸中。"与可是日与其妻游谷中，烧笋晚食，发函得诗，失笑喷饭满案。

元丰二年正月二十日，与可殁于陈州。是岁七月七日，予在湖州，曝书画，见此竹，废卷而哭失声。

昔曹孟德《祭桥公》文，有"车过"、"腹痛"之语，而余亦载与可畴昔戏笑之言者，以见与可于予亲厚无间如此也。

［提示］本文虽是怀悼之作，却总结了文与可画竹的宝贵经验："画竹者必先得成竹于胸中。"临画时须将胸中之景移于纸上，待熟视纸上见所欲画之景已隐现时，便振笔直遂，以追其所见，疾速画成。如果胸无成竹，边画边想，"节节而为之，叶叶而累之"，就画不好竹。一切艺术创作，包括风景园林的规划设计，都必须做到胸有全局，意在笔先，把握好整体神韵，才能避免东拼西凑，杂乱无章。作者还指出有的人也懂得成竹在胸的道理，但却做不到，或者临事又忘了，结果内外不一，心手不相应，创造不出形神兼备的作品。原因是"不学之过也"，或"操之不熟"。这是说不但平时要向大自然学，向前人学，还要努力去实践，去练习，才能做到"胸有成竹"。

一三二、书《洛阳名园记》后
［北宋］ 李格非

洛阳处天下之中，挟崤、渑之阻，当秦、陇之襟喉而赵、魏之走集，盖四方必争之地也。天下常无事则已，有事则洛阳先受兵。予故尝曰："洛阳之盛衰，天下治乱之候也。"

方唐贞观、开元之间，公卿贵戚开馆列第于东都者，号千有余邸。及其乱离，继以五季之酷，其池塘竹树，兵车蹂践，废而为丘墟；高亭大榭，烟火焚燎，化而为灰烬，与唐俱灭而共亡者，无余处矣。予故尝曰："园圃之兴废，洛阳盛衰之候也。"且天下之治乱，候于洛阳之盛衰而知；洛阳之盛衰，候于园圃之废兴而得。则《名园记》之作，予岂徒然哉？

呜呼！公卿大夫方进于朝，放乎一己之私，以自为，而忘天下之治忽，欲退享此乐，得乎？唐之末路是矣！

［提示］作者通过著作《洛阳名园记》，发现了园林盛衰兴废的历史规律，认为园林的兴废与国家的治乱盛衰有直接的因果关系。文末的一句设问，一句警语，用意深刻。文章对朝中公卿大夫损公肥私，大兴土木，在园林别墅中奢侈享乐的腐败风气进行了揭露和警告。

一三三、送秦中诸人引
［金］ 元好问

关中风土完厚，人质直而尚义，风声习气，歌谣慷慨，且有秦汉之旧。至于山川之胜，游观之富，天下莫与为比。故有四方之志者，多乐居焉。

予年二十许时，侍先人官略阳，以秋试留长安八九月。时纨绮气未除，沉涵酒间，知有游观之美而不暇也。

长大来，与秦人游益多，知秦中事益熟。每闻谈周汉都邑，及蓝田、鄠、杜间风物，则喜色津津然动于颜间。

二三君多秦人，与余游，道相合而意相得也。常约近南山寻一牛田，营五亩之宅，如举子结夏课时，聚书深读，时时酿酒为具，从宾客游，伸眉高谈，脱屣世事，览山川之胜概，考前世之遗迹，庶几乎不负古人者。然予以家在嵩前，暑途千里，不若二三君之便于归也。清秋扬鞭，先我就道，矫首西望，长吁青云。

今夫世俗惬意事，如美食、大官、高赀、华屋，皆众人所必争，而造物者之所甚靳，有不可得者。若夫闲居之乐，澹乎其无味，漠乎其无所得，盖自放于方之外者之所贪，人何所争，而造物者亦何靳耶？行矣诸君，明年春风，待我于辋川之上矣。

[提示] 作者主要写对秦中山水名胜的向往之情。年轻时纨绔气未除，知有游观之美而不暇。成年后愈益向往，常约去南山结庐深读，诗酒游览，向古人学习。但又因路远而未成行。故临别赠言时表示明年春一定去南山。

作者认为年轻有纨绔气的，嘴上空谈的，路远有家累的，向往大官华屋的，都很难与山水结缘。只有淡泊无争，自放方外，懂得闲居之乐的人才与山水有缘。

一三四、书朱太仆十七帖
[明] 徐 渭

昨过人家园榭中，见珍花异果，绣地参天，而野藤刺蔓，交戛其间。顾谓主人曰："何得滥放此辈？"主人曰："然，然去此亦不成圃也。"予拙于书，朱使君令予首尾声是帖，意或近是说耶？

[提示] 本文通过一次园圃中的主客闲话，提出了一个隽永有趣的园林审美问题。作者未予阐述，但从所描绘的景观中，既有绣地参天的名贵花木，又有交戛其间的野藤荆棘的景象，可以明白是指"丽"、"野"应不应该并存的美学问题。从一般眼光来看，便会认为"野"能碍"丽"，而作者认为二者并存，才能更显示园林的勃勃生机，更有天然之趣。这种"无野不成园"的美学观点，在文人园林中历来是十分重视的。当然，结合作者的身世和历史背景来看，也表达了他主张世界的多样性，反对固守正统的人生观。

一三五、西湖七月半
[明] 张 岱

西湖七月半，一无可看，止可看看七月半之人。看七月半之人，以五类看之：其一，楼船箫鼓，峨冠盛筵，灯火优傒，声光相乱，名为看月而实不见月者，看之；其一，亦船亦楼名娃闺秀，携及童娈，笑啼杂之，环坐露台，左右盼望，身在月下而实不看月者，看之；其一，亦船亦声歌，名妓闲僧，浅斟低唱，弱管轻丝，竹肉相发，亦在月下，亦看月而欲人看其看月者，看之；其一，不舟不车，不衫不帻，酒醉饭饱，呼群三五，跻入人丛，昭庆、断桥，嚣呼嘈杂，装假醉，唱无腔曲，月亦看，看月者亦看，不看月者亦看，而实无一看者，看之；其一，小船轻幌，净几暖炉，茶铛旋煮，素瓷静递，好友佳人，邀月同坐，或匿影树下，或逃嚣里湖，看月而人不见其看月之态，亦不作意看月者，看之。

杭人游湖，巳出酉归，避月如仇。是夕好名，逐队争出，多犒门军酒钱，轿夫擎燎，列俟岸上。一入舟，速舟子急放断桥，赶入胜会。以故二鼓以前，人声鼓吹，如沸如撼，如魇如呓，如聋如哑。大船小船一齐凑岸，一无所见，止见篙击篙，舟触舟，肩摩肩，面看面而已。少刻兴尽，官府席散，皂隶喝道去。轿夫叫船上人，怖以关门，灯笼火把如列星，一一簇拥而去。岸上人亦逐队赶门，渐稀渐薄，顷刻散尽矣。

吾辈始舣舟近岸，断桥石磴始凉，席其上，呼客纵饮。此时月如镜新磨，山复整妆，湖复颒面，向之浅斟低唱者出，匿影树下者亦出。吾辈往通声气，拉与同坐。韵友来，名妓至，杯箸安，竹肉发。月色苍凉，东方将白，客方散去。吾辈纵舟酣睡于十里荷花之中，香气拍人，清梦甚惬。

[提示] 本文记述了明末杭州旧历七月十五日夜，人们游西湖赏月的风情。作者根据游湖人物的社会地位和生活情态，分为五类记述，为研究古代游园赏月的群众心理，留下了可贵的历史风俗资料，也可作为现代园林的经营管理参考。文中还记述了七月半杭人游湖，主要是看热闹的一拥而至，一哄而散的情景，以及辖门军，轿夫"怖以关门"，群众逐队赶门等情形，与现代城市大不相同。最后才写了自己赏月的情景以及纵舟酣睡荷花香中的乐趣。前后对比，大有雅俗、真假赏月之分。

一三六、病梅馆记
[清] 龚自珍

江宁之龙蟠，苏州之邓尉，杭州之西溪，皆产梅。

或曰：梅以曲为美，直则无姿；以欹为美，正则无景；以疏为美，密则无态。固也。此文人画士，心知其意，未可明诏大号，以绳天下之梅也；又不可以使天下之民，斫直、删密、锄正，以夭梅病梅为业以求钱也。梅之欹、之疏、之曲，又非蠢蠢求钱之民，能以其智力为也。有以文人画士孤癖之隐，明告鬻梅者，斫其正，养其旁条；删其密，夭其稚枝；锄其直，遏其生气，以求重价；而江浙之梅皆病。文人画士之祸之烈至此哉！

予购三百盆，皆病者，无一完者。既泣之三日，乃誓疗之。纵之、顺之，毁其盆，悉埋于地，解其棕缚。以五年为期，必复之、全之。予本非文人画士，甘受诟厉，辟病梅之馆以贮之。

呜乎！安得使予多暇日，又多闲田，以广贮江宁、杭州、苏州之病梅，穷予生之光阴以疗梅也哉！

[提示] 这是一篇精辟的政治杂文，寓意于梅，借梅议政是作者之本意。但其对梅花的描写可以说是鞭辟入里。花木之中，梅花不仅色彩美，姿态美，而且尤以风韵美著称。梅花不畏寒冷而独步早春的可贵精神，受到人们的赞颂。在园林艺术中，梅花又以其"四贵"（贵稀不贵繁；贵老不贵嫩；贵瘦不贵肥；贵含不贵开），"八姿"（横、斜、倚、曲、古、雅、苍、疏），"三美"（以曲为美，直则无姿；以欹为美，正则无景；以疏为美，密则无态），博得人们的青睐。它不仅是庭园、山野，也是盆景中不可少的名贵花木。如果从本文的本题来看，不单指梅花，一切园林树木特别是盆景桩景，都应注意其自然生态习性，过度遏制其生长习惯，不病则死。所以，既要按照艺术美来培养园林花木，又要重视其生理习性，才能获得成功。

一三七、《红楼梦》第十七回
大观园试才题对额
荣国府归省庆元宵

[清] 曹雪芹

这日贾珍等来回贾政："园内工程俱已告竣，大老爷已瞧过了，只等老爷瞧了，或有不妥之处，再行改造，好题匾额对联。"贾政听了，沉思一会，说道："这匾对倒是一件难事：论礼该请贵妃赐题才是。然贵妃若不亲观其景，亦难悬拟。若直待贵妃游幸时再行请题，若大景致，若干亭榭，无字标题，任是花柳山水，也断不能生色。"

众清客在旁笑答道："老世翁所见极是。如今我们有个主意：各处匾对断不可少，亦断不可定。如今且按其景致，或两字、三字、四字虚合其意拟了来，暂且做出灯匾对联悬了，待贵妃游幸时，再请定名，岂不两全？"贾政听了道："所见不差。我们今日且看看去，只管题了，若妥便用，若不妥，将雨村请来，令他再拟。"

众人笑道："老爷今日一拟定佳，何必又待雨村。"贾政笑道："你们不知，我自幼于花鸟山水题咏上就平平的；如今上了年纪，且案牍劳烦，于这怡情悦性的文章更生疏了，便拟出来，也不免迂腐，反使花柳园亭因而减色，转没意思。"众清客道："这也无妨。我们大家看了公拟，各举所长，优则存之，劣则删之，未为不可。"贾政道："此论极是。且喜今日天气和暖，大家去逛逛。"说着，起身引众人前往。贾珍先去园中知会。

可巧近日宝玉因思想秦钟，忧伤不已，贾母常命人带他到新园子里来玩耍。此时也才进去，忽见贾珍来了，和他笑道："你还不快出去呢，一会子老爷就来了。"宝玉听了，带着奶娘小厮们，一溜烟跑出园来。方转过弯，顶头看见贾政引着众客来了，躲之不及，只得一旁站住。贾政近来闻得代儒称赞他专能对对，虽不喜读书，却有些歪才，所以此时便命他跟入园中，意欲试他一试。宝玉未知何意，只得随往。

刚至园门，只见贾珍带领许多执事人旁边侍立。贾政道："你且把园门关上，我们先瞧外面，再进去。"贾珍命人将门关上，贾政先秉正看门。只见正门五间，上面筒瓦泥鳅背；那门栏窗榈，俱是细雕时新花样，并无朱粉涂饰，一色水磨群墙；下面白石台阶，凿成西番莲花样。左右一望，雪白粉墙，下面虎皮石，砌成纹理，不落富丽俗套，自是喜欢。遂命开门进去。只见一带翠嶂挡在面前。众清客都道："好山，好山。"贾政道："非此一山，一进来园中所有之景悉入目中，更有何趣？"众人都道："极是。非胸中大有丘壑，焉能想到这里。"

说毕，往前一望，只见白石峻嶒，或如鬼怪，或如猛兽，纵横拱立；上面苔藓斑驳，或藤萝掩映；其中微露羊肠小径。贾政道："我们就从此小径游去，回来由那一边出去，方可遍览。"说毕，命贾珍前导，自己扶了宝玉，逶迤走进山口。

抬头忽见山上有镜面白石一块，正是迎面留题处。贾政回头笑道："诸公请看，此处题以何名方妙？"众人听说，也有说该题"叠翠"二字的，也有说该题"锦嶂"的，又有说"赛香炉"的，又有说"小终南"的，种种名色，不止几十个。原来众客心中，早知贾政要试宝玉的才情，故此只将些俗套敷衍。宝玉也知此意。

贾政听了，便回头命宝玉拟来。宝玉道："尝听见古人有说：'编新不如述旧，刻古终胜雕今。'况这里并非主山正景，原无可题，不过是探景的一进步耳。莫如直书古人'曲径通幽'这旧句在上，倒也大方。"众人听了，赞道："是极，好极！二世兄天分高，才情远，不似我们读腐了书的。"贾政笑道："不当过奖他。他年小的人，不过以一知充十用，取笑罢了。再俟选拟。"

说着，进入石洞，只见佳木茏葱，奇花烂熳，一带清流，从花木深处泻于石隙之下。再进数步，渐向北边，平坦宽豁，两边飞楼插空，雕甍绣槛，皆隐于山坳树杪之间。俯而视之，但见清溪泻玉，石磴穿云，白石为栏，环抱池沼，石桥三港，兽面衔吐。桥上有亭，贾政与诸人到亭内坐了，问："诸公以何题此？"诸人都道："当日欧阳公《醉翁亭记》有云：'有亭翼然'，就名'翼然'罢。"贾政笑道："'翼然'虽佳，但此亭压水而成，还须偏于水题为称。依我拙裁，欧阳公句：'泻于两峰之间'，竟用他这一个'泻'字。"有一客道："是极，是极。竟是'泻玉'二字妙。"贾政拈须寻思，因叫宝玉也拟一个来。

宝玉回道："老爷方才所说已是。但如今追究了去，似乎当日欧阳公题酿泉用一'泻'字则妥，今日此泉也用'泻'字，似乎不妥。况此处既为省亲别墅，亦当依应制之体，用此等字，亦似粗陋不雅。求再拟蕴藉含蓄者。"贾政笑道："诸公听此论何如？方才众人编新，你说'不如述古'；如今我们述古，你又说'粗陋不妥'。你且说你的。"宝玉道："用'泻玉'二字，则不若'沁芳'二字，岂不新雅？"贾政拈须点头不语。众人都忙迎合，称赞宝玉才情不凡。贾政道："匾上二字容易。再作一副七言对来。"宝玉四顾一望，计上心来，乃念道：

绕堤柳借三篙翠，隔岸花分一脉香。

贾政听了，点头微笑。众人又称赞了一番。于是出亭过池，一山一石，一花一木，莫不着意观览。忽抬头见前面一带粉垣，数楹修舍，有千百竿翠竹遮映，众人都道："好个所在！"于是大家进入，只见进门便是曲折游廊，阶下石子漫成甬路，上面小小三间房舍，两明一暗，里面都合着地步打的床几椅案。从里间房里，又得一小门，出去却是后园，有大株梨花，阔叶芭蕉，又有两间小小退步。后院墙下忽开一隙，得泉一派，开沟尺许，灌入墙内，绕阶缘屋至前院，盘旋竹下而出。

贾政笑道："这一处倒还好，若能月下至此窗下读书，也不枉虚生一世。"说着，便看宝玉，唬得宝玉忙垂了头，众人忙用闲话解说。又二客说："此处的匾该题四个字。"贾政笑问："哪四字？"一个道是"淇水遗风。"贾政道："俗。"又一个道是"睢园遗迹。"贾政道："也俗。"贾珍在旁说道："还是宝兄弟拟一个罢。"

贾政道："他未曾作，先要议论人家的好歹，可见是个轻薄东西。"众客道："议论的是，也无奈他何。"贾政忙道："休如此纵了他。"因说道："今日任你狂为乱道，等说出议论来，方许你做。方才众人说的，可有使得的没有？"宝玉见问，便答道："都似不妥。"贾政冷笑道："怎么不妥？"宝玉道："这是第一处行幸之处，必须颂圣方可。若用四字的匾，又有古人现成的，何必再做。"贾政道："难道'淇水'、'睢园'不是古人的？"宝玉道："这太板了。莫若'有凤来仪'四字。"众人都哄然叫妙。贾政点头道："畜生，畜生！可谓'管窥蠡测'矣。"因命："再题一联来。"宝玉便念道：

宝鼎茶闲烟尚绿，幽窗棋罢指犹凉。

贾政摇头道："也未见长。"说毕，引人出来。方欲走时，忽又想起一事来，问贾珍道："这些院落屋宇，并几案桌椅都算有了。还有那些帐幔帘子并陈设玩器古董，可也都是一处一处合式配就的么？"贾珍回答："那陈设的东西早已添了许多，自然临期合式陈设。帐幔帘子昨日听见琏兄弟说，还不全；那原是一起工程时就画了各处的图样，量准尺寸，就打发人办去的；想必昨日得了一半。"

贾政听了，便知此事不是贾珍的首尾，便叫人去唤贾琏。一时来了。贾政问他："共有几宗？现今得了几宗？尚欠几宗？"贾琏见问，忙向靴筒内取出靴披里装的一个纸折略节来，看了一看，回道："妆蟒洒堆，刻丝弹墨，并各色绸绫大小幔子一百二十架，昨日得了八十架，下欠四十架。帘子二百挂，昨日俱得了。外有猩猩毡帘二百挂，湘妃竹帘一百挂，金丝藤红漆竹帘一百挂，黑漆竹帘一百挂，五彩线络盘花帘二百挂；每样得了一半；也不过秋天都全了。椅搭、桌围、床裙、机套，每分一千二百件，也有了。"

一面说，一面走，忽见青山斜阻。转过山怀中，隐隐露出一带黄泥墙，墙上皆用稻茎掩护。有几百枝杏花，如喷火蒸霞一般。里面数楹茅屋，外面却是桑、榆、槿、柘，各色树稚新条，随其曲折，编就两溜青篱。篱外山坡之下，有一土井，旁有桔槔辘轳之属；下面分畦列亩，佳蔬菜花，一望无际。

贾政笑道："倒是此处有些道理。虽系人力穿凿，却入目动心，未免勾引起我归农之意。我们且进去歇息歇息。"说毕，方欲进去，忽见篱门外路旁有一石，亦为留题之所，众人笑道："更妙，更妙！此处若悬匾待题，则田舍家风一洗尽矣。立此一碣，又觉许多生色，非范石湖田家之咏不足以尽其妙。"贾政道："诸公请题。"众人云："方才世兄云：'编新不如述旧。'此处古人已道尽矣；莫若直书'杏花村'为妙。"

贾政听了，笑向贾珍道："正亏提醒了我。此处都好，只是还少一个酒幌，明日竟做一个来，就依外面村庄的式样，不必华丽，用竹竿挑在树捎头。"贾珍答应了，又回道："此处竟不必养别样雀鸟，只养些鹅、鸭、鸡之类，才相称。"贾政与众人都说："好。"贾政又向众人道："'杏花村'固佳，只是犯了正村名，直待请名方可。众客都道："是呀！如今虚的，却是何字样好呢？"大家正想，宝玉却等不得了，也不等贾政的话，便说道："旧诗云：'红杏捎头挂酒旗。'如今莫若且题以'杏帘在望'四字。"众人都道："好个'在望'！又暗合'杏花村'意思。"宝玉冷笑道："村名若用'杏花'二字，便俗陋不堪了。唐人诗里，还有'柴门临水稻花香，何不用'稻香村'的妙？"众人听了，越发同声拍手道："妙！"贾政一声断喝："无知的畜生！你能知道几个古人，能记得几首旧诗，敢在老先生们跟前卖弄！方才任你胡说，也不过试你的清浊，取笑而已，你就认真了！"

说着，引众人步入茅堂，里面纸窗木榻，富贵气象一洗皆尽。贾政心中自是欢喜，却瞅宝玉道："此处如何？"众人见问，都忙悄悄的推宝玉教他说好。宝玉不听人言，便应声道："不及'有凤来仪'多了。"贾政听了道："咳！无知的蠢物，你只知朱楼画栋，恶赖富丽为佳，那里知道这清幽气象呢？——终是不读书之过！"宝玉忙答道："老爷教训的固是，但古人云'天然'二字，不知何意？"

众人见宝玉牛心，都怕他讨了没趣；今见问"天然"二字，众人忙道："哥儿别的都明白，如何'天然'反要问呢？'天然'者，天之自成，不是人力之所为的。"宝玉道："却又来了！此处置一田庄，分明是人力造作成的：远无邻村，近不负郭，背山无脉，临水无源，高无隐寺之塔，下无通市之桥，峭然孤出，似非大观，哪及前数处有自然之理，自然之趣呢？虽种竹引泉，亦不伤穿凿。古人云'天然图画'四字，正恐非其地而强为其地，非其山而强为其山，即百般精巧，终不相宜……"未及说完，贾政气的喝命："扠出去！"才出去，又喝命："回来！"命："再题一联，若不通，一并打嘴巴！"宝玉吓的战战兢兢的，半日，只得念道：

新绿涨添浣葛处，好云香护采芹人。

贾政听了，摇头说："更不好。"一面引人出来，转过山坡，穿花度柳，抚石依泉，过了荼蘼架，入木香棚，越牡丹亭，度芍药圃，到蔷薇院，傍芭蕉坞里盘旋曲折。忽闻水声潺潺，出于石洞；上则萝薜倒垂，下则落花浮荡。众人都道："好景，好景！"贾政道："诸公题以何名？"众人道："再不必拟了，恰恰乎是'武陵源'三字。"贾政笑道："又落实了，——而且陈旧。"众人笑道："不然就用'秦人旧舍'四字也罢。"宝玉道："越发背谬了。'秦人旧舍'是避乱之意，如何使得？莫若'蓼汀花溆'四字。"贾政听了道："更是胡说。"

于是贾政进了港洞，又问贾珍："有船无船？"贾珍道："采莲船共四只，座船一只，如今尚未造成。"贾政笑道："可惜不得入了！"贾珍道："从山上盘道也可以进去的。"说毕，在前导引，大家攀藤抚树过去。只见水上落花愈多，其水愈加清溜，溶溶荡荡，曲折萦纡。池边两行垂柳，杂以桃杏遮天，无一些尘土。忽见柳荫中又露出一个折带朱栏板桥来，度过桥去，诸路可通，便见一所清凉瓦舍，一色水磨砖墙，清瓦花堵。那大主山所分之脉皆穿墙而过。

贾政道："此处这一所房子，无味的很。"因而步入门时，忽迎面突出插天的大玲珑山石来，四面群绕各式石块，竟把里面所有房屋悉皆遮住。且一树花木也无，只见许多异草：或有牵藤的，或有引蔓的，或垂山岭，或穿石脚，甚至垂檐绕柱，萦砌盘阶，或如翠带飘摇，或如金绳蟠屈，或实若丹砂，或花如金桂，味香气馥，非凡花之可比。贾政不禁道："有趣！只是不大认识。"有的说："是薜荔藤萝。"贾政道："薜荔藤萝哪得有如此异香？"宝玉道："果然不是。这众草中也有薜荔藤萝，那香的是杜若蘅芜，那一种大约是茝兰，这一种大约是金葛，那一种是金薹草，这一种是玉蕗藤，红的自然是紫芸，绿的定是青芷。想来那《离骚》、《文选》所有的那些异草：有叫作什么霍纳姜汇的，也有叫作什么纶组紫绛的。还有什么石帆、清松、扶留等样的，见于左太冲《吴都赋》。又有叫作什么绿荑的，还有什么丹椒、蘼芜、风连，见于《蜀都赋》。如今年深岁改，人不能识，故皆象形夺名，渐渐的唤差了，也是有的……"未及说完，贾政喝道："谁问你来？"唬得宝玉倒退，不敢再说。

贾政因见两边俱是超手游廊，便顺着游廊步入，只见上面五间清厦，连着卷棚，四面出廊，绿窗油壁，更比前清雅不同。贾政叹道："此轩中煮茗操琴，也不必再焚香了。此造却出意外，诸公必有佳作新题，以颜其额，方不负此。"众人笑道："莫若'兰风蕙露'

贴切了。"贾政道："也只好用这四字。其联云何？"一人道："我想了一对，大家批削改正。"道是：

麝兰芳霭斜阳院，杜若香飘明月洲。

众人道："妙则妙矣！只是'斜阳'二字不妥。"那人引古诗"蘼芜满院泣斜阳"句，众人云："颓丧，颓丧！"又一人道："我也有一联，诸公评阅评阅。"念道：

三径香风飘玉蕙，一庭明月照金兰。

贾政拈须沉吟，意欲也题一联，忽抬头见宝玉在旁不敢作声，因喝道："怎么你应说话时又不说了！还要等人请教你不成？"宝玉听了回道："此处并没有什么'兰麝'、'明月'、'洲渚'之类，若要这样着迹说来，就题二百联也不能完。"贾政道："谁按着你的头，教你必定说这些字样呢？"宝玉道："如此说，则匾上莫若'蘅芷清芬'四字。对联则是：

吟成豆蔻诗犹艳，睡足荼蘼梦亦香。"贾政笑道："这是套的'书成蕉叶文犹绿'，不足为奇。"众人道："李太白'凤凰台'之作，全套'黄鹤楼'。只要套得妙。如今细评起来，方才这一联竟比'书成蕉叶'尤觉幽雅活动。"贾政笑道："岂有此理！"

说着，大家出来，走不多远，则见崇阁巍峨，层楼高起，面面琳宫合抱，迢迢复道萦纡。青松拂檐，玉兰绕砌；金辉兽面，彩焕螭头。贾政道："这是正殿了。——只是太富丽了些！"众人都道："要如此方是。虽然贵妃崇尚节俭，然今日之尊，礼仪如此，不为过也。"一面说，一面走，只见正面现出一座玉石牌坊，上面龙蟠螭护，玲珑凿就。贾政道："此处书以何文？"众人道："必是'蓬莱仙境'方妙。"贾政摇头不语。

宝玉见了这个所在，心中忽有所动，寻思起来，倒像在哪里见过的一般，却一时想不起那年那日的事了。贾政又命他题咏。宝玉只顾细思前景，全无心于此了。众人不知其意，只当他受了这半日折磨，精神耗散，才尽词穷了；再要牛难逼迫着了急，或生出事来，倒不便。遂忙都劝贾政道："罢了，明日再题罢了。"贾政心中也怕贾母不放心，遂冷笑道："你这畜生，也竟有不能之时了。——也罢，限你一日，明日题不来，定不饶你。这是第一要紧处所，要好生作来！"

说着，引人出来，再一观望，原来自进门至此，才游了十之五六。又值人来回，有雨村处遣人回话。贾政笑道："此数处不能游了。虽如此，到底从那一边出去，也可略观大概。"说着，引客行来，至一大桥，水如晶帘一般奔入；原来这桥边是通外河之闸，引泉而入者。贾政因问："此闸何名？"宝玉道："此乃沁芳源之正流，即名'沁芳闸'。"贾政道："胡说，偏不用'沁芳'二字。"

于是一路行来，或清堂，或茅舍，或堆石为垣，或编花为门，或山下得幽尼佛寺，或林中藏女道丹房，或长廊曲洞，或方厦圆亭：贾政皆不及进去。因半日未尝歇息，腿酸脚软，忽又见前面露出一所院落来，贾政道："到此可要歇息歇息了。"说着一径引入，绕着碧桃花，穿过竹篱花障编就的月洞门，俄见粉垣环护，绿柳周垂。贾政与众人进了门，两边尽是游廊相接，院中点衬几块山石，一边种几本芭蕉，那一边一树西府海棠，其势若伞，丝垂金缕，葩吐丹砂。

众人都道："好花，好花！海棠也有，从没见过这样好的。"贾政道："这叫做'女儿棠'乃是外国之种，俗传出'女儿国'，故花最繁盛，——亦荒唐不经之说耳。"众人道："毕竟此花不同，'女国'之说，想亦有之。"宝玉云："大约骚人咏士以此花红若施脂，弱如扶病，近乎闺阁风度，故以'女儿'命名，世人以讹传讹，都未免认真了。"众人都说："妙解！妙解！"

一面说话，一面都在廊下榻上坐了。贾政因道："想几个什么新鲜字来题？"一客道："'蕉鹤'二字妙。"又一个道："'崇光泛彩'方妙。"贾政与众人都道："好个'崇光泛彩'！"宝玉也道："妙。"又说："只是可惜了！"众人问："如何可惜？"宝玉道："此处蕉棠两植，其意暗蓄'红'、'绿'二字在内，若说一样，遗漏一样，便不足取。"贾政道："依你如何？"宝玉道："依我，题'红香绿玉'四字，方两全其美。"贾政摇头道："不好，不好！"

说着，引人进入房内。只见其中收拾的与别处不同，竟分不出间隔来。原来四面皆是雕空玲珑木板，或"流云百蝠"，或"岁寒三友"，或山水人物，或翎毛花卉，或集锦，或博古，或万福万寿，各种花样，皆是名手雕镂，五彩销金嵌玉的。一槅一槅，或贮书，或设鼎，或安置笔砚，或供设瓶花，或安放盆景；其槅式样，或圆或方，或葵花蕉叶，或连环半璧：真是花团锦簇，剔透玲珑。倏尔五色纱糊，竟系小窗；倏尔彩绫轻覆，竟系幽户。且满墙皆是随依古董玩器之形抠成的槽子，如琴、剑、悬瓶之类，俱悬于壁，却都是与壁相平的。众人都赞："好精致！难为怎么做的！"

原来贾政走进来了，未到两层，便都迷了旧路，左瞧也有门可通，右瞧也有窗隔断，及到跟前，又被一架书挡住，回头又有窗纱明透门径。及至门前，忽见迎面也进来了一起人，与自己的形相一样，——却是一架大玻璃镜。转过镜去，一发见门多了。贾珍笑道："老爷随我来，从这里出去就是后院，出了后院倒比先近了。"引着贾政及众人转了两层纱厨，果得一门出去，院中满架蔷薇。转过花障，只见青溪前阻。众人诧异："这水又从何而来？"贾珍遥指道："原从那闸起流至那洞口，从东北山凹里引到那村庄里，又开一道岔口，引至西南上，共总流到这里，仍旧合在一处，从那墙下出去。"众人听了，都道："神妙之极！"说着，忽见大山阻路，众人都迷了路，贾珍笑道："随我来。"乃在前导引，众人随着，由山脚下一转，便是平坦大路，豁然大门现于面前，众人都道："有趣，有趣！搜神夺巧，至于此极！"于是大家出来。

[提示]《红楼梦》作者曹雪芹，生于康乾盛世，正是皇家园林别馆鼎盛时期，同时也是王公贵族和江南商人地主私家园林如雨后春笋般出现的时期，这是中国造园史上最后一个高潮，也是中国造园艺术的一个顶峰。产生在这样一个时代背景下的《红楼梦》，特地虚构了一个集古今造园精华于一"炉"，融南北园林神韵于一体的大观园，实在是具有历史与文化的必然性。可以说，没有大观园这个活动舞台，也就演不成这一部旷古绝今的大悲剧。从立意构思而言，大观园为每一位重要人物和每一个重要情节安设好布景，这个景和人物的性格发展以及故事的情节变化形合神契，浑然一体。这不能不说是作者首要的大手笔。诚然，这也是作者自己人生观念、学识性情、兴趣爱好的表现。

从造园手法来看，这一段小说已全面而简赅地把中国园林艺术传统的精华借助众角色的言谈一一托出，附带也对文人雅士认为俗气拙劣的做法提出了批评。这段文字，无疑可看作中国园林艺术和文化的一个精彩的总结，可作为红学研究的一个分支来对待。

大观园到底是实有原型，还是纯属虚构？这个问题历来令人感到几分神秘而又引起人们探究的兴趣。其实，它和《红楼梦》这篇小说一样，是深刻广泛反映整个时代的全息缩微录像，其中的人物、环境、事件、情节无不具有高度典型性，是浪漫主义与现实主义相结合的最高典范。因此，它既是现实的，又是虚构的。正因为如此，单从大观园的造景设色来看，你可以从大江南北许多现存的古典园林中发现似曾相识的印象，正像宝玉梦游太虚，神入仙境。个中玄秘，只有读者自己去勾深发微；见仁见智，是大有回旋余地的。

本文对园林对联匾额的题咏，对园林景名的撰写和位置，都通过人物的对话，进行了深入细致的探讨。对今天园联景名的创作，如何写景、用事、抒情，如何述旧、创新，都具有参考价值。

一三八、老残游记·游大明湖

[清] 刘 鹗

一路秋山红叶，老圃黄花，颇不寂寞。到了济南府，进得城来，家家泉水，户户垂杨，比那江南风景，觉得更为有趣。到了小布政司街，觅了一家客店，名叫高升店，将行李卸下，开发了车价酒钱，胡乱吃点晚饭，也就睡了。

次日清晨起来，吃点儿点心，便摇着串铃满街奔了一趟，虚应一应故事。午后便步行至鹊华桥边，雇了一只小船，荡起双桨，朝北不远，便到历下亭前。下船进去，入了大门，便是一个亭子，油漆已大半剥蚀。亭上悬了一副对联，写的是"历下此亭古，济南名士多"，上写着"杜工部句"，下写着"道州何绍基书"。亭子旁边虽有几间群房，也没有什么意思。复行下船，向西荡去，不甚远，就到了铁公祠畔。你道铁公是谁？就是明初与燕王为难的那个铁铉。后人敬他的忠义，所以至今春秋时节，土人尚不断的来此进香。

到了铁公祠前，朝南一望，只见对面千佛山上，梵宇僧楼，与那苍松翠柏，高下相间，红的火红，白的雪白，青的靛青，绿的碧绿，更有那一株半株的丹枫夹在里面，仿佛宋人赵千里的一幅大画，做了一架数十里长的屏风。正在叹赏不绝，忽听一声渔唱。低头看去，谁知那明湖业已澄清的同镜子一般。那千佛山的倒影映在湖里，显得明明白白。那楼台树木，格外光彩，觉得比上头的一个千佛山还要好看，还要清楚。这湖的南岸，上去便是街市，却有一层芦苇，密密遮住。现在正是着花的时候，一片白花映着带水气的斜阳，好似一条粉红绒毯，做了上下两个山的垫子，实在奇绝。

老残心里想道："如此佳景，为何没有什么游人？"看了一会儿，回转身来，看那大门里面楹柱上有副对联。写的是"四面荷花三面柳，一城山色半城湖"，暗暗点头道："真正不错！"进了大门，正面便是铁公享堂，朝东便是一个荷池。绕着曲折的回廊，到了荷池东面，就是个圆门。圆门东边有三间旧房，有个破匾，上题"古水仙祠"四个字。祠前一副破旧对联，写的是"一盏寒泉荐秋菊，三更画船穿藕花"。过了水仙祠，仍旧上了船，荡到历下亭的后面。两边荷叶荷花将船夹住，那荷叶初枯，擦的船嗤嗤作响；那水鸟被人惊起，格格价飞；那已老的莲蓬，不断的绷到船窗里面来。老残随手摘了几个莲蓬，一面吃着，一面船已到了鹊华桥畔了。

[提示] 本文节选自《老残游记》第二回。文章以游船为线索，移步换景，描述了大明湖的历下亭、铁公祠、水仙祠三个景点的秋景。重点写铁公祠赏景，着意描绘了千佛山及其在大明湖中的美丽倒影。作者将观赏千佛山和大明湖的焦点选在铁公祠，颇具匠心。借景千佛山，湖山交映，虚实相生。文中还特别提到了南岸布置的一带芦苇，既增添了芦花秋色，又遮住了喧嚣的市街，起到了"俗则屏之"的作用。作者选录的铁公祠对联，简要地概括了大明湖近景和整个济南的风光特色，是一副名联。为观赏湖山增添了气氛。

（刊于艾定增、梁敦睦主编《中国风景园林文学作品选析》一书，中国建筑工业出版社，1993年第一版）

《园冶全释》^① 商榷

  《园冶全释》是张家骥先生根据曹汛先生的《〈园冶注释〉疑义举析》对陈植先生所著《园冶注释》所作的全面梳理后的成果，为读者研究《园冶》提供了更多的资料，实有功于中国古典园林艺术理论的继承和发扬。但拜读之后亦发觉其中有不少值得商榷之处，为使该书更臻完善，特先就注释部分为著者拈出，并请教于方家。

一、关于《冶叙》的注释问题

  注［4］句末"战祸频乃的时期"。

  按："频乃"应为"频仍"。

  注［9］"柳淀：水边或浅水处的柳林。"

  按：柳淀，指栽有柳树的浅湖边。

  注［13］"许：句末语气词。"

  按：据文意应指"处所"。

  注［23］"拳勺：指人工山水，有造园的意思。"

  按：拳勺，当指较小的山水园，"资营"才有"造园"的意思。

  注［26］"仙仙：问跹跹，舞姿轻举貌。"释后又说"这里是指在园中轻歌曼舞。"

  按："仙仙于止"是叙者阮大铖想象园成后，奉亲入赏时父母高兴，步履轻盈的样子。

  注［27］"五色衣：即老莱衣，表示孝养父母。"

  按：单解"五色衣"实无"孝养"之义。应为"老莱子穿起娱亲的彩色儿童服装。"

  注［29］"觥觫：……敬酒之意。"

  按：单解"觥觫"实无"敬酒"之意。其前应加动词"进"才有敬意。

二、关于《题词》的注释问题

  注［3］"异宜：指事物各有不同的适应性。"

  按：《题词》是赞计成"善于用因"，有创造性。若以"适应性"解之，则变主动为被动，于文意似有未合。单解"异宜"就是不同的情况适合不同的对待。

  注［14］"审：明悉，慎重。"

  按："所当审者"即应当体察的。根据文意语气看，"所当审者"似为提示语，指出"是惟主人胸有丘壑……安能日涉成趣哉？"这一事实是值得深思的。若是，则"所当审者"之后应用冒号，其前应用句号。

  注［15］"丘壑：丘，土山；坟墓；废墟。"

  按：罗列"坟墓、废墟"之义实为赘疣。

---

① 《园冶全释》，山西人民出版社1993年6月第一版。

注 [16]："工丽：工致而精巧。"

按：工丽，应为细致而精美。

注 [17]"简率：简朴而疏秀。"

按："率"无"疏秀"之义。应指随意。

注 [21]"回接：山高下蜿蜒连接的形势。"

按："高下蜿蜒"是上下左右运动的意思，没有"回接"之意。"山不领回接之势"是指掇山者不领会回抱衔接的态势。唐·王维《山水诀》："（山峰）回抱处僧舍可安。"清·笪重光《画筌》："群峰盘亘，主峰乃厚。"

注 [28]"从心不从法：即掌握规律而不拘成法之意。"

按："规律"是客观存在，任何人都可学而知之；而"心"是主观的体认，有其独到之思。"从心"就是指注重个人的灵性、悟性。其实，有效的"成法"也是合规律性的，但不一定具有可持续的独创性。

注 [39]"善于用因：指造园擅于因人、因地制宜的意思。"

按：这句指计成造园很长于运用"因借"的艺术手法。

注 [40]"若：如；好象。不若：即不如，比不上。"

按：句中是"莫若"，而非"不若"。"莫无否若也。"即没有和计无否相似的造园者。

注 [54]"变而通：通权变达的意思。"

按：著者引石涛《画语录》"知经变权，知法工化"的理论来解释"变而通"实为隔靴搔痒。应该引用《易》："穷则变，变则通，通则久。"

注 [55]"国能：技艺高超成为国内的能人。"

按：国能，即国家级技能。因为"国内的能人"很多，但不一定达到了"国家级"水平。

注 [59]"曹汛说"之"又"："'吴友'疑当为'吾友'之误。"

按：计成是江苏吴江人，且江苏亦古吴国地，阮大铖称"吴友"不错。若改称：吾友"则词情反觉亲近许多，似不合阮大铖官僚口吻。

三、关于《自序》的注释问题

注 [3] 末行，引荆浩语"吾当探二字之长，自成一体。"

按："探"疑当为"採"之误；"字"疑当为"子"之误。

又：著者按语中"可为《识语》之注"的《识语》应是《题词》之误。计成所喜是指关荆画风，郑无勋所说"剩水残山"是指园址面积，二者性质不同，是不"可为之注"的。

注 [29]"自得：悠然自适，自己有所体会。"

按：这里的"自得谓"是吴又于说他自己可以称："江南的好景，只我独家收揽了。""自得"就是"自己得以"，并非"悠然自得"的意思。

又：注引柳宗元"永州崔中丞《万石亭泇》中之"烝"字应为"丞"之误。

注 [36]"草：初稿。"

按：此"草"字似为"撰写"之谦词。

注 [38]"姑孰"又见《冶叙》注 [17]。

又：《自序》原文的第 5 行"而假迎勾芒者之拳磊乎"？第 12 行"篆壑飞廊，想出意外"。这两句之末尾均应加上"后引号"。

又：本文中引语完了之后的引号，有的用在句号（或问号）之前，有的又用在句号之后，颇不规范。

四、关于《兴造论》的注释问题

注［18］"得体：语言行为恰合分寸为得体。""这里意为建筑的尺度、体量与形式很恰当。"

按：不同的事物有不同的"体"，也就是常说的"形象"。字有字体，文有文体，政有政体，事有事体。于人为社会地位的体面，于建筑为一定的规矩、法式，于造园为一定的格局、风格。所谓"得体"就是达到了不同事物的不同"体"的要求。对今天的造园来讲，凡达到了《公园设计规范》要求的就叫"得体"。

注［41］引王勃《滕王阁序》"列冈峦之体势"。

按："列"似为"即"（据朱东润《中国历代文学作品选》）。"列"是被动地呈现、陈列；而"即"有主动地结合之义更较合乎因地制宜的原则。

注［39］"顿置：顿，是引；提。"引《盐铁论》之后又说："顿置：引导设置。"

按：顿，本有止宿、屯驻之义，引申为安顿、安排、布置的意思。也就是造园的布局。

注［46］"烟景：烟水苍茫的景色。"

按：烟景，见李白《春夜宴桃李园序》："况阳春召我以烟景，大块假我以文章。"其句下夹注云："烟景，春景也。"因为春朝低空常有薄如轻纱的雾气浮动于花柳间。

又：著者所引崔涂《春夕》诗尾联："自是不归归便得，五湖烟海有谁争"？查《千家诗》七律中收有此诗，但诗题为《旅怀》而非《春夕》，其句中"烟海"亦为"烟景"之误。

五、关于《园说》的注释问题

注［5］"随机：按照自然条件随加修整改造而成有审美价值的景观。"

按：所释属于开林、剪蒿、理涧、修兰之事，似与"随机"无关。原句是"景到随机"，即机随景到，触景生机。这个"景"指尚未改造的自然境景，"机"就是机智、灵感，全句意谓：高明的造园者在开林、理涧中发现有可以利用的自然景观时，能立即产生因地制宜，把它改造成园林景观的构想。

注［7］"三益：松竹梅（石）称三益之友。"

按：原句是"径缘三益"，自当与"三径"典故有关，故不宜引用罗大经《鹤林玉露》之说。应引孔子说："益者三友，损者三友。友直、友谅、友多闻，益矣！"江淹《陶征君潜田居》诗："开径望三益。"即指三益之友。"开径"指汉·蒋诩辞官归里，塞门不出，舍中辟三径，惟与求仲、羊仲来往。（见晋·赵岐《三辅决录·逃名》）南齐·陆厥《奉答内兄希叔》诗："杜门清三径，坐槛临曲池"即此意。

注［14］"虚邻：排列一起的门窗槅扇开敞着的意思。"

按："窗户虚邻"就是窗户"邻虚"，朝向比较开朗的空间。

注[20]"翠：青绿色……这里指山峰。"

按：原文是"障锦山屏，列千寻之耸翠。"已指明是像锦障屏风般的山，这个耸翠之"翠"实指山色，而不是指山峰。犹如杜甫古柏诗："黛色参天三千尺"，是指古柏的气色。

注[41]"偎红：围坐炉旁取暖的意思。"

按：偎红，即"偎红倚翠"，指旧时代富贵公子亲狎女色，或狎妓。因为在"暖阁"偎红，恐非围红炉取"暖"之意。明·李日华《西厢记·诡谋求配》："柳陌花街常时乐，偎红倚翠追欢笑。"

注[44]解"鲛人"，引用《文选》《海赋》张诜注之后说：这里形容水滴如珠的晶莹。

按：原文是"夜雨芭蕉，似杂鲛人之泣泪。"指明是"夜雨"，怎能看出水珠的"晶莹"光泽？这里是指夜雨打芭蕉的声音，好像夹杂有鲛人泪珠，打得蕉叶那样惊心的响。隐含南唐·李煜《长相思》词的意境："云一绢，玉一梭，淡淡衫儿薄薄罗，轻颦双黛螺，秋风多，雨相和。帘外芭蕉三两窠，夜长人奈何！"

注[46]"溶溶：形容月光荡漾。许浑诗：林疏霜摵摵，波静月溶溶。"

按：原句为"分梨为院，溶溶月色"，已点出了"梨"字。与其引唐·许浑诗，不如引宋·晏殊诗"梨花院落溶溶月"更较贴切。

注[49]"凡尘：平凡的人世。"

按：凡尘或叫尘凡、尘世。这里似指尘世中庸俗喧嚣的俗尘气。原句是"凡尘顿远襟怀"。若将"凡尘"解作"人世"，岂不有"出世"之意？

六、关于《相地》的注释问题

[1]"园基不拘方向"。（按语说园基方向一是指园基与住宅的相对位置；二指园基的形状，指基地的长轴方向。）

按：不应孤立理解，应与《园说》开篇一句结合理解。"凡结园林，无分村郭，地偏为胜"是相地的前提。"不拘方向"是相对村郭而言，也不指"长轴方向"，因为后文"探奇近郭""选胜落村"已经指明。同时"方向"也不等于朝向，更不等于"长轴方向"。因为明清风水学盛行，《相地》的"相"就含有注重风水之意，但当时庭园附属于宅基，故又略而未谈。《立基》篇有"妙在朝南"。

[3]得景随形：根据园基的情形，即基地形状和环境。

按：景是事先存在的，为了得景才择地。而不是根据基地形状去"得景"，那样只能叫造景。原文句后所举四个方面也是先得景而后择地，并不是因地形而择景。

又：傍与旁不同义，有靠近、依托之意，没有"边、侧"之意。傍是动词，旁是方位词。

[11、12]如（似），有依照遵从的意思。偏，非偏僻，是倾斜的意思。

按：以上解释很勉强，《相地》这几句都是讲的地形类别，并无"依照遵从"之意。"偏阔以铺云"也是讲的那类偏于阔宽而像铺云的地形，也无按规划"做成层层叠叠如彩云扩散的样子"的意思。所谓相地，也就是看"地相"，是自然地形的各种形象，选择园基必须明白。不宜把规划、建筑和相地搅在一起。

[14] 立基：这里指园林的总体规划。

按从后文"二、立基"看，立基是指园林建筑布局的规划，而不是总体规划。相地篇仅是造园选址时的构思而已。

[15] 夹巷：指建筑与垣墙，建筑与建筑之间所留的可通行的空间夹隙。

[16] 浮廊：即空廊。这是穿过夹巷的廊。

按：关于"夹巷借天"问题，释者在书中多有解说。《园冶注释》说"借天，即借上空之意"，对"夹巷"未注。而张先生在《序言》中解释说："就是在露天的'夹巷'中，可以通过不断的游廊。"若如此，则这种不断的游廊就没有屋盖了，不然，又如何能借天？若廊无顶盖又是什么廊呢？实在不好懂。借天，是借景中的仰借内容之一。

《园冶》因阮序遭禁之误三百年，后从日本觅得，其间难免有传抄之误，校对不精等问题存在。如《相地》篇列举多种地形后并无如何处理之词，疑有脱句。而"夹巷"一词从上下文看"卜筑贵从水面"的这段文字，主要是对"水面"建筑的布置构思。前有"开池沼""从水面""究源头""疏源之去由，察水之来历""临溪越地"等探讨处理水景的话，后有"浮廊可度"之语，决不会横插一句陆地屋宇门巷的问题。因此可以断定这个"夹巷"的"巷"字是"港"字之缺水旁。如是，则争议可解。"临溪越地"正好与"夹港借天"相对应，于是支虚阁、度浮廊就顺理成章了。虚阁架于小溪水口之上，浮廊架于港口之上，正好借天光云影映水之景。

又：越地自当是跨越小溪，浮廊决不同于游廊（地上的）。与之相近的词尚有"浮桥"，廊柱立水中，廊如浮于水面，故名浮廊。而释者译文为"借天夹巷，可通不断之房廊"，实觉难以自圆其说。

[17] 嵌：填塞缝隙之谓。这里有通过一点或极少的事物，获得很大的美感联想或艺术效果的意思。（其译文是"若取他处的胜景"。）

按：嵌，填镶。实无塞缝隙之义，也非取他处胜景之义。"倘嵌他人之胜"句是说倘若园基包衔了别家的好景，只要在视线上相通，就不要去隔断遮死，正好借景。

[22] 居山：即居处欲有山《园冶·掇山》中的"内室山"，即峭壁山。

按："聚石垒围墙，居山可拟。"是在围墙边的一段，利用堆山叠石手法，造成一种山体破墙而入或穿墙而过的景观，以满足"居山"的心理。所以既不指"内室山"，也不指"峭壁山"。室、墙、壁三者有显著区别。

[27、28] 相地合宜：指园林总体的规划布局，能充分利用并发挥园基的条件和环境。构园得体：园林景境的构成，为创造自然山水的意境做得恰到好处。

按："相地"应属选址范畴，不能视为总体规划，"构园"才是总体规划布局。"相地合宜，构园得体"。上句是"因"，下句是"果"，不宜拆开解释。只有相地合宜，才能做到构园得体。地是园林的载体，相地选址是首要的。

七、关于《山林地》的注释问题

[6、7] "杂树参天，楼阁碍云霞而出没"句，《园冶全释》译为"杂树参天而排虚，楼阁遮隐着朝夕的霞光"；《园冶注释》译为"园林中杂树参天，楼阁高耸，好像有碍云霞的出没"。

按："碍"，妨碍、阻碍。没有"遮隐"的意思。而"出没"，是指"碍云霞"的楼阁，山没于参天杂树之间，并非指云霞的朝夕出没。意谓楼阁高低错落，在参天杂树间或隐或现。

[16] 逗：停顿，停留；招惹，逗引。

按：凡注释只宜取与文意相关之义，这里罗列了两项义，又不说明取哪一项义，不妥。应删掉"停顿，停留"一项。

[17] 译者只注"幽"，而不注"竹里"。

[18] 注"寮"又举了"小窗""小屋"二例不作判断。

按："竹里"正是唐代王维辋川别业竹里馆的"代称"，好与下句"松寮"相应对。明乎此，则"寮"是"小屋"之义可明。可参见《园冶注释》。

[19] 郁郁：茂盛。古诗"郁郁园中柳"。

按：释者显然是把"郁郁"当作形容草木的茂盛貌。但文中是"送涛声而郁郁"，是形容松涛声的，应释为沉闷的涛声。

[23] 万壑流青：郁郁苍苍的千岩万壑。

按：释万壑而不释"流青"，何也？"流青"指沟壑中流淌着青绿色的溪泉。

[24、25] 注陶舆、谢屐，引典之后的按语中说："欲藉陶舆，何缘谢屐"，是用"陶舆""谢屐"隐喻园林如何造山。

又认为《园冶注释》的译文意思"恰与原意相反"，其括号里的发挥与原意"相去更是十万八千里"。

还认为陶渊明乘篮舆游山，"主要是远观其势"；而谢灵运着木屐游山，"主要目的是近观其质"。

按：查《园冶注释》的译文是："欲想逛游，可以坐竹轿代步，不须着木屐寻山（意谓不必远游，而有跋涉之劳）"。从原文的"欲藉""何缘"二词来看，译文与原意并未相反。其括号中发挥之意也基本适合。而全释者的译文则是："要想像陶渊明那样坐着轿子去宏览山的气势，何不效谢灵运的办法，穿着木屐爬山涉岭去观察山的形质"。倒是与原文原意大相径庭。

其主要分歧是：前者是讲的怎样游山，而后者是讲的"如何造山"。

且看《园冶》是把"相地"作为造园的第一件事，有如今天说的选址，可以说连规划都尚未完成，怎么会谈到施工中的"如何造山"？后者在领会原文文义上，就错了。

至于说乘篮舆游山，只便于"远观其势"，而着木屐游山，才便于"近观其质"的道理实不知有何依据？难道陶渊明游山只喜欢远观，谢灵运游山才喜欢近观吗？岂非笑话！

陶渊明是因"素有足疾"才游山乘篮舆，所谓篮舆即类似四川的滑竿，并非封闭式的车轿，坐上去既便远观，也便近观的。

《园冶》本意是说选择山林地造园，有许多有利的因地制宜的造园条件。造成之后主人可以就近游赏。不必远涉。所以才说"欲藉陶舆，何缘谢屐"？丝毫没有"如何造山"，如何远观取势，近观取质的意思。

八、关于《城市地》的注释问题

[5] 叠雉：层叠的城上女墙。

按：城上的雉堞（女墙）不是"层叠的"。"叠"是动词，叠砌。与重重叠叠形容词不同。

[16] 此句"移将四壁图书",是说桐荫将室内墙壁和图书映上一层绿色。(下引"曹汛说"中有"洗出千家烟雨"的是"清池涵月";"移将四壁图书"的是"虚阁荫桐")。

按:荫和阴有别,桐荫和荫桐有异。书中"虚阁荫桐"是说高大的虚阁荫庇着梧桐,而不是说梧桐阴影映入室内四壁图书。

曹汛先生把"洗出""移将"二句视为上二句"清池""虚阁"的使动结果。清池涵月是夜景,怎会浸洗出那千家烟雨?虚阁荫桐又怎会移上四壁图书?但如果把"洗出""移将"与下二句相对应就好理解了。"洗出千家烟雨"的是"素入镜中飞练";"移将四壁图书"的是"青来郭外环屏"。"镜"指池沼,能映入素练(瀑布)也能映入烟雨中的千家村落。"青"指郭外像屏风环绕着的青山,它自然会有"两山排闼送青来"的效果,进而"移上四壁图书"。

[20] 束(未)久重修:即不久需要重加修整,也就是经常要修整的意思。

按:这句是针对蔷薇"最厌编屏"说的。编屏必然要对植株施加束缚,还要经常护理,怎能保持编屏的永久呢?"不朽"是指屏,而不是指花,故认为"'保其常茂'甚确"是欠斟酌的。至于"束久""未久"都可解,但若从"编"字着眼,"束"比"未"更佳。

[26] 徵:证明。

按:徵,成也。《仪礼·士昏礼》:"纳徵。"郑玄注:"徵,成也,使使者纳币以成昏礼。""足徵市隐"就是足够成为市隐。辞书并无"证明"之义。

[27] 巢居:原始时代人栖宿树上之谓。

按:巢居,应指古代隐士巢父所居之处。若指原始人栖宿树上,那又何必说"犹胜"?明代再简陋的园居不用说也比巢居好百十倍。

[28] 诣:所到达的境界。得闲即诣,即陶潜所说:"心远地自偏"的精神境界。

按:诣:到……去。陶潜《桃花源记》:"(渔人)至郡下,诣太守,说如此。""得闲即诣"即有得空闲时就到园子去。

九、关于《村庄地》的注释问题

[4] 篱落:篱笆。

按:落,居住的地方。如村落、院落、墟落、部落、篱落等,范成大诗:"日长篱落无人过,唯有蜻蜓蛱蝶飞。"

[5] 桑麻:桑和麻。(引孟浩然"把酒话桑麻"诗,陶潜"但道桑麻长"诗)。

按:"处处桑麻"并没有"话"和"道"的意思,只是说桑麻栽得多。故释者按语中说"我意释为:'家家柴荆矮篱笆,处处把酒话桑麻'较有意味"是欠斟酌的。

所引孟浩然《过故人庄》诗句"开筵面场圃"的"筵"字应为"轩"字才是。

[8] 此处之"廊庑连芸",芸:即指"芸窗",书斋也。

按:"廊庑连芸"与"门楼知稼"相对,决非指"芸窗、书斋"。意谓登上门楼可以了解农事,走出廊庑可以看到芸香、紫芸英之类的植物。

[10] 犹开:视野开旷的意思。

按:"堂虚绿野犹开"与"花隐重门若掩"相对,一开一掩并非"视野开旷",开因堂虚，掩因花隐，极其自然。又唐·裴度造园，中有堂，名绿野，正有欲虚纳绿野之意。

[13] 蹊：小路……桃李成蹊：比喻实至名归……此句是写景，意为园林的蹊径要曲折而自然。

按："村庄地"文中的桃李成蹊，没有什么"实至名归"的意思，只是说园路边的桃李已经长成，构成了预期的景观。与《史记》评李广的语意无关。只有宋·王安石《书湖阴先生壁》诗，"茅檐常扫净无苔，花木成蹊手自栽"的句意大致相当。

这句确是写景，但其意不是说的"园林的蹊径要曲折自然"，而是说园路上的花木应当丛植，构成繁华的景观。

又："实至名归"疑为"时至名归"。意谓李将军（广）不善言词，但他做了许多对国家有利的事，久而久之，人民就十分爱戴他。

[20] 孟郊《登科后》："春色得意马蹄疾，一日看尽长安花。"

按：诗中"春色"应为"春风"之误。"归林得志"是指夙愿、志趣。今改用"得意"反觉矜骄，与高人隐士的思想不相符。

[21] 老圃：老农、老园子。

按："老圃有余"与"归林得志"相对仗，老圃的"老"应作动词"老于"解，正好与归林的"归"对仗工稳。决非"老农、老园丁"，而是老于园圃有余闲的意思。

十、关于《郊野地》的注释的问题

[3] 叠陇乔林：林木茂密的起伏山冈。

按：平冈、曲坞、叠陇、乔林这四种地形是郊野择地必须优先考虑的。不应合并去解。

[10] 搜根：是指叠山的基础。

[12] 引蔓：蔓喻"水流细而曲的小溪"。

按："搜根"解作"假山立基"实为勉强。"根"或指云根（山麓石），被土所掩，将其搜剔露显以壮观瞻。若惧水浸崩塌时，可另用顽石塞在下面加固。或指树根，某些景境中的大树，为显其悬根露爪的美观，可以从土中搜剔出来。若惧水浸蚀坍倒，可用顽石塞进大根下支撑。"根"与"基"虽义近而形质不同。平常讲"根基"一词也是包含树木之根，建筑之基二者，它们都是根本，都重要，但"根"决不等于"基"。

又："引蔓"解作藤蔓固然不妥，但解作小溪又未必合适。如果"蔓"指小溪，自当通津，何必去"引"？如若须按规划引到另外的津，那就要加大投资改造地形。即使这样，也不可能"缘飞梁而可度"。其实"蔓"指小径，可以按规划引向任何一处（津），也可以"缘飞梁而可度"。因瓜蔓与小径的形状相似，所以借代，并可与"根"对仗，以增骈文形式美。

[14] 释寒峭时，引了曹汛的一段评《园冶注释》的话，大体也对。但把寒峭与柳间栽桃，月微与梅边种竹的组景关系割裂开来讲，似与"似多幽趣，更入深情"，仍隔了一层。体会原文的意思是：在溪湾柳林背风的地方可以补种桃花，加大花木密度以保温，可以使桃花在春寒料峭时提早开放，造成"竹外桃花三两枝，春江水暖鸭先知"的早春景观（苏轼《惠崇春江晚景二首》）。

在屋外梅边补栽一些竹子，加大植株密度隐去一部分月光，留住更多香气，造成"疏影横斜水清浅，暗香浮动月黄昏"的梅月景观（见林逋《梅花》诗）。所谓"月隐清微"，并非月亮隐入清微，而是被梅竹遮去了一部分清光。正如林逋诗的"月黄昏"并非黄昏时候的月色一样，否则就是"黄昏月"了。

[19] 嘶鸣：马鸣曰"嘶"。

按："嘶鸣"应为"嘶风"之误。原文也是"马嘶风"。正好与上句"鸠唤雨"成对。

[22、23] "须陈""体犯"二句是针对上文"两三间曲尽春藏，一二处堪为暑避"而言，主要是说：必须尽量保持自然山水风光，尽量减少园林建筑，有"两三间""一二处"就够了，不要去违犯破坏生态环境的罪过。

最后原作者痛心地指出：高雅的设计师怎么会去亵渎山林呢（韵人安亵）？只有那种庸俗的造园者才会这样乱干（俗笔编涂）。

全释者只领会了大意，但没说清楚。

十一、关于《傍宅地》的注释问题

[1] "宅傍与后有隙地可葺园"句中的"傍"字应改为"旁"。"旁"是方位名词，"傍"是动词。《园冶全释》《园冶注释》俱存此错别字。

[4] "城市园林是住宅的组成部分"云云。

按：原文前面已单列"城市地"，这里是说的"傍宅地"，至于这"宅"是在乡或在市并未交待。从文中看，既有"碉户"又有"家山"，并比之谢朓之宅与孙登之啸岭，可见这"宅"不是指城市中的宅。全释者断定是"城市园林"未免失察。

注后又以"按语"的形式写了一段文字，企图说明"因地制宜，随形得景"难以包括尽园林的规划设计。认为设门与留径，"是造园在规划上的矛盾之一，影响园林的总体布局和景境的创作"。文字晦涩犹豫，实难明白究竟。

宅旁造园，留径以通宅，设门以通外，对造园是必然的，这"影响园林的总体布局和景境的创作"的话，实不知从何说起。

[7] 温公之独乐：司马光以独乐之意建造的"独乐园"。详见《自序》注 [18]。

按：查《自序》之注 [18]，也并未说明司马光为所造之园取名"独乐园"之意。现将司马光《独乐园记》的前后两段摘录以飨读者：

"孟子曰：'独乐乐，不如与众乐乐；与少乐乐，不如与众乐乐'，此王公大人之乐，非贫贱者所及也。孔子曰：'饭蔬食饮水，曲肱而枕之，乐在其中矣'；颜子'一箪食、一瓢饮，不改其乐'，此圣贤之乐，非愚者所及也。若人鹪鹩巢林，不过一枝；偃鼠饮河，不过满腹，各尽其分而安之，此乃迂叟之所乐也。"……

"或咎迂叟曰：'吾闻君子之乐必与人共之，今吾子独取足于已，不以及人，其可乎？'迂叟谢曰：'叟愚，何得比君子？自乐恐不足，安能及人'？况叟之所乐者，薄陋鄙野，皆世之所弃也，虽推以与人，人且不取，岂得乐之乎？必也有人肯同此乐，则再拜而献之矣，安敢专之哉！"

司马光题名"独乐"，无非是反对不了王安石推行"新法"，只好独善其身的意思。

[19] 释"蹇"而不及"虚"，避难就易，于读者无助。所谓"虚蹇"就是不骑驴去踏雪寻梅，"探梅"即是寻梅，并非什么"探者，伸手可取"。若"可取"就是折梅，"探""折""取"之义是不同的。

[22] 引曹汛说之文尾缺少一个后引号 ""。曹文倒数第二行的 "皆攻奸东林之文"，其中的 "奸" 字当为 "讦" 字之误。义为 "攻击或揭发别人的短处"。《商君书·赏刑》："周官之人，知而讦之上者，自免于罪。"

[23] 引曹汛说之后又加了一段全释者的按语，认为："对吴玄的隐喻之义……其具体涵义是消极的。我认为，没有必要把它钩沉出来。这节最后几句，可以从文字本身的含意去理解。"

按：钩沉的目的正是为了对 "文字本身的含意" 获得正确的理解，如不必钩沉，为什么又要引用曹汛之说？岂不矛盾？

十二、关于《江湖地》的注释问题

[9] 漏层阴：这里是指光线透过树叶的阴影处。层阴：重叠的阴影。

按："漏层阴而藏阁" 是指藏于林木阴中的楼阁，在树阴缝隙间可以看见。漏出的是 "阁"，而不是光线（不是天光）。

[10] 先月：刚升起的月亮，即新月。

按："刚升起的月亮" 怎么能叫 "新月"？"新月" 是指阴历每个月初三至初六的月亮。所谓 "新月如钩"。

十三、关于《立基》的注释问题

〔3〕中庭：即庭中。

按：中庭不等于庭中。古代比较大的寺庙或宅院常不止一庭，一般分为前庭、中庭、后庭。

〔5〕任意为持：是按造园者的 "立意" 去建造。

按：因为留有较多空地，就可以按照布局的大概去任意施工，不会束缚思路的即兴发挥。

〔12〕濯魄：皎洁的月光。

按：濯是洗，濯魄清波就是清波濯洗池中月。

〔15〕对景：是借景中相对一面景观。

按：这个 "对" 是面对之意，不是 "相对" 之意。"对景莳花" 就是面对不同的景观，栽植不同的花木。

〔17〕似通津信：似引人通向可越过的渡口。

按：信指消息，津指渡口，通指传递、通报。意谓桃李下布置小路可以向游人预示前面有渡口或津梁。

〔19〕一派：状目所及之景象。

按：这个 "一派" 是指水面。

〔23〕按时架屋：构筑房屋按照花木的特色和时序作为观赏（景境）的审美主题。

按：按时，还有 "及时" 之意。根据 "园说篇" 的 "开林择剪蓬蒿" 之意，上句 "开林" 当指打开一处林地，必须及时架屋。似非指花木特色和时序。

十四、关于《厅堂基》的注释问题

〔9〕如式：这句话很含糊。

按：如式一语并不含糊。原文"凡立园林，必当如式"，说得十分肯定。"式"指模式、图式。

十五、关于《门楼基》的注释问题

〔1〕依厅堂方向：是指园林直接对外通向街巷的园门之门楼基址，为方便客人入园门后可至景区的主体建筑厅堂，所以要求与厅堂方向一致。

按：明清时代建筑风水之学盛行，一切房屋建筑的朝向是经过风水先生看定的。虽然园林建筑可以自由一些，但主体建筑的门、厅、堂必须依照风水习俗保持一定的同一朝向。恐与"方便"客人入门登堂没多大关系。而且《园冶》一书也非全从城市街巷着想。

十六、关于《书房基》的注释问题

〔6〕借外景：不是指园外之景，而是指书房自身环境或庭院之外的园景。

按：《借景篇》说"因借无由，触情俱是。"可以远借、邻借、仰借、俯借，应时而借。注者却肯定"借外景"不是指园外之景，似亦费解。

〔2〕无拘内外：是指园林景区的内外，非指园林内外。

按：前代的私家园林大多把"园"和"宅"分开的，园或在宅旁，或在宅后，但总的还叫园林。文中的"无拘内外"就是指书房可以布置在"宅"的部分，也可以布置在"园"的部分。很难说成是指景区的内外。

另按：《书房基》这段文字后半疑有脱、衍之误，照原标点读来颇不通顺。如"势如前厅堂基，余半间中"，"按基形式"，实难理解。若改动标点，去掉"中"和"式"字，添一"之"字便好理解了。改如下：

"先相基形方圆长扁、广阔曲狭之势，如前厅堂基余半间自然深奥。或楼或屋，或廊或榭，按基形临机应变而立。"

十七、关于《亭榭基》的注释问题

〔1〕按：按照；就、于是；止。意思是可以把亭子安在山顶，就是很好的景观。

按：原文"通泉竹里，按景山间"的"按"是审察、巡视之意，如封建王朝派出的官有"按察使""巡按"等。"按景"就是观景。该句前后也别无"就"字，解它何来？"按"不能释为按照，更不能释为"安"。

〔5〕入想观鱼：用《庄子·秋水》（与惠子观鱼）典故，喻别有会心，自得其乐的境界。

按：注者只释了观鱼，而不释"入想"。"入想观鱼"就是以庄子观鱼入想，入想即进入想象中。把自己想象成水中的游鱼。

〔7〕濯足：本义洗脚。儒家引申为随遇而安，洁身自守的处世之道。

按：原文是"非歌濯足"，是说把亭子建在流水中也并非是为了歌颂"濯缨、濯足"的遗世高行（是为便于纳凉观景）。注者漏注"非歌"，适得其反。

又按：注者引典释义中有句"这是由水自身决定的"，似应将"由水"改为"由人"才对。因为孔子听了沧浪歌后说："小子听之，清斯濯缨，浊斯濯足矣，自取之也。"不是"水取"是"自取"。

十八、关于《房廊基》的注释问题

〔2〕局：部分。亦作布局解。

按："地局先留"的"局"有如棋局、牌局、局面，指一定的范围面积。文意是说：廊基未立，但作为廊基的用地面积应先留好。若作"部分""布局"讲都欠妥。

〔4〕渐通林许：许，有处所、地方的意思。直译就是使廊通到有林木的地方。我以为上句既是讲建筑前后的轩或卷，廊引申出来的"林许"作景区解更好。

按：林许的许应作"浒"解，指水边，如水浒。所谓"林许"即有林木的水边。

〔6〕落：居处。如墟落、村落、院落。落水面，下临水面。

按：原文"渐通林许，蹑山腰，落水面，任高低曲折"，连用"通""蹑""落"三个动词，分别表现长廊曲折通幽，爬上山腰，迭落水面的"自然断续蜿蜒"的动态美。"落"就是向下跌落，既不是"居处"，也不是"下临"（下临即俯临，实际是临而未下）。

十九、关于《假山基》的注释问题

〔4〕占天、占地：意为叠石为峰，欲令人有"太华千寻"之感。

按：占天、占地之"占"似应读平声，是占卜之意。是指掇山、围土时必须事先预测预想到峰立、土培之后的空间形态和地面形态是否好看，稳固。如掇高大的孤赏石时要根据石面的奇特与呆板来决定朝向，决定正立与倒立。基部培土夯实后，还应考虑掇几块小石在峰石周围，既能镇压培土，又使孤赏石孤而不独。

二十、关于《屋宇》注释的问题

注〔5〕鸠工合见：即造园的工匠（各工种）们要有一致的意见。

按：鸠工，即募集工匠；合见，是主持设计者向工匠们讲解设计意图，使见解统一到设计图上来。

注〔9〕近台榭：字义是近似台榭，这里是用台榭代称具有娱游观赏功用的厅堂，也就是属园林建筑者。

按：厅堂与台榭这两类建筑不会"近似"，台榭也不可能代称厅堂。"虽厅堂俱一般"，但在园林中的厅堂就应别致一些。近，即靠近切近的意思。靠近台榭的厅堂，自然就是指园林中的厅堂了。

注〔15〕左右分为：（其按语说）左右，是就草架的图式而言……前后与左右，都是指的前后檐的高低，在结构构造上的做法是不相同的。用"左右"是骈文的技巧，避免用词的重复而已。

按：骈文虽有同义异词以避重复的技巧，但前后高低左右这些词义迥然有别的词，是不见异词避复的。这里的"左右"应指前后檐的左右，因为"凡左堂，中一间宜大，傍间宜小，不可匀造。"（见后地图式原文）可见一般三间的厅堂，前后檐口是不齐的，再加"天沟"也须左右分流，做法是略有不同的，故说"左右分为"。

注〔33〕镜中：含"镜花水月"虚幻不可捉摸的意思，喻景境之奇妙。（其按语中又引苏轼《与谢民思推官书》以"行云流水"比喻行文的纯任自然，说明计成用典是说"园林造景要如行云流水，方能得自然之妙景"）。

按："槛外行云，镜中流水"两句，《园冶注释》译为"槛外似有行云，池中如在流水"确欠妥，但注释"槛外"引宋赵师秀诗："晚来虚槛外，秋近白云飞。"注释"镜中"引宋朱熹诗："半亩方塘一鉴开，天光云影共徘徊。"基本上是对的，只"波平如镜"有语病，若说"塘水能照鉴物影如镜"就对了，而朱诗以镜喻塘也并非从水面是否平静来作譬的，其诗后两句为："问渠哪得清如许？为有源头活水来"。既然塘外不断有活水流来，水面不可能平静。这样，"镜中流水，洗山色之不去"就顺理成章了（山色是镜（塘）中之影，流水自然洗不去）。若认为计成意在说明"园林造景要如行云流水，方能得自然之妙景"未免牵强。因计成此篇是说"屋宇"，兼及环境景观，并非说"造景"。

另按：引朱熹诗的"波光和影共徘徊"，应为"天光云影共徘徊"。

注〔37〕占：据有。太史：典出《史记·孔子世家》……"堂占太史"意为：建高堂据有太史公赞喻孔子的"高山"、"景行"之义。

按：占，应是占卜。古代太史有占卜星象以察吉凶的职责。占据的占。原作佔，现简化作占，字与义都不同。太史公司马迁景仰孔子是读了孔子书而产生的感喟，与修建高堂没有任何关系，岂能拉在一起？故认为《园冶注释》所注比较切近本义。

注〔39〕云艺：陆云造楼阁之技艺，为计成对陆云所著《登台赋》之误解，我意改"云"为"道"，用苏轼之"有道有艺"说。

按：陆云是否精于营造之艺，尚待考古史料证明，古代传说又未必不可信？若改"云"为"道"，对待古典著作未免不严肃，又破坏了"云艺"对"般门"的骈文对偶美。注家有疑义，可于注中阐明，不宜擅改。

注〔41〕探奇：指造园。合志：志同道合者。

按：注语不明。探奇，应指园林中的屋宇设计应"有别致"，"妙于变幻"，"理及精微"的创意思想。合志，指屋宇构造的创新应符合"家居必论，野筑惟因"的原则。

注〔42〕常套：平常的熟套。也就是指造园的一般常识。

按：这个常套是指应该裁除的房建俗套，不是指造园的一般常识。比如当檐建两厢，落步加重庑，升拱雕鸾，门枕镂鼓，天花彩绘，木椽空嵌等常见俗套，都不宜施于园林建筑。园林建筑应当遵循自然（野）、"别致""雅朴""端方"的原则。

注《斋》之〔2〕气藏：指人的精气聚积。致敛：意为达到收敛心神。

按：原文"斋较堂，惟气藏而致敛"，意在比较"斋"与"堂"的建筑风格之不同，并非议论人的藏气敛神，只不过在比较上借用了拟人比喻法而已。正由于"斋"的结构具有藏纳收敛的形态，故而才使人对之产生"肃然斋敬之义"，进而居住以利"藏修密处"。

又："致"字在文中似不应作"达到"解释。"气藏致敛"从语气上看是一个主谓结构的并列词组，正符合骈文遣词造句的对称美。"气"指精神精气，"致"指风貌风致，都是概念名词，"藏"和"敛"才是表动态的动词，精气内藏才会使风致外敛。

注《室》之〔4〕释窈窕引陶潜《归去来兮辞》："既窈窕以寻壑，亦崎岖而经立。"

按："亦崎岖而经立"之"立"，应为错字，查原诗是"丘"。

二十一、关于《列架》注释的问题

注《九架梁》

按：注释者在原文里列出8处需加注释的序号，而实际上只注释了6处，第〔5〕"复水重椽", 第［8］"相机而用"未予注释, 不知何故。

注《梅花亭地图式》之［2］结顶: 每面坡顶结合到一起, 即钻尖顶。

按: "钻尖顶"应为"攒尖顶"之误。

注《七架梁》之［3］柱料长: 柱子用料的长度, 指楼阁的步柱。

按: 原文是"取柱料长, 许中加替木"。是说修造楼阁时, 要先计算上下檐数, 然后再选择作柱子的木材时量(料)好长度, 以便在上下檐际部位加添替木。"料"是计算度量的意思, 而非"木料"之"料"。

二十二、关于《装折》注释的问题

注［3］额: 本义是眉上发下的脑门, 即额头, 凡明显方整的东西亦称额, 如匾额、额枋等。这里的"额"有呆板的意思。以"非额"与上联"有条"对仗, "非额"就是不呆板。

按: 这里的"额"是指规定的数目(见《辞海》), 不是指额头。"凡明显方整的东西亦称额"这个定义恐难成立。匾额、额枋不是因为它方整, 而是因为它在门楣之上, 或近似门的二柱之上, 故才有"额"之称(匾额、额枋有额头的比喻义)。

又: 说"额"有呆板的意思也是臆测, 这里是指规定的数目, 意谓曲折要有条理, 端方也不是要规定数目。

注［2］这里的"有条", 是指二维空间中的装饰纹样。

按: 查辞书, 只有三维空间之称, 而无二维空间之说。直线是一维, 平面是二维, 人居住的现实三度空间才叫三维空间。大凡叫空间的都有个立体感, 二维是平面, 恐不能叫空间。

注［4］相间: 互相间隔, 是指间隔的空间关系。

按: 观释者之意, 恐将"间"作距离解释, 其实, 这里的"间"应作"更迭"理解才妥。针对上文"如端方中须寻曲折, 到曲折处还定端方", 要求曲折与端方的样式应交替使用, 才能达到"错综"变化的美。

注［14］板壁: 木板构造的间壁多用于室内, 实际上, 计成是泛指间隔和围蔽的结构, 不能狭义地理解成"板壁"。

按: 板壁竟有广义狭义之分, 实所未闻。但这里的板壁只应是指用木板嵌装的墙壁。原文说"板壁常空", 是指板壁间常留有不嵌死的空位, 乍看是板壁, 实际是可开启的板门(或叫隐门、窨门)。这样便可以悄悄到达(隐出)另外一处新奇的天地(别院、别馆)。

注［15］壶: 蓬壶、方壶、瀛壶三壶仙境之略。所谓"壶中天地""壶中日月"都是喻景境小中见大, 以少总多的意思。

按:《史记·秦始皇本纪》: "齐人徐市等上书言: 海中有三神山, 名曰蓬莱、方丈、瀛洲。"相传山形如壶, 故又称"三壶山"。但三壶山不能简称"壶", 用以注"壶", 实觉欠妥。而《园冶注释》引《后汉书》载费长房与卖药仙翁一同进入悬壶中, 见别有天地之异事来注解"别壶之天地"才是对的。所谓壶中天地、壶中日月的典实也源于此, 与三壶的典故不相干。

注［29］连墙: 是指房屋的山墙连着院墙, 或者说山墙与院墙连接在同一轴线上。

按；从文意看，是指两个空间连接在同一道墙壁上。原文"出幕若分别院，连墙拟越深斋"之意是说通过对门户的巧妙安装，对空间的巧妙分隔，使人走出帘幕恍若到了另一座庭院，走进原本是一墙相连的两间屋宇，好像穿越了深斋。

注［30］清赏：清靓幽雅而赏心悦目。

按：清赏，是指高雅的观赏，不设酒宴，不要歌舞鼓乐助兴，犹如不化妆的唱戏叫清唱一样。它是个动词，而不是形容词。

注《风窗》之［3］绣窗：意同"绣户"、"绣阁"，多指女子的居处。

按：应说义同"绣户"，指女子居室的窗户，但不能说义同"绣阁"，绣阁是女子的居室。楼、阁是屋宇，而窗、户是屋宇的部分。

又："南宋·鲍照《拟行路难》诗。"鲍照不是"南宋"人，而是"南朝宋"人。

二十三、关于《栏杆》注释的问题

注《笔管式》之［2］匀：均匀。以匀而成，文不通。从《栏杆》中所说："依次序变幻"，疑为"次"字的形误，当为以次而成。

按：以匀而成，以次而成，从句式上看是相同的，说"文不通"就都不通。从《栏杆》有"况理画不匀，意不联络"之句，说明企图用篆字制栏杆的失败。可见制作栏杆的关键在"匀"，用笔管式制作达到了"匀"所以也就"成"了。"以匀而成"是可理解的。

注《梅花式》之［2］引"曹玠说"有"《园冶注释》注谓'料直'即'直接用料'，释文则据以解说成'直接把它斗瓣'，注文释文都嫌牵强，不能可意。"

按：据《园冶注释》（第二版）已经作了修改：谓"料直，有直的材料之意"。释义也已改为"用这一种材料作斗瓣，料直不须再凿榫眼"，并注明（原文费解疑有误）似亦可理解。

注《笔管式》之［5］鸠匠：见《兴造论》注［2］（该注谓"鸠匠"是笨拙如鸠的工匠，因鸠鸟"不能营巢"）。

按：《尔雅·释诂》："鸠，聚也。"鸠匠，就是募集工匠准备施工的意思。一般修房造屋兴造园林，都是招募能工巧匠来施工，不可能去招募"笨拙如鸠的工匠"。

二十四、关于《墙垣》注释的问题

注［7］宅堂用：住宅厅堂建筑用，指砖雕花鸟仙兽。

按：原文是"宅堂用之何可也"？注者只取"宅堂用"而不取"之"这个代词，就与后面的"指砖雕花鸟仙兽"不相应，致使注语含混不清。

注［8］积草如萝：雕镂多隙，易生杂草，败叶如朽藤枯萝更加影响整洁美观。

按："败叶如朽藤枯萝"本有语病，其前又无别的动词，又不可能是自"生"的，实在不好理解。其实，"积草如萝"是指麻雀营巢时衔积的枯草，较长的枯草悬吊在巢外边，好像悬挂着的枯藤萝一样。

注［13］头阔头狭：……围墙应依势曲折或偏斜，空间有阔狭。（其译文是）围墙不妨一头阔一头狭，以就房屋之端方规整。

按："一头阔一头狭"自不可指墙体的厚度，也不应指整个围墙的形态，那是受地界限制的，若说是墙垣与屋宇之间的空间，那只要房建端正就够了，也不算奥秘，确难理解。

原文是："世人兴造，因基之偏侧，任而造之。何不以墙取头阔头狭，就屋之端正？斯匠主之莫知也！"（标点改动）

前句的"兴造"应指屋宇，而非指墙垣。如指墙垣就不宜说"任而造之"，因为必须受地界限制。"任而造之"是提出的问题，就是不遵时守制，建房不规整端正。第二句就是计成提出的解决问题方案，目的是"就屋之端正"，方法是"以墙取头阔头狭"。"以墙"即"依墙"就是依墙随墙界。"取"即采用，既然是"依墙"，那么"头阔头狭"就不指墙体了。这就明白告诉所采取的办法是变化建筑去克服墙界的限制，达到屋宇的端正。也就是说，只要房屋整体布局端正，就不一定要求庭院成正方形或长方形，可以采取一端宽一端窄的兴造办法。比如三进两庭的院落，只求在中轴线上端正，不求每进间数一致。可以是第一进三间，第二第三进各五间，也可以一、二进各五间，第三进三间等。

注《白粉墙》之〔4〕鉴：镜子。

按："鉴"在这里不作名词"镜子"讲，而是作镜子的功能"照"讲。

二十五、关于《铺地》注释的问题

注〔2〕中庭：即庭中、庭院。

按：一般较大宅院常有前庭、中庭、后庭之分，主要建筑多在中庭，所以铺地用叠胜为宜，可使环境增彩。

注〔7〕秦台：一指吹箫台、风台；一指宝镜台。

按：这里主要是说秦国的台建筑工艺水平高，所以铺地时值得仿效（拟），对铺台的材料要注意加工打磨（琢）。做法也宜"锦线瓦条，台全石版"。

注〔8〕席地：原义指地上铺席，后泛指在地上坐卧。铺毡，尤如今铺地毯的意思。

按：席地，即以地为席，就地而坐。铺毡，即铺上毡垫子。"尤"字应作"犹"以现今铺地毯的方式相比似欠妥。

又按："吟花席地，醉月铺毡"是紧接上句"台全石版"说的。为什么台上要全用石版铺地呢？是为了好坐在上面吟诗赏花，或在酒后铺上毡子好醉卧玩月。

另按：《铺地》一文中的标点问题较多。"中铺一概磨砖"之后应用分号，"长砌多般乱石"之后应用句号。因为这是一联长的对偶句，意思也比较完整。"锦线瓦条、台全石版"后面的分号宜改用句号，因为它与"吟花席地，醉月铺毡"是各自为对仗，意思也不相同，句法的结构也不同。"路径寻常，阶除脱俗"后面应用句号，因为它紧接的又是另一联对偶长句，意思也不相属。"各式方圆，随宜铺砌"之后应用句号，因最后一句"磨归瓦作，杂用钩儿"是对全文总结性的补充说明。

注〔17〕钩儿：钩，牵引也。

按："牵引"有拖拉的意思，是横向用力，和抬的竖向用力不同，与扛抬工叫"钩儿"的意思不合。在四川工地上的扛抬工是两人一组，抬杠上拴着抬绳，抬绳上拴着一对铁钩，抬物时将钩儿往箩筐耳环上一挂，抬起就走，非常方便快捷。很可能外地也如此，人们以偏概全把抬工叫"钩儿"，犹如川内把进城替人抬担扛的打工仔叫"棒棒"一样，因为他们都带着一根当扁担用的竹棒棒。

二十六、关于《掇山》注释的问题

注〔4〕堑里：即在假山的基坑里。

按：堑里与着潮应是处理基坑的两道工序。"堑"是挖掘，《左传·昭公十七年》："环而堑之，及泉。""里"即坑底子，用石灰和炭碴铺垫。"着"有附、受的意思。"着潮"即吸收潮气、防潮的意思，"尽攒山骨"即填一层不混灰碴的碎石。

注〔7〕咫尺山林：喻人工水石的园林虽小，而有自然山水的意境。

按：释者先说"咫尺"是距离很近，后又转说"喻园林虽小"，前后释义矛盾。原文是"多方胜景，咫尺山林"，亦即"咫尺山林，多方胜景"的倒装句。"咫尺山林"自当是指近在眼前的人工山水，"多方胜景"是说眼前假山堆得好，具有多方面的佳景。

注〔9〕士：这里是指园林的主人。此句"雅从兼于半士"的意思，要造好园林，一半还得取决于园主是否是有文化修养的高雅之士。士，是指旧"士大夫"。

按：说"士"是指园主人或士大夫，都与文意不合。句中的"半士"是针对"雅从"而言。"从"指从事、随从，"雅从"是客套称谓，指协助设计者掇山的助手。"士"为古代四民之一，《穀梁传·成公元年》："古者有四民：有士民，有商民，有农民，有工民。"何休注："士民，学习道艺者。"以此可知所谓"半士"即道艺学习不精的技术员，比主持施工的工程师差半级。全句"妙在得乎一人，雅从兼于半士"的意思是：能得到一位好的施工主持人固然很妙，但还应有得力的助手。

注〔12〕"岂用乎断然"句意，为什么还一定要采用呢？

按："岂用乎断然"即"岂断然用乎"？是针对滥用劈峰而言："岂能不加考虑就决定采用呢？"

注〔13〕刀山剑树：是指山与树的呆板而无生气的可怖形象。

按：刀山剑树是神庙中雕塑的一种地狱景象，借以比喻排列不艺术的峰石群（不应包括树木）。

注〔14〕峰虚五老，非赞峰之灵奇。

按：是贬非赞，文意已明。注意那个"虚"字，即虚有五老之名或形，而实无五老之神。

注〔8〕未山先麓：是指园林的造山艺术，必先把握自然山林的山脚处的形象特征。

按：未山先麓，是强调掇山必先堆好山麓的重要性。这不仅是一个艺术问题，也是一个设计问题、施工问题和顺序问题。下句"自然地势之嶙峋"的"自然"与后一句的"不在"相对仗，都作副词用，不是名词"自然地势"之意。而是强调先堆好山麓，地势就自然会呈现出"嶙峋"的形态。

注〔20〕此句"花木缘情易逗"的意思，如论画者云，山无草木不华，树活则灵。无花木的山就无生气，有花木就易于使人触景生情，获得自然山林的情趣和意境。

按：释者将"花木情缘"改为"花木缘情"，与上句的"山林意味"属对便不工稳了，在文意理解上便有了偏差。原文是"山林意味深求，花木情缘易逗"，换个说法就是"深求山林意味，易逗花木情缘"，这样文意就比较明显好懂。上句是因，下句是果，就是说：在掇山时，只要能深入探求自然山林的意境，在花木配置上就较易引起游人的触景生情。文意中并没有谈论花木的有无问题。

注〔21〕有真为假，就是有自然山林的真，可以做成咫尺山林的"假"。做假成真，则是指生活真实与艺术真实的关系问题。这里的真是指艺术的"度物象而取其真"的"真"，即咫尺山林所表现出的自然山水的"气质"。

按："有真为假，做假成真"是一对矛盾转化统一的辩证认识，是计成对中国园林掇山艺术的精辟概括。这"真—假—真"的转化过程，就是掇山艺术源于自然而又高于自然的实践体现。有如郑板桥论画竹说的"眼中之竹—胸中之竹—手中之竹"的实践过程，或如今人说的"自然美—理想美—艺术美"。所谓"度物象而取其真"的"真"，仅只是头脑中理想的"真"，不论绘画还是造园，都必会受到一定客观条件的影响，实践的结果与理想难免有差距，达到的只能是艺术美，不可能是自然的"真"的美。

注〔23〕叨：通"饕"，贪。这里有着凭借之意。

按：叨，是表示感谢的谦词。王勃《滕王阁序》："他日趋庭，叨陪鲤对。"用在这里"全叨人力"即全赖人力，没有"贪"的意思。

注《园山》之〔2〕殊有识鉴：很有见识和艺术鉴赏能力（见译文）。

按《园冶注释》《园冶全释》都认为这"殊有识鉴"是赞扬"为者"是很有见识和鉴赏能力的人，完全是误解。故《园冶全释》在本文注〔1〕中对"好事者"一语还特别申明"此处之'好事者'，无贬意"，而是指"士大夫中酷爱林泉和造园的人"。

我们都认同"计成对'三峰'、'一壁'之类的俗滥叠山手法是持抨击态度的"（曹汛说），对"为者"决不会大加赞扬。仔细体味文中的"好事者""不尽欣赏""而就……而已"等词语，实属批评口气。但由于释者囿于文中"殊有"一词的误会，便将文意向相反方面作了误解。按"殊"虽有极、很、异等含义，但也有不同、稀少、罕有等含义，如果将"殊有"解作"罕见"，则文意自显，也正合计成抨击三峰、一壁俗套的口吻。

又：本节《园山》和"园中掇山"之"园"应指庭园，似非指园林。

注《厅山》之〔3〕点：有散点布置的意思。

按：绘画中的点苔，造园中的点景、点石，看似简单，而实际上大有学问。点得是地方，可起到画龙点睛，点石成金的效果，点得不是地方，则反成赘疣。它是大局已定的收拾、点缀，有联络、呼应、补充、加重，提醒的作用。宜简不宜繁，宜小不宜大，形式上要随意而构思上要着意，不可掉以轻心。

注《池山》之〔4〕漏月招云：指山洞窟上裂隙可透进月光和湿气，如烟似云。

按：上句说"洞穴潜藏，穿岩径水"，山洞窟似在低处，恐难透进月光。本句的"漏月招云"是针对"峰峦飘渺"说的。峰峦在高处，月光自可从峰峦缺处透进，"招云"是峰高接云的联想，不必要落实到峦间湿气上，何况湿气再重，夜间也难以蒸腾的。

注《山石池》之〔1〕等分平衡法：叠石悬挑时，要考虑体量的平衡稳定，以免倾覆或破坏之意。是力学上的平衡问题。

按：本节是说"山石理池"，不宜以"叠石悬挑"为例。

注《峰》之〔1〕势：恣态、态势；气势。

按：姿态的"恣"应作"姿"。

又：释者按语中说："刘熙《文概》则将静中的动'势'，用'飞'来论文"，云云。

按：刘熙，是东汉末的训诂学家，并没有著《文概》，只著有"释名"。而著《文概》的人叫刘熙载，是清代文学家，他著有《艺概》，"文概"是其中的一部分。释者在其

215

《造园论》中也有同类错误，恐非一时笔误。

注《涧》之〔1〕依水：《园冶注释》为"以水"，误。

按："以"本有"依"义，如以次就座，以时关启，都是依次就座，依时关启的意思。

又：本节"倘高阜处不能注水，"的标点，似应改为"倘高阜处，不能注水。"则文意将更较醒豁。

注《瀑布》之〔3〕苏州虎丘山，之〔4〕南京凤台门。

按："苏州虎丘山，南京凤台门，贩花扎架，处处皆然。"是说两地花市上卖花人扎架卖花的盛况，与"瀑布"、与"夫理假山"的文意不相干，是否也应另起一行，与"夫理假山"并例，以示内容有别。

二十七、关于《选石》注释的问题

注〔10〕花石纲，纲是成帮结队的运输之意。

按：从史料看，"纲"是官府对专项商品集中运输的一种组织形式。不是一般的成帮结队运输。

注《崑山石》之〔3〕磊块：石块。陆游《蔬圃》："剪辟荆榛尽，钼犁磊块无。"意为石成块状，无长大的石头。

按：注释应紧扣原文词语的本意，这里的"磊块"是指"其质磊块，巉岩透空"，若解作"石块"就没意思，因崑山石本身就是石块。"其质磊块"应指崑山石表而坎坷不平。陆游"钼犁磊块无"诗意也是指菜地经过牛犁人钼之后土地就平整了。

关于《宜兴石》"便于竹林出水"一句未注的问题

按："便于竹林出水"一句颇为费解，现录《园冶注释》所注供参考："竹林，疑为'祝陵'谐音之误。按嘉庆《宜兴县志》：'疆域图'载，祝陵（地名）北近善卷洞，在芙蓉、紫云诸山西南，东近笠山、龙池山，依山傍水，便于水运，俗传祝英台葬此。"

注《灵璧石》之〔5〕眼少：非石的洞窍少，这里是指洞窍缺少宛转之势。

按：既然如此，原文"其眼少有宛转之势"，句读时应在"其眼"处稍作停顿，其义自明，不应把"眼少"作为一个词单独提出来注释，这样反生歧义。

注《宜石》之〔2〕梅雨

按："或梅雨天瓦沟下水"一句，真正费解的是句意，而不是梅雨天一词。句意与上句不甚连贯，似应在"梅雨天"后加一"置"字，再将"下水"颠倒为"水下"，则为"或梅雨天（置）瓦沟水下"，句意就能承上启下了。

注《湖口石》之〔2〕浑然：浑，是简直、几乎。杜甫《春望》："白头搔更短，浑欲不胜簪。"

按："浑然成峰"就是峰石浑成，浑然一体，谓峰石自然形成。不必又讲成简直、几乎。

注《花石纲》之〔2〕生色：指景象鲜明生动。李贺《秦宫》："桐荫永巷调新马，内屋屏风生色画。"

按："生色"一词可有两释，一指物形如生，色彩鲜活，所谓"真香生色"；一指增添光彩，增加美感。原文是："少取块石置园中，生色多矣！"显然是用的后一种意义。

二十八、关于《借景》注释的问题

注〔2〕林皋：水旁地。屈原《离骚》："步余马于兰皋兮，驰椒丘且马止息。"注"泽曲曰皋。"林皋：水边的树林。

按："林皋"一词，释者罗列了"水旁地""泽曲""水边的树林"三种解释，既不选择判断，又不综合说明，令读者不知所从，实为注家所忌。所谓"林皋"当指泽曲林地。

又："驰椒丘且马止息"的"马"，是"焉"字之误。

注〔3〕萧森：错落耸立的样子。

按："萧森"应是"萧条衰飒之意"。

唐·杜甫《秋兴八首》诗："玉露凋伤枫树林，巫山巫峡气萧森。"

注〔13〕芳草：香草。引《离骚》后又引了《梦辞》："王孙游兮不归，春草生兮萋萋。"后人本此作怀念人之典。

按：原文"芳草应怜"，只有"爱怜"之意。《西厢记》有句"记得绿罗裙，处处怜芳草"，可作参考。

注〔16〕清偏：清闲心远之意。

按：原文是"兴适清偏，怡情丘壑"，其意似指"高雅的偏好"才叫清偏。引陶潜"心远地自偏"诗句来印证，恐难合原意。

注〔20〕逸士：隐居之士。篁：竹林。柳宗元《青水驿丛竹》诗："檐下疏篁十二茎，襄阳从事寄幽情。"

按：原文是"逸士弹琴于篁里"，很明显是指唐·王维在其蓝田辋川别业的幽居生活，他的《竹里馆》诗："独坐幽篁里，弹琴复长啸，林深人不知，明月来相照。"

注〔21〕、〔22〕"红衣新浴，碧玉轻敲"两句，经旁征博引之后说，可译为："芙蓉出水，自然清心，宛如丽人新浴；修篁疏雨，檀板轻敲，有若妙女清歌。"

按：说"红衣新浴"，"宛如丽人新浴"尚可，说"碧玉轻敲"，"有若妙女清歌"就不大贴切了。文中的"红衣"确指红荷花，而"碧玉轻敲"恐不指拍檀板、唱清歌。而是指风中的翠竹竿相碰，发出清脆悦耳的声音，有如妇女拿着碧玉簪在轻轻地敲击而发出的声音。

"红衣新浴"是想象雨后的红荷，像一位红衣女郎刚从浴池中出来。

注〔24〕蔼蔼：草木茂盛的样子。

按："山容蔼蔼"是指山容暗淡的样子。

注〔29〕绾：有控制的意思。

按："绾"有控扼，也有勾连的意思。原文是"苎衣不耐凉新，池荷香绾"。意谓在新秋夜晚穿着单薄的苎衣，在池边玩月赏荷，已经忍耐不住初寒的凉意，但又被荷花的清香所吸引，而不愿离去。

注〔36〕天香：祭神的香，最好的香。

按："天香"是指桂花的香气。因为传说月中有仙桂，故称桂花的香气叫天香，白居易有"应是吾师传道处，天香桂子落纷纷"诗句。

注〔41〕雪庐高士：满山大雪，高士于庐中甜卧。

按："却卧雪庐高士"是用东汉袁安卧雪以见清高的典故。《后汉书·袁安传》唐·

李贤注："《汝南先贤传》言：时大雪，积地丈余。洛阳令自出按行，……至袁安门，无有行路，谓安已死，令人除雪，入户见安僵卧。问何以不出？安曰：'大雪，人皆饿，不宜干人。'"干人，求人之意。"僵卧"与"甜卧"无论在形象和感情上，都是大异其趣的。

注〔47〕冷韵：寒天的韵事。

按：冷韵，指不常选用的冷僻的诗韵。这里是指咏雪的韵事。《世说新语·言语》："谢太傅（谢安）寒雪日内集，与儿女讲论文义。俄而雪骤，公欣然曰：'白雪纷纷何所似？'兄子胡儿（谢朗）曰：'撒盐空中差可拟。'兄女（谢道韫）曰：'未若柳絮因风起。'公大笑乐。"是赞谢道韫能避熟就生，诗语清新冷僻，才情高雅。

注〔48〕触情俱是：引起情趣感应的景境构思，可谓"景由情生，触情生景"之意。

按：释"触情"而遗漏"俱是"是不可以的。原句"因借无由，触情俱是"，是概言借景没有什么规矩，只要能引发游人情趣的景致都可以借。"触情"即前文说的"物情所逗"。

注〔51〕目寄心期：目之所见而心有所感。见者，景物之"形象"；感知者，景物之"意象"，景境的"意境"。

按："目寄心期"就是眼里盼着，心里等着的意思。要"意在笔先"地作好思想准备，一旦所期盼的能"触情"的景致出现，才能立即抓住，予以借用。这样因借相生，自能得到"精而合宜"，"巧而得体"的艺术效果。

注〔52〕意在笔先，其按语中所列引的各种"意在笔先"的资料里有"陈焯《白雨斋词话》卷一《论词》"。

按《白雨斋词话》的作者是清代的陈廷焯，而不是陈焯。

二十九、关于《自识》注释的问题

注〔5〕少有：有一些。林下：树林之下，即幽静之地。①形容闲雅、超脱。《世说新语·贤媛》："王夫人（王凝之妻谢道蕴）神情开朗，故有林下风气。"②指退隐之所，旧称罢官为退居林下。

按：少有，句意似指很少有。释者解作稍有，《园冶注释》解作少小，都不贴切。计成说他"予年五十有三，历尽风尘，业游已倦"，阅世已深，生计维艰，哪还会有多少林下风趣？所以这个"少"只应是很少的少。说"王夫人"有林下风气是指风度，王夫人是贤媛女流，计成决不会引以自比的。"林下"是指山林田野，士大夫退隐之地。唐·灵彻《东林寺酬韦丹刺史》诗："所老心闲无外事，麻衣草座亦容身。相逢尽道休官好，林下何曾见一人。"

又：谢道韫的"韫"不是"蕴"。

注〔6〕丘壑：见《村庄地》注〔3〕。

按：查《村庄地》注〔3〕只注释了一个"耽"字，并没有注释"丘壑"。丘壑，即山水。计成说"逃名丘壑"就借叠山理水逃避声名。

"逃名"谓避声名而不居。白居易《香炉峰下新卜山居草堂初成重题东壁》诗："匡庐便是逃名地，司马仍为送老官。""司马"指白居易自己，时任江州司马。

注〔11〕桃源：即桃花源，武陵源。

按：原文是："愧无买山力，甘为桃源溪口人也。"是计成说自己很惭愧，没有买山隐居的财力，甘愿做一个桃源溪口的问津人啊！

唐·张旭《桃花溪》诗："隐隐飞桥隔野烟，石矶西畔问渔船。桃花尽日随流水，洞在清溪何处边？"即是上句的注脚。

注〔12〕生人之时：是人能有所作为的时代。

按：生人，犹言生民。孙梦《为石仲容与孙皓书》："生人陷荼炭之艰。"白居易《初加朝散大夫又转上柱国》诗："柱国勋成私自问，有何功德及生人？"计成说："自叹生人之时也，不遇时也。"是感喟生在那个时代（明末）的人民（包括他自己在内），是生不逢时。可见"生人之时"决非指"能有所作为的时代"。

注〔15〕大不遇时：指时势造英雄。

按："生不逢时"对一般人来说是"不遇时"，对贤豪来说就是"大不遇时"。一般的不遇时，只生计维艰；大不遇时，则功业难就。诸葛亮刚取西川打开局面，刘、关、张偏又先后去世，外遇司马懿之明智，内遇后主之昏庸，故劳瘁无功而逝。狄仁杰则上遇武后之控制，下遇酷吏之陷害，相业难成。可见大不遇时，不应指"时势造英雄"。

（刊于《中国园林》1998.1、1998.3、1998.4、1999.1、1999.3）

试谈规划中村镇特色的组织

一、组织村镇特色的意义和目的

有关村镇规划的文件，都要求加强村镇绿化和村容镇貌、环境卫生建设，要求保护文物、历史遗迹和自然景观，弘扬民族传统，突出地方特色。事实上也只有将那些文物古迹，自然景观、古建筑和名木古树，通过规划组织到村镇特色中去，才能使之得到有效的保护和弘扬。

什么叫特色？就是事物所表现的独特的色彩、风貌、风格等。从村镇来说，主要指村镇的街景、环境、绿化、文化、风俗等方面所表现出来的与众不同的村容镇貌和风格。不过，村镇特色主要指整个村庄、集镇的风貌和风格，但也包括足以代表整个村镇风貌的局部特色。

具有特色的村庄和集镇，会给过客留下深刻的美好印象，会得到游人的多方称道和怀念，从而提高村镇的知名度，有利于发展地方经济，促进村镇建设。

二、能够形成村镇特色的因素

（一）自然景观

如独特的天象景观、地质景观（溶洞、石林、温泉、山崖等）、地貌景观（盆地、台地、峡谷、奇山异水等）、环境景观（滨湖、环海、临江、森林等）。这类景观最好在规划范围之内，距离近的也可以组织进来，距离远的可辟为镇域的风景区。

（二）村镇形态

如团聚形、散点形、带形、文字形（人字、丁字、回字等）、物形（月形、弓形、鸟形、花形、叶形等）。

（三）建筑构筑

如民居、公建、街道、桥梁、堤坝、园建、公共设施等。

（四）绿化风光

如草木特色、季相色彩、防护林、园林、街道绿化等。

（五）历史文化

名木古树、古建筑、历史遗迹、文物、工艺品、文脉、风俗等。

（六）民族文化

民族风情、服饰、建筑等。

（七）市场经济

名优土特产、名小吃、贸易方式、服务特色、经商作风等。

三、组织村镇特色的原则

（一）遵循因地制宜

所谓地方特色，应指有浓厚的乡土味，不能强为、附会、仿造，应多从本村本镇的现实状况中去感知、认识、发掘能构成特色的因素，加以艺术地提炼、扩展、补充，能形成什么特色就是什么特色。

（二）重视特色的独特性

至少在周边村镇中没有同样的特色，其独特性可比的范围越广则价值越大，知名度越高。

（三）注意特色的相对稳定性

特色一经形成，就应该持久保持下去。只能更好，不能削弱或变异，一个村庄或集镇不可能今天是一个特色，明天又是一个特色。虽说事物是变化发展的，但也只能是渐变。

（四）把握特色的易体认性

特色是公认的客观存在，如果发掘、组织的特色连当地群众都体认不到，是值得考虑的。要么是特色格调过高，宣传不够，要么便是特色不"特"。对不成熟的朦胧的特色应予强化，但特色的形成也需要一个培养的过程。那种认为"没有特色本身就是特色"的说法是不可信的。

（五）注意特色的易形成性

自然景观是天赐的，历史文化特色是稀有的，不一定村村镇镇都有。一个地区内的民居造型又往往是千篇一律，若想成片搞新格调民居，造价又高。而比较容易形成村镇特色的因素莫过于村镇布局、街市景观、环境绿化和市场经济了。因为村镇布局受地形制约，地形地貌多，布局也就有特色了。街景由建筑、道路、绿化、小品等组成，只须在布局、造型、色调上变化一下也易形成特色的。绿化的品种多，覆盖的地形也多，只须在绿化方式上变化一下也易形成特色。市场经济的内容多，经营方式也灵活，只要注意贯彻"一乡一品"的生产路子，也易形成特色的。

四、组织村镇特色的方法

组织应当是有目的有计划的有机组合，是有重点有格调的具有审美价值的一种规划手段，绝非一般的简单的拼接或凑合。

（一）运用"量变质变定律"，使构成特色的因素在数量上造成多、大、显、奇、艳等优势

独木不成林，独线不成绳。必须经过大面积的量的聚积，才能引起质变而形成一种鲜明的特色。比如要想住宅形成一种传统民居的风格，必须要有70%以上的建筑是粉壁、青瓦、坡屋顶的样式，若达不到一定量变，便不能引起质变。

（二）集中

"日出江花红似火"，"接天莲叶无穷碧"是大面积的集中表现特色。比如村镇绿化，如果东一片西一片也难成气候，必须点线面结合，形成一个大而集中的整体形象才能有特色。

（三）提纯

量多、集中，还要纯（同一品种同一造型的优势）。比如江花是一色的红，莲叶是一色的碧，才能造成上引诗句的气势。如品种繁杂，色彩斑驳，近观犹可，远观就麻麻杂杂，难以形成鲜明的特色。

（四）夺目

所谓特色，主要是指色，是诉诸视觉的事物。若想从景色上引人注目，就应选择具有鲜明色相的品类来构成，如"霜叶红于二月花"就因其品种单一，色彩鲜艳。其他非颜色的特色如世象、风气、素质等，只要比较普遍，也易观察到的。

（五）出奇

人皆有好奇心，如果一个村镇有几个特色因素可利用，那么，宁愿选择一个别有风味的特色加以扩充，使之突出。避免齐头并进而相互抵消，应分清主次。

（六）组织特色要与乡镇的定性相映衬

工业型应突出现代化的科技含量高，生产井然有序，厂区洁净优美，扫除"三废"污迹；商业型应突出市场繁荣，货真价实，商风文明，竞争合法；农贸型应突出土特产价廉物美，市场整齐有序，交易文明热情；旅游型应突出整洁优美的村容镇貌，服务热情和气，宣传文明文雅；交通型应突出港口、车站、码头的繁忙有序，快捷方便，服务热情周到。

（以明清建筑为主的昆山周庄镇）

五、村镇特色的类型

特色的类型很多，风貌风格纷呈，但从村镇规划角度来说，只能涉及构成村容镇貌的房屋建筑、道路广场、基础设施、环境保护、绿化美化等方面的功能区分和用地布局。其他方面的特色，如民风、市风、商风、校风、文风、官风等就非规划所能涉及得了。现就比较常见的村容村貌的特色类型来划分：

（一）奇观型

多由自然景观所形成。

（二）古典型

多由历史文化沉淀所形成。

（三）民族型

少数民族地区或民族杂居地区的传统文化沉淀所形成。

（四）形态型

指村镇的布局形态特色。

（五）环境型

由村镇所处的地理环境形成。

（六）民居型

由造型相似的住宅组成的街区景观（不排斥借用古的或洋的造型）。

（七）绿化型

由村镇的各类绿地所组成。

（八）标志型

由造型独特美观的大体量的高楼大厦、桥梁平台、港口码头、车站广场、出入口、雕塑等所组成。

（九）风物型

由名优特产、景观所形成。

（十）色彩型

由天然的质地色彩所组成。

若从形成村容镇貌的特色格调来划分，常见的有：古朴、淳朴、素雅、典雅、文雅、清新、刚健、雄强、豪迈、繁华、富丽、幽静、安详、平和、清爽、简洁、整洁、明快等。

六、组织村镇特色的表述

村镇特色的组织，应在规划说明书中单列一项予以说明。一般写在环境保护一节之后，小标题用"××镇（村）的特色组织"。文字按组织特色的目的，特色类型、组织方法的顺序来表述。

（刊于《村镇建设》1999.5）

传统与现代结合管见

"具有中国特色"是当今的建国方针之一，各条战线都应在具体工作中去贯彻体现。建筑必须具有中国特色是不容置辩的。特别是面对人多耕地少，人均收入低，城市发展快的国情，无论一味仿古或一味仿洋都是不太妥当，应当走"传统与现代相结合"的路子。

1. 从建筑角度看传统与现代的"结合"，可从三个层次上来理解。一是在同区域里（城市）的结合。传统与现代的建筑物各有各的相对独立地位，各有各的功能和风格特色，和谐共处，相杂而不相染，甚至还相为用。如北京的故宫、天坛、景山等传统建筑与现代建筑并不相互排斥，再加上后起的"十大建筑"的陪衬过渡，使历史文化悠久的京华更显风韵生动、仪态万方。而上海、重庆等城市却不然，虽有一些传统建筑如豫园、罗汉寺之类，但比例太少，已被现代建筑的海洋所淹没，历史文化的气息难以体现。二是在一个小区内成系统的建筑群中，传统与现代风格可以兼容并蓄，可以互补互映。如现代住宅可以带一个传统式庭园，一座仿古建筑也可以带现代附属建筑，只要主次分明，功能各异，也不会产生争中心抢座位的感觉。三是在一幢建筑之内，传统与现代也能够交融并含的。如许多仿古建筑的室内设施、装修、配套功能是现代的；而现代建筑内部也有传统的组合格局，传统的天井、内廊、照壁等。因此，"结合"既不是仿古也不是西化，而是要"古为今用，洋为中用"，通过继承创新，使新建筑具有中国特色，适合中国国情和审美观点才能跳出"古""洋"的窠臼而自树立。

2. 应从中国文化内涵的高度来认识结合问题，继续深入研究中国传统建筑的文化内涵，"具有中国特色"不应只从"形"上着眼，还应从"神"（文化内涵）上着眼。如建筑的选址选向与中国古代风水学的关系，建筑的布局、组合与中国《易》学的关系，建筑的内部功能与中国的伦理心理的关系，建筑的造型与中国画论的关系等等，都应"去粗取精，去伪存真"地体现在新建筑中。

3. 因地制宜，因势利导，就地取材是中国传统建筑所遵循的重要原则，传统与现代的结合要讲究一个"宜"字。特别是在风景园林中十分注意"宜亭斯亭"，"宜榭斯榭"。在某些地貌上，某些环境中，某些特殊性质的建筑，应以传统为主或以现代为主是值得研究的。比如石拱桥，放在风景园林中，放在自然山水中那是很适宜的，如果作为城市十字街口的立交桥就不宜了。又比如在名胜风景区修建现代索道的问题，从保护名胜风光的景观来看，修高架索道是大煞风景的，但从满足游人快上快下的需要来看，索道亦为解决实际问题的良策，（至少比修公路的破坏性小）。不过，那种为了游观两便，把索道建在景区正面的主要景观上空，确实有损景容景貌的幽雅气氛，遭到非议是必然的。如果像四川江汕窦团山索道那样架在后山侧面的隐蔽处，也不失为权宜之计。

4. 注意结合的"结"字，合而不结，不论是以传统为主还是以现代为主都是两不相粘的。合而不结，将会被看作是多余的赘疣。这个审美上的"结"就是协调，传统与现代建筑之间的结合，空间上的距离，环境上的衬托，数最上的比例、比重，体量上的大小高低都是值得研究的。比如武汉汉阳江头的晴川饭店，孤立耸峙如一块高碑，其侧边即是著名的禹功矶上的古晴川阁。晴川阁与黄鹤楼隔江相对，一在龟山之下，一在蛇山之上，拱卫着雄伟的长江大桥，自成格局，本也十分协调。但从眼前的环境看，具有历史文化内涵的杰阁已被呆板高耸的饭店所压抑，造成了强宾压主咄咄逼人之势，二者合而不结（至少目前是这样），影响了龟山的整体美。

5. 今天在改革的政策指引下，如何才能使历史文化名城中的传统与现代建筑结合好，体现出一种不是水火而是水乳的融洽关系，除了建筑界的关注、宣传，建筑设计师的努力创造外，还要靠国家政策的正确导向。比如如何对待古建筑？如何并存？如何保护建筑环境？都要靠政策、立法的保障，才易收到实效。比如许多城市的古建筑确也"保护"起来了，但在它的上下左右却建起了许多现代高楼大厦，遮天盖地，不留欠伸喘息之余地，这样的保护实际是闷杀（有些是历史上形成的）。

重庆的小十字有座罗汉寺，其中五百罗汉的雕塑也算艺术珍品，然而寺庙被挤在狭巷深处，许多人不知道。古巴国的巴曼子将军墓也难以寻觅。只有天坛式的人民大礼堂还雄姿可观，原因是在它周围一定距离之内，还没有高大建筑的挤压逼近，与现代建筑还保持有一定的过渡空间，也可以叫保护空间。如果古建筑或名胜古迹的周围都能留出一定距离的法定保护空间的话，那对传统与现代的结合必将大有帮助。比如北京天坛的周围不准修建三层以上的楼房。在这方面，扬州也做得较好。如古建筑文昌阁并不雄伟，但却让它立在交通岛上，宁让街道不笔直，也要保留那一座小石塔。名胜古迹中的乱占乱建已经大都迁走。甚至连枯死了的名木古树也不准乱砍伐，只在它旁边栽上攀缘植物，使其绿意长存，虽死犹生。扬州园林风景还保持了传统建筑的独尊地位，比如园林部门计划新建一座盆景园，但市领导不批，后改为恢复"卷石洞天"和"石壁流淙"两个古景点才被批准。事实证明在历史文化名城继续恢复一些名胜古建筑，加大传统的比例，将会从宏观上使传统与现代更趋协调，而且对弘扬中华文化，促进旅游发展也是大有好处的。

（刊于《传通建筑园林通讯》1992.7）

城市景观建设与传统建筑园林

一、传统建筑园林是城市景观构成的要素

十一届三中全会以来，在邓小平理论旗帜的指引下，实行改革开放，社会主义建设取得了举世瞩目的光辉业绩，特别在城市建设方面成绩尤为显著。但是由于少数当事者片面理解"发展就是硬道理"，在城市建设中重速度，轻质量，重房屋建设，轻环境改善，重建筑包装装修，轻城市景观设计，致使质量事故频繁，环境严重污染，建筑结构雷同，街景千篇一律，缺少城市景观特色。纵有一两个标志性建筑物侧身其间，已是孤掌难鸣，难以左右城景局面。

传统建筑园林是城市景观特色构成的要素，这是不争的事实。每天中央电视台在天气预报中所展示的代表各大城市景观的画面，大多是传统建筑园林。如北京的天安门、杭州的西湖、西安的大雁塔、武汉的黄鹤楼、长沙的爱晚亭、重庆的人民大会堂、拉萨的布达拉宫、贵阳的黔灵公园等足以说明传统建筑园林是能够标榜城市景观的要素。

比如重庆，是历史文化名城之一，具有山城江城之美，原有九宫十八庙、九门八景，后在抗日战争中遭到敌机狂轰滥炸的严重破坏，定为陪都后官府又侵夺了不少市内园林，建国初期具有代表性的传统建筑园林已屈指可数，才修建了仿古建筑人民大会堂。而今重庆的高楼大厦鳞次栉比，但察其位置、体量、造型、环境绿化、色调等都不足以代表重庆的形象，只有人民大会堂这座传统建筑雍容典雅、高贵华赡、背山面水、开朗通透，经过环境绿化加工后，更觉青春焕发，生意盎然，这正是今天直辖后的重庆欣欣向荣的象征。

二、保护传统建筑园林就是保持城市景观的中国特色

我们正在努力建设具有中国特色的社会主义，中国现代城市的建设是社会主义建设的重要内容，它必须也应该具有中国特色，中国特色是中华民族几千年来的传统文化和思想的历史沉淀，传统建筑园林正是中国历史文化的结晶，在世界上独树一帜，最足以代表中国特色，城市景观设计中岂容忽视？对现存的传统建筑园林应当修缮，对圮毁的应当重建，在环境景观需要的地点也可以仿古新建。

在看待"传统"上也要避免走入误区，不要认为只有宫殿式建筑才是传统建筑，只有皇家园林才是传统园林。因为我国不仅是一个封建社会最长的国家，也是一个多民族国家。各民族都有自己独具特色的传统建筑，而建筑的样式也是很多的：如有宫殿式、寺庙式、官邸式、学宫式、祠堂式、民居式、市井式等，还应包括以仿古为主的中西合璧式。在对待上也不是通通保留，必须经专家鉴定，确有保留价值者才予以保留，有碍建设者予以拆迁，仅存遗址者可根据资料仿古重建。这就是所谓"山不在高，有仙则名；水不在深，有龙则灵"，并不是非要搞古建一条街，古建一个区才能显示城市景观的中国特色。如前所述重庆选择了人民大会堂作代表性景观，也是"万绿丛中红一点，动人春色不须

多"的意思。当然，每个城市不一定都有重庆人民大会堂这样堂皇的传统建筑，但是量变能引起质变，规模虽小，但能保留一定数量的传统建筑园林，同样能达到改变城市景观特色的目的。

三、建筑上的古今兼容是城市景观设计的方向

古与今是相对的，今天的"古"原是昨天的"今"；今天的"今"即是明天的"古"。任何城市都是从历史演变中产生的，古今交替不可断绝，古今兼容必然存在。因此，无论在城市房屋建设上，还是在城市景观建设上，也应该古今兼容，那种毁古就今，以洋为今的现象必须得到纠正。随着现代化的进程加快，我国城市化水平还将进一步提高。人口不断增加，城市不断膨胀，在高密度的建筑群包围中，车流滚滚，人流济济，城市空气污浊日甚，生活其中的居民感到郁闷烦躁；市井景观被结构雷同的灰色水泥建筑所充斥，街景十分单调乏味，城里中式建筑被西式建筑所代替，城景西化的趋势日益加重，中国特色日渐淡化。

当前下决心保护好城市中为数不多的传统建筑园林，并加以扩充之修缮之，借以保留城建历史文化，疏透高密度的市井空间，调节闷塞的浊气，弥补现代城市景观的单调，保持城景的中国特色，也许不失为一良策。但要想坚持古今兼容的城景设计方向，还得寄希望于主管城规、城建的领导们和负责具体工作的规划、设计专家们了！

四、建今与护古的矛盾应该得到妥善解决

我国历史悠久，有一大批历史文化名城，就是一般的城市也都拥有一定量的古建园林，近百年来经过战乱和天灾人祸的摧残，到新中国诞生初期已所剩无几，但仍得到较好的保护。后又经"大跃进"、"文化大革命"的动乱，几多古树名木竟化作炼钢灰烬，几多古建园林竟成为"破四旧"之靶的，至今幸存者日少而愈觉珍贵。改革开放以来，城市建设得到长足发展，但建设立法滞后，房地产开发与古建园林争位置、争地盘、争空间、争绿化环境的现象日趋严重。现在保护在册的传统建筑园林面临着被大屋广厦所挤杀，被高楼重阁所压杀，被密房杂舍所封杀。开发商们对古建园林觊觎垂涎者多而致力挽救者少，拆除之意常有而重建之梦难圆。

当重庆九宫十八庙消失之日，成都皇城被拆除之时，谁又意识到会有今天发展旅游业的需要？历史的遗憾不应忘记，希望有关领导们高瞻远瞩，对肆意侵占古建园林和绿地的现象不要再迁就了，要从改善城市生态环境，保持城市景观特色的大局出发，加大保护力度，有法必依，无法当立。

城市整体景观特色的构想应在城市总规中表述清楚，街区景观特色的布局应在分区规划中图示明白，把保护古建园林、古树名木、名胜古迹纳入城市景观特色的控制性详规之中，并在它们周围画出足够的绿化空间红线，以解决被挤杀封杀的问题，对它们周边的现代建筑应控制在一定的高度，以解决被压杀的问题，对尚待整修重建者，应按规划设计招商兴建后由政府收买。目前，房地产开发商都在争夺住宅建筑市场，却没有人敢来专项开发城市园林建筑市场。我想，只要按规划设计建得好，买一座日进斗金的园子来经营的投资者肯定会有的。

五、对传统建筑园林的开发利用必须适度

自中国的旅游业兴起之后，人们才注意到城市中的古建园林也是生财之源。急功近利的管理者，略施漆绘之后便常年不停地接待游人，收取高价门票，游人如织，财源滚滚，而践踏污染也随之加重，致使年久失修的古建园林不堪重负而日见衰朽。尤其甚者，还任意在园里建住宅楼，建歌堂舞馆、激光影厅，建餐饮服务点之类；而这些建筑又格调粗俗怪诞，与园林风格相乖，无异于"花上晒裤"大煞风景。致使园中空气污浊，花木凋零致死，损失不小，足证古建园林的开发利用必须控制。为了园林事业的可持续发展，必须坚持养用结合的园管原则。每年应规定园子有休养生息的闭园时间，遏制唯利是图的倾向，一切服务性建筑必须限在园外，其造型设计必须经主管部门审批。园林经营承包者必须对建筑、花木、水体、山石等景物负责养护，如因失修、失养、失护而造成损失，应该论价赔偿，缺乏园林知识的人不得承包经营园林。园林中的音乐歌舞必须高雅悦目悦耳，不能变为噪声刺激游人。记得扬州瘦西湖的熙春台里，将已成绝响的古琴曲《广陵散》重新整理后为游人演奏，悠扬的琴韵让游人一饱耳福，回味无穷。

六、城市建筑的仿古设计与仿古外装修必须慎重

前不久，在北京召开了国际建筑师大会，国外建筑师们极不赞成北京以小亭子大屋顶为特征的仿古建筑。他们认为"传统的东西不是通过这么简单的方式就能与现代结合的"。日本建筑大师安藤忠雄说，目前国际建筑风格已形成了一定模式，在世界各地都能见到，但自己民族的建筑风格也应该保持下来。北京应当有自己的个性，而非某个城市的翻版。北京设计院的建筑师说，人口迅速增长带来混乱的城市化进程，建设的大发展引起对自然环境的大破乱、混乱的建筑设计理论设计思想，使粗制滥造的设计比比皆是，破坏了城市面貌和自然景观，老百姓对此意见很大。这些警语应当引起我们上下深思，北京的城市建设尚且受到如此非议，各地城市建设更不应自以为是。

由于传统建筑的魅力影响，常见有好事者为临街建筑披上古典式外衣，以求引人注目。如某市大十字街口有一幢多层建筑，其古典式外装修是在建成后硬贴上去的。层层加做飞檐翘角，材料假，做工也假。其造型和色调既与本体建筑失粘，又与周边建筑失调，弄巧反拙，枉费财力。在重庆，此类仿古的外装修门面也多，简单粗陋，假不掩真，十分难看，有如穿西装着马褂朝靴的怪相，既影响了本来建筑的形象，又有损古典式的典雅风格。

仿古外装修必须与本体建筑的体量成比例，飞檐起翘的角度，檐口的厚度，琉璃瓦的大小、瓦沟的间距，承椽斗栱的数量，门和门柱的高度、大小，门廊的宽窄等等都必须与整个建筑物的体量和色调相称，装修后应达到与本体建筑浑然一体。时下有些装修公司为了偷工减料，以次充好，把搞微缩建筑的材料拿来代替应有的常规材料，岂不形同儿戏！

（中国文物学会传统建筑园林委员会第12届学术会议文件）

浅议合理开发利用传统建筑园林资源

一、正确认识我国传统建筑园林的珍贵性

中国是世界上四大文明古国之一，具有五千年的可考历史，拥有众多价值连城的文物，其中保存至今的地面上的传统建筑园林为数也不少。翻开中国古建园林史，在历史嬗变中，经过无数次天灾人祸的摧残，不知毁灭了多少优秀的结构，但勤劳的中国人在灾祸之后又创建了不少更为精美的杰作。几千年来，建了被毁，毁了又建，终于留下一批幸存者在今天还能让世人一饱眼福。其中有许多古建园林已伤痕累累，在长期干旱、潮湿、风沙、雨水的侵蚀下，日见衰朽。然而资金短缺，科技手段落后，抢救乏术，徒呼奈何！

正确认识传统建筑园林的珍贵性，不宜用"物以稀为贵"或用金钱去衡量其价值的大小，而应该从它自身的质变过程来认识：它们具有质地（木构）的脆弱易朽性。秦朝庞大雄丽的阿房宫，被"楚人一炬"竟成焦土。木构建筑即使不经战火，也经不起恶劣气候的长期侵蚀。一旦朽败便无法重建，且不说那些珍贵的建材无从觅得，就是那些高超的建筑技术、工艺水平也难以达到。纵然能按原样再建，那也只能代表今天的建筑水平，古风神韵不能再现。因而它的最大珍贵性，就在于古建园林是"不能再生的资源"。人人都应该百倍地珍惜它们爱护它们，特别是负有直接保护责任的主管者，更应该像爱护自己子女一样去爱护它们。不应该把传统建筑园林当成摇钱树，应该把开发利用放在保护之后，把经济利益放在"可持续发展"利益之后。

二、正确对待传统建筑园林资源的保护

在国内，无论是地上的、地下的、水下的古文物都属于国家所有，却偏偏有个别单位和市民长期占用或者阻挠政府的正当开发利用，拒不迁出。在城乡经济建设中，如开矿、建厂、筑路、修渠、挖隧道、打井等施工中，对古建园林造成了严重影响或留下严重后患的情况也时有所见。特别在城市建设中，个别开发商对古建筑既不敢拆又不甘让，便用高楼幽禁封杀。一些想去考察研究的游人却找不到门径。也有些地方的文物主管部门，由于资金短缺，无力修缮，不敢开发利用，长期闲置冷落，任其自然朽败下去。在已经开发利用的古建园林中，情况也不容乐观。国家为开发旅游业，实行了一年两次长假日，鼓励人们出游，体会祖国河山的壮丽和文化艺术的深厚。但由于假期同时，游人集中，致使名胜古迹中一时人流爆满，拥挤不堪，古建园林不堪负荷。同时，在旅游收入的开支上，又多半用于交通设施、生活服务设施的完善方面，对古建园林的修缮，保护资金投入不够，特别在保护方法上缺少先进的高新科技含量。

以上种种情况的产生，究其根本原因，是对中央领导"可持续发展战略"的认识不够。事实证明，对传统建筑园林资源的保护，必须把合理开发利用与加强有效保护结合起来。如果对古建园林长期幽闭闲置起来，没有人气香火的熏蒸，就会自然朽败，因为人气

香火能消散潮湿静止的空气，能驱除危害木质结构的微生物和蛀虫之类。故而从积极保护意义上看，开发利用也是一种有效的保护措施，但必须适度，不能让景点超负荷接待游人，同时还应及时修缮、保养，注意生态平衡。

三、如何开发利用好传统建筑园林这一宝贵资源

为了保护好现存这些几经劫难，不能再生的十分宝贵的有限资源，我们应该采取以下措施。

首先，必须从"可持续发展战略"的角度来统一思想认识，反对只顾眼前利益的短期行为，要为后代子孙的利益着想，对传统建筑园林实行保护性开发。

其次，国家必须用立法的形式来加大保护力度，对那些蓄意破坏或严重失职的行为予以严惩。并大力宣传"爱护古建园林人人有责"，奖赏那些保护有功者。

第三，积极引用世界上先进的有关科技来加强保护措施。

第四，按世界级、国家级、省市级、县级文物分类制定切实可行的保护规划和开发规划：

1. 在有利保护的前提下，因地制宜划定保护范围；

2. 因势利导对孤立的景点培补扩大，将零星的景点联片，使成气候，以利增加可游性，提高知名度。

3. 在不损坏原有景观的前提下，因景制宜制定具体的锦上添花措施，提高游赏档次。

4. 根据科学考察，积极制定改善气候环境和生态环境的科学技术措施。

第五，主管部门要认真整顿旅游服务业的无序竞争现象，清理景点内乱收费现象。

第六，凡公有景区的收入都应归公，其中一半应作为建筑维修和环境改善之用。

第七，从发展的观点看，今天兴建的一些艺术质量较高的传统建筑园林，百年之后也将成为古文物，应及早加强保护，合理开发利用，并纳入可持续发展的后备规划之内。

（中国文物学会传统建筑园林委员会第14届学术会议文件）